Moore's Journey

摩爾旅程

電晶體數目爆增的神奇魔力

林茂雄——著

本書帶領大家穿越時空，涵蓋了

10^{27}米（宇宙）到10^{-9}米（半導體）的空間

以及

4.3×10^{17}秒（138億年宇宙）到10^{-11}秒（半導體）的時間。

目　錄

序　　　　　　　　　　　　　　　　　　　　　　　　　　　　8

二版修改摘要　　　　　　　　　　　　　　　　　　　　　　30

第一章　積體電路精彩的摩爾旅程——數目爆增的神奇魔力　　33

　　前言　　　　　　　　　　　　　　　　　　　　　　　34

　　第一節　半導體世界的起源和演化——獨有的摩爾定律　　35

　　第二節　神奇的曝光機——光波波長的摩爾遊戲　　　　44

　　第三節　半導體精彩神奇旅程的主要里程碑　　　　　　57

　　第四節　我的摩爾人生　　　　　　　　　　　　　　　73

　　第五節　數大便是美——數大便產生神奇的魔力　　　　76

　　結語　　　　　　　　　　　　　　　　　　　　　　　87

第二章　活潑主動的電晶體——積體電路因此而產生智能　　89

　　前言　　　　　　　　　　　　　　　　　　　　　　　90

　　第一節　四門物理學闡釋了電晶體的空乏層及反轉層　　91

　　第二節　量子力學促成電晶體的發明——矽晶的能帶及能隙概念　　97

　　第三節　量子熱力學規範了電子塡進分佈在矽晶能帶的法則　　111

　　第四節　古典熱力和古典電動力學描述了電子在矽晶的移動行為　　116

　　第五節　電晶體的發明及演化　　　　　　　　　　　137

　　第六節　平面金氧半場效電晶體——主導了 1970-2010 年代的摩爾定律　　147

　　結語　　　　　　　　　　　　　　　　　　　　　　153

第三章　千絲萬縷的金屬連線──積體電路因此而誕生　159

前言　160

第一節　積體電路的發明──把「數目暴力」轉變成「數大便是美」　161

第二節　晶片上金屬連線的演化　167

第三節　晶片封裝承擔保護晶片及信號輸入輸出的重責大任　175

第四節　貝爾實驗室在 1980 年代開發多晶片模組技術，期望延續摩爾定律　181

第五節　米輯的奇異旅程──MeGic 及 Freeway 兩個創新的願景及夢想　188

結語　211

第四章　類似人腦的 FPGA 晶片──具有可塑性 (plasticity) 及整合性 (integrality)　215

前言　216

第一節　用軟體改變記憶體內的數據資料來改變電路的功能及連結方式　217

第二節　我和 FPGA 頗有緣分　221

第三節　我提出了邏輯硬碟 (Logic Drive) 的構想　225

第四節　數據記憶儲存的革命──固態硬碟及 USB 快閃隨身碟　239

結語　245

第五章　回首前塵，點點滴滴串連成章　247

前言　248

第一節　創立成真公司進入生命科學領域　250

第二節　從台積電借調到台灣慧智擔任代理總經理　257

第三節　加入紅外線雷射研發，如魚得水，發揮我所擅長的物理和數學　273

第四節　為什麼我一直執著堅持要留在半導體積體電路這個行業呢？　275

第五節　點點滴滴，在不可逆的時間長流中，串連成章　287

結語 290

附錄 293

附錄 A 夢想與恐懼──單封裝系統與單晶片系統 294
(收錄 2002 年 2 月 21 日出刊的「今周刊」雜誌，由資深記者
林宏文報導的一篇文章)

附錄 B 展技歐陸──台積電 1992 年到歐洲 Road Show 300
(收錄 1992 年 12 月出刊的第 13 期台積電公司刊物《晶圓雜誌》
(Silicon Garden) 裡，我寫的一篇文章)

附錄 C 活在四度空間裡 324
(收錄 1976 年出刊的第 19 期台大物理系系刊《時空》，我寫的
一篇文章)

附錄 D 我心長悠悠──禾里 332
(收錄 1974 年出刊的第 17 期台大物理系系刊《時空》，我以
筆名禾里寫的一篇文章)

附錄 E 反摩爾定律的高速公路 Freeway 傳輸技術 335
(收錄我在 2005 年 9 月 (Vol.12, No.3) 出刊的《無晶圓廠
半導體聯盟》(Fabless Semiconductor Alliance, FSA) 雜誌發表的
一篇文章)

菩提樹下的沉思
菩提本無樹，庸人自擾之
本書可以說是新竹科學園區靜心湖的湖濱散記

序

緣起

我從高中時，就喜歡為賦新詞強說愁，在報章雜誌發表文章。後來做研究時，也發表了 80 多篇學術論文及申請了 300 多篇的美國專利。可是，從來沒有想過要出書。現在過了「從心所欲」的 70 歲後，居然要出書了！

出書的構想源自受中研院原子分子研究所所長陳貴賢博士之邀，於 2021 年 7 月 30 日在「居禮夫人高中化學營」給高中生講「積體電路神奇的摩爾旅程」；以及後來根據此演講寫成文章，於同年的 11 月在電子時報連載 5 天。文章在電子時報登刊後，意外的得到不少佳評和鼓勵，超出我的預期。

我的朋友張大凱 (Derek Cheung) 博士，曾是美國羅克威爾國際公司 (Rockwell International) 科學中心主管及執行長，讀完我的文章後，前前後後用中英文寫了 3 封 e-mail 給我：

「你的演講太精彩了，深入淺出，充滿了特有的見解及熱情，讓我學習受益良多，希望年輕人能有所感觸，影響一生。我已經把這視頻和幾個朋友分享，希望你不介意。」(2021 年 8 月 23 日)

「拜讀你在成真網站上的兩篇文章，非常欽佩，觀點極有深度，尤其是 DNA double helix 及人造晶片概念上的相似性。這個角度還有很大繼續發展的空間。非常獨特，沒有讀到過，也沒有想過。」(2022 年 4 月 10 日)

" I have gone through the presentation several times. This is truly an extremely remarkable piece of work, with very deep and personal insights about the whole subject. It is totally different from other publications on this subject, which are either technical or historical. The value is way beyond what the young people in summer camps can appreciate. I have been thinking how this information should best be disseminated and its impact realized. My initial thinking is to publish it as a book in English through Harvard University Press.

I appreciate your view about the significance of large numbers. The human brain is able to function intelligently through adaptive neuron connectivity. The research on neural network have been in fashion for more than two cycles in the last 30 years (I had some interaction with Carver Mead in then 90's) , but both times the activities faded due to missing gaps in foundational knowledge and hardware capability. I believe the principle behind neural network is very valuable, and so far, the research has only scratched the surface. With new advances in hardware, maybe it is time to re-energize neural network research, which is really a key subset of AI."
(2022 年 5 月 22 日)

翻譯如下：

「我反覆幾次看了你的演講錄影。這真是一個非常卓越的演講，對於這整個議題，充滿深度及個人洞察力。不論從歷史或技術的角度來看，你的演講和其他在此議題已發表過的文件，完全不同。你所講的內容已經超出夏令營年輕學生所能體會的。我一直在考慮如何將你講的內容傳播更廣，產生更大的影響力。我初步的想法是建議經由哈佛大學出版社以英文出書。

我喜歡你數大便是美的觀點。人腦經由神經元的自我適應性的連結
而產生智能。神經網絡的研究在過去 30 年，曾經風行熱門過兩輪
(在 90 年代，我曾經數次和加州理工學院 Carver Mead 教授討論過此
議題)。但是因為當年對神經網絡基本知識還不足，以及缺乏強有力
的晶片硬體，這兩輪的研究發展都沒有開花結果。我相信神經網絡
所隱含的原理具有巨大的價值，到現在人類還只知皮毛而已。由於
晶片硬體的精進，現在是重新大力投入神經網絡研發的時候了，因
為它是人工智慧的關鍵元素。」

Derek 信中提到的 Carver Mead 是 IC 晶片設計方法的始祖，首創設計
準則 (design rule) 的概念，把 IC 製程轉化成設計準則；IC 設計者，只要
依據設計準則就可以設計晶片。Mead 是使晶片製造和晶片設計可以成為兩
個分開的產業的人，其在 1978 年所著作的 "Introduction to VLSI Systems" 是
IC 設計的經典。另外信中提到的神經網絡，在晶片進入 5 奈米技術節點，
含有幾百億個電晶體時，產生了 ChatGPT 類似人腦的人工智慧，極具爆發
力，造成人類既期待又恐慌的複雜心境及情結。 (第一章第五節)

Derek 鼓勵我出書。他 10 年前寫的書《電的旅程》非常成功，2017 年得
到第六屆吳大猷科普著作獎。

我多年未連絡的大學同班同學吳詩聰教授，在美國中央佛羅里達大學
(University of Central Florida) 教書，2022 年剛當選中央研究院院士。他在
電子時報看到我的文章，e-mail 給我：

「我在電子時報讀了你的文章，非常精彩。你學識淵博、見多識廣，
對年輕人會有很大的啟發。我建議你寫成一本書，記錄下來你的見
解及人生經歷，這樣可以造就更多的人。」(2022 年 7 月 9 日)

我的朋友前台北醫學大學校長閻雲博士看了我演講錄影後，寫了一封 e-mail 給我：

> 「我應該稱你為大師！你的演講讓人驚豔。我花了幾天看完你的演講錄影，有些地方，我重複看了好幾遍，欣賞體會你所說的細節及深層意義。你講解基礎物理，由淺入深。甚至連我這樣的生醫學者，看完後都懂得積體電路了！你甚至把宇宙和積體電路的知識連結起來，非常合理且完美！你太棒了！」。(2021 年 8 月 24 日)

知音難覓，我何其有幸，能夠得到頂尖專家學者的讚美之詞！這些讚美之詞，讓我受寵若驚，實不敢當！但是有了這些頂尖專家學者的讚美之詞，我決定全力以赴，努力出書，才不負他們的鼓勵和期待！

以技術科學為骨幹，穿插歷史故事，硬中帶軟的書寫方式

基於朋友們的鼓勵和經不起出書夢想的誘惑，於是在去年四月，我就決定出書，野人獻曝。但是電子時報那篇文章只有三、四十頁，太短了。於是，我就把電子時報的文章當成書的第一章，加寫第二章及第三章，分別闡釋積體電路的兩個重要元素：「電晶體」及「金屬連線」；另外，加寫第四章描述我創立的成真公司正在推動的「邏輯硬碟」(Logic Drive)，其中所含的主要晶片是類似人腦的現場可程式化邏輯閘陣列晶片 (Field Programmable Gate Array，FPGA)，具有可塑性 (plasticity) 及整合性 (integrality)，在所有的半導體積體電路晶片中獨樹一格，和我頗有緣分；最後加寫的第五章，可以說是我個人的回憶錄，把過去 40 年的經歷和見證，點點滴滴，串連成章。本書嘗試以技術科學為骨幹，穿插歷史故事，硬中帶軟，希望這個新的寫作方式，讀者會喜歡。

我原來計劃把這本書寫成「科普」，讓一般讀者容易閱讀，就像當初給

高中生演講一樣 (演講內容成爲本書第一章)，演講中關於工程技術及科學原理，深入淺出，點到爲止。因此在寫作的初期，秉持相同的原則，盡量自我克制，踩刹車。可是在撰寫第二章電晶體時，就遇到了困擾。剛開始寫的時候，也是盡量多講電晶體的故事，至於電晶體的原理，不做太深入的著墨，點到爲止。可是如此的寫法，如鯁在喉，無法暢快的表達我過去 40 多年來體驗到的電晶體原理之美。於是，我就不再自我設限，暢所欲言，開始講量子力學的能帶 (energy band)，講統計熱力學的費米-迪拉克分佈統計原理 (Fermi-Dirac distribution statistics)，然後油門一路踩到底，甚至講到矽晶的 6 個次能帶 (sub-bands)，簡直可以當成大學電晶體原理課程的參考書或教科書了！

如書中第二章所說的，當你跟 iPhone SiRi 對話時，開車用 Google Map 導航時，或用 Skype 視訊開會時，你是否曾經好奇的想知道這到底是怎麼回事？答案很簡單，就是電晶體！第二章的這些電晶體原理將帶領讀者一步一步的進入電晶體的迷你世界，一窺其中的祕密，解開現今 0 和 1 數位文明背後所蘊藏的玄機。當你了解電晶體的運作原理後，再低頭看看手上的 iPhone，彷彿可以看到電子的形影，聽到電子的足音，進而摸到電子的身體，甚至細數電子的數目。人不是神，但以人類卑微的能力，能夠透徹了解電子行蹤，並巧妙的創造出控制操縱電子行蹤的電晶體，著實令人讚嘆和驚豔！

嘗試用各種方式闡釋電晶體，希望可以讓讀者比較容易進入艱澀的電晶體原理領域

可是要了解電晶體的運作原理，及電晶體何以能產生此種類似人類的智能，可真的不簡單！需要動用到物理學的四大艱深學門：量子力學 (quantum mechanics)、量子熱力學 (quantum thermodynamics)、古典電動力

學 (classical electrodynamics) 及古典熱力學 (classical thermodynamics)。因此，建議一般的讀者進到第二章時，可以略過電晶體原理的部分 (尤其是第二章第四節用能帶圖 (band diagram) 解釋電子及電洞移動的原理)，只讀電晶體的故事。

此章我花費了很大的精力，竭盡所能，試圖把艱深難懂的電晶體原理用「文學」的情感和語法來描述，尤其是寫第二章第四節時，講到電晶體的核心 - 空乏層和反轉層 - 的時候。一般半導體物理教科書，講到此處，充滿了一堆複雜的數學公式，很難讓人了解電晶體的真正精髓。此章節我花了很多功夫，用的公式比一般教科書少很多；同時我也特別花了一點巧思，利用近似方法 (approximation)，導出一個我想要的公式，並利用這個公式來明白的揭露電晶體的電流隨外加電壓成指數型增加。此近似方法也許有點隨意 (casual)，不夠嚴謹 (rigorous)，但很高興此近似公式能夠非常清楚的指出電晶體的電流隨電壓成指數型增加。事實上，半導體擁有一個其它物質沒有的特徵：少數載子 (minority carrier) 的濃度隨著電壓成指數型增加。電晶體的電流隨電壓成指數型增加正是少數載子特徵的表現；而此特徵乃是依據統計熱力學的費米-迪拉克分佈統計原理 (Fermi-Dirac distribution statistics)，少數載子隨位能高低成指數型分佈在各個位能所導致的結果。此指數型的關係是我認為電晶體物理原理的根本，使電晶體成為一個可以用電的訊號 (electrical signal) 來控制的開關 (1 和 0)，巧妙的把電子原有的不確定性及概率分佈的自然特徵，強制轉成毫無混淆的 0 和 1 數位，造就今日人類的數位文明；可以說，今日人類的數位文明是少數載子的遊戲！

希望我這些嘗試用各種方式闡釋電晶體的努力，可以讓讀者比較容易進入艱澀的電晶體原理領域。因此，建議對電晶體原理有興趣的讀者，可以反覆閱讀幾次，細嚼慢嚥，也許更能領會到電晶體原理之美。(請參閱第

二章第四節)

本書以「摩爾旅程」為書名，副標題為「電晶體數目爆增的神奇魔力」，主要是在描述從 1958 年 Jack Kilby 和 Robert Noyce 發明積體電路以來，積體電路忠實的遵守摩爾定律，使得電晶體數目爆增，現在一個晶片所含的電晶體數目已經超過數百億；而一台 EUV 曝光機一年可以製造出的電晶體數目已經接近全世界一整年新生嬰兒大腦所含有的神經元數目。本書闡釋「數大便是美」，當數目趨近無窮大時，就可以產生高端的智慧及神奇的魔力！

橫跨半個世紀的寫作，一以貫之，脈絡相連

另外，我找到以前寫的關於物理科學或技術比較感性的文章，收編在本書的附錄，包括 50 年前在台大寫的兩篇文章〈活在四度空間裡〉和〈我心長悠悠〉，30 年前在台積電任職期間寫的〈展技歐陸〉，以及 20 年前在創立米輯期間寫的〈Freeway: Reverse Moore's Law〉。

在本書的第二章，我寫到：

「當你了解電晶體的運作原理後，再低頭看看手上的 iPhone，彷彿可以看到電子的形影，聽到電子的足音，進而摸到電子的身體，甚至細數電子的數目。」

沒想到這種想法和感覺，竟然源自於 50 年前，我還是大學生時寫的文章〈我心長悠悠〉，讓我驚嘆連連！真是一以貫之，脈絡相連。

發表在 1974 年台大物理系《時空》系刊的〈我心長悠悠〉一文裡，我寫到：

「看了費因曼的三冊關於物理的演講，我決心用「心」去感觸物理。

死靜的平衡，成了耀動的安寧；巨觀的寂靜成了微觀的繁富！

用手幾乎觸到每個原子的心臟，用耳幾乎聽到每個電子的足音，用眼幾乎看到電磁波的豐采！」(請參閱附錄 D)

一本文史作家及物理哲學學者的書籍

對於一個年輕時就喜歡寫作和物理哲學的我，一直希望自己能夠成為文史作家及物理哲學學者，因此在寫這本書時，就盡力把它寫成類似文史作品，多加些物理哲學的味道，而不只是硬梆梆的半導體產業及技術，也算是滿足年輕時未完成的一個心願。

這本書可以說是新竹科學園區靜心湖的湖濱散記。我住在靜心湖公園附近，這本書的回憶、論述、想法和靈感大部分是我在靜心湖湖邊散步時所產生的。在湖中的島上有一棵巨大的菩提樹，本書中一些深沉的回憶和領悟是在樹下沉思而得的，但與其說是「菩提樹下的沉思」，不如說是「菩提樹下的發呆」來的真確，真是「菩提本無樹，庸人自擾之」。

從煤油燈到電晶體

我出生在濁水溪北岸的溪洲鄉。不到一歲，父母就帶著我搬到附近的北斗鎮，住進日本農民遺留下來的「大橋洲」移民村。此移民村乃是西元 1932 年，日本臺灣總督府於濁水溪河床設置的官營移民村，提供給日本農民墾殖。西元 1945 年 10 月，日本戰敗，日本農民隨即撤離。(請參考 https://landoffice.chcg.gov.tw/files/日治時期北斗地區移民村及神社的設置_122_1100608.pdf)

北斗「大橋洲」移民村有 35 戶，以 5×7 陣列，方方正正的排列；每戶佔地 440 坪，日本木造房屋，有曬穀場、豬圈、牛棚。我印象最深刻的是大門口有兩棵高聳入天的椰子樹，庭院有一口井、很多果樹及竹林，以及漂

亮的日本庭園造景。可是，移民村沒有電燈 (直到我小學三年級，村裡才有電燈)。被大樹和竹林遮蔽的移民村，在沒有月亮的晚上，漆黑一片。記得那時晚上做功課時，若一不小心打翻煤油燈，煤油沾到課本，隔天到學校上課打開課本時，煤油的臭味就會到處瀰漫，深感慚愧。煤油的味道，如今都還深印在我的腦海中。

夜晚沒有電燈的那種「絕對黑暗」的蕭殺恐怖氣氛，令我終身難忘。還記得 1961 年 10 月，第一個有電燈的晚上，全村突然「大放光明」的情景以及我那種驚奇興奮的感覺：原來黑暗的晚上，也可以變成如此光明！

這段小時候點煤油燈的經歷，讓今天寫這本書談 5 奈米電晶體的我，感觸良深，倍感珍惜！愛迪生於 1879 年發明電燈，而我於 1961 年才得以使用電燈。我點煤油燈念書的「古早人」經歷，讓我體會到愛迪生發明電燈的偉大，改變了人類的作息生活。有了小時候電燈出現，從「絕對黑暗」到「大放光明」的經歷，讓我對於電晶體過去 40 多年的摩爾旅程，有更深層的體會和領悟。讀小學的時候，課本有一課講到愛迪生發明電燈，是個偉大的發明家；我小時了了，有點小聰明，同學因此給我取個綽號叫「愛迪生」，我自己小小的心中則對發明家非常崇拜和嚮往，一直好奇的想著愛迪生到底是怎麼發明電燈的？這些小時候的經驗，也許是我後來喜歡發明的因緣吧！

說到小時候住在北斗「大橋洲」移民村，就想到我經歷過台灣歷史性的八七水災。移民村處於舊濁水溪 (東螺溪) 的河床上，地勢低窪，因此經常淹水。1959 年 8 月 7 日一大早，村裡就傳出濁水溪的溪水暴漲，而且已經潰堤的消息。不久之後，我家門前的水急速上漲，淹過膝蓋。父親急忙的帶著一家大小「逃大水」：母親牽著 4 歲的妹妹，父親一手抱著 1 歲大的弟弟，一手牽著 7 歲大的我，11 歲的大姊則拉著父親的褲管，在湍急的水流中逃難。在快要到達縱貫公路 (今台一線) 的高地時，一陣湍急的波浪

沖了過來,我差點被沖走,被父親趕緊抓了回來,而大姊卻被大水沖走了。幸好被消防人員救了回來,感謝命運之神!本書第五章第五節寫到:賈伯斯說「你必需相信某些事情——你的直覺、命運、人生、因緣、不管是什麼」,大概就是如此!直覺、命運、人生、因緣、不管是什麼的信念,也深深的影響我撰寫這本書。

時間即無知,空間即重力的物理哲學

這本書講了半導體積體電路摩爾旅程中的一些事件 (event),而在講到每一個事件時,如果可能,我都會清清楚楚的標明事件發生的時間,某年某月某日。因為只有時間,事件才有意義;沒有時間,也就沒有事件了。本書對於時間和空間有相當的著墨。

本書第一章結語寫道:

「在這演講裡,我帶領大家穿越時空,涵蓋了 10^{27} 米 (宇宙) 到 10^{-9} 米 (半導體) 的空間以及 4.3×10^{17} 秒 (138 億年宇宙) 到 10^{-11} 秒 (半導體) 的時間」。

第一章第五節寫道:

「令人驚訝的是,人造的積體電路和自然界的 DNA 有微妙深邃的相似性:人造的積體電路和自然界的 DNA 有類似的信息傳遞法則。自然界的 DNA 以 A (腺嘌呤)、T (胸腺嘧啶)、C (胞嘧啶) 以及 G (鳥糞嘌呤) 四種含氮鹼基,在兩股螺旋股幹之間,形成 A-T 和 C-G 配對,並依據其中的一股螺旋股幹的含氮鹼基 A,T,C 及 G 四個位元在空間的序列 (spatial sequence),忠實精準的傳遞基因,其中空間週期 (S) 為 0.34 奈米 (兩個相鄰含氮鹼基的距離)。而人造晶片的積體電路則依據 0 和 1 兩個位元在時間的序列 (time sequence),忠實精準的傳

遞訊號，其中時間週期 (T) 以奈秒或是皮秒 (nano- or pico-second)
為單位……從以上的觀察，時間和空間在自然界的 DNA 和人造晶片
的積體電路扮演的角色，也許隱藏著深邃的祕密，這和複雜的時間
和空間物理原理有關嗎？這可能蘊藏著 DNA Computing 或是
Quantum Computing 的線索和啟發嗎？時間和空間源遠流長、浩瀚無
邊，其中隱含的物理深不可測，令人無法透徹了解，以致於人們陷
入迷惑無法自拔的深淵。」

本書第五章第五節寫道：
「Carlo Rovelli 2017 年寫了 "The Order of Time" 一書 (Adelphi Edizioni
S.P.A. Milano 出版；中文翻譯《時間的秩序》，世茂出版，2021 年)，
顛覆了我們對「時間」的常識和直覺，用「熵」(entropy) 來闡釋「時
間」，主張「推動世界的不是能量而是熵 (it is entropy, not energy, that
drives the world.)。」

「熱力學第二定律：熵的變化永遠大於或等於零，這是在基礎物理學
中惟一能夠表示過去和未來差異的定律。也就是說熱只能從高溫物
體傳到低溫物體，不能反過來從低溫傳到高溫。此熱力學第二定律
即是時間一去不復返的起緣，萬事萬物發展的次序都是隨著時間從
低熵走向高熵。低熵高熵是個熱力學的巨觀變數 (macroscopic
variables)，也就是統計的參數 (statistical parameters)。萬事萬物不能
從高熵走向低熵，乃是因為我們無法清楚的感知一個事物的全部面
向，也即無法清楚的感知一個事物所含每一個微觀顆粒的所有完整
細節 (full and complete details of each microscopic grain)；其中所謂的
完整細節包含每一個微觀顆粒的靜態及動態的微觀狀態 (steady and

dynamical microscopic states)，例如我們無法感知一個系統所含每一個原子或分子的位置和動量。然而，我們活在一個巨觀的世界中，所感知到的都是統計的結果，就只能感嘆青春不再。時間一去不復返是模糊 (blurred) 和無知 (ignorance) 造成的，就像 Carlo Rovelli 所說的「時間即無知」(time is ignorance)。如果我們能像神一樣的無所不知，觀察入微，也就沒有過去和未來的區分了！」

　　1915 年愛因斯坦的廣義相對論提出史詩般的「空間即重力」(space is gravity) 觀點。1927 年海森堡 (Heisenberg) 發表極具爭議性的「測不準原則」(uncertainty principle) 論述。「時間即無知」(time is ignorance)、「空間即重力」(space is gravity) 和「測不準原則」(uncertainty principle) 的 3 個物理原則簡直是神奇的近乎荒謬，但卻是宇宙萬事萬物的最基本原則，也是我寫這本書的三個根本物理哲學。

　　當然，事實也證明，不懂電晶體的量子力學的布洛赫波 (Bloch wave) 及統計熱力學的費米-迪拉克分佈統計原理 (Fermi-Dirac distribution statistics)，照樣可以成為半導體產業界呼風喚雨、腰纏萬貫的企業家或商人。2017 年 2 月，美國 NBA 籃球名將 Kyrie Irving 曾在 Podcast 上質疑地球是平的；不知道「地球是圓的」，且繞著太陽旋轉，並無損 Kyrie Irving 打籃球的天分和成就。但是最大的差別在於是否有好奇心。好奇心是我過去生活和做事的原動力，一層一層的問下去，一層一層的想下去，打破砂鍋問到底，非想個清楚不停，這也構成我寫作這本書的基礎。

　　在 16 世紀，哥白尼和伽利略提出「地球是圓的」及「地球繞著太陽旋轉」學說，顛覆了人們日常生活的常識和直覺，卻也遭到政治及宗教的迫害；可是 16 世紀以前的人類，不知道「地球是圓的，而且繞著太陽旋轉」，還是活了下來，也同時留下了數千數萬年的文明。但是這些顛覆人們日常生活

的常識和直覺的學說，卻是開啟了科學和技術的革命性創新，根本的改變了人類的文明。很難想像，我打破砂鍋問到底的結果，竟然是「時間即無知」、「空間即重力」和「測不準原則」這 3 個顛覆人們日常生活常識和直覺，近乎荒謬的物理原則。希望這 3 個物理原則能繼續為人類帶來革命性的創新，例如量子運算或 DNA 運算，使人類生活更幸福，更有意義和價值。

人類的光明前途及隱憂

宋朝周敦頤有句名言「文以載道」，那麼我寫這本書所要闡釋宣揚的「道」又是什麼呢？答案是：闡述將帶給人類光明前途的 3 樣法寶，以及提倡工程倫理以克服 1 個威脅人類文明的隱憂。

第一章第三節介紹了成真公司在 2016 年提出的「邏輯硬碟」(Logic Drive) 的願景及夢想。「邏輯硬碟」基本上是一個「利用軟體定義或改變硬體線路」的概念，以先進的系統封裝技術，將數個 10 奈米以下先進製程製造的 FPGA 小晶片 (chiplet) 連結封裝在一起，因為 FPGA 小晶片面積小，並且標準化，生產銷售量大，因此良率高，成本低，有助於「邏輯硬碟」的普及化及大眾化。

成真公司提議在邏輯硬碟的先進封裝內加入一顆非揮發性快閃記憶體 (Non-Volatile Flash Memory) 晶片，記住 FPGA 已配置組合好 (configured) 的邏輯線路，如此邏輯硬碟就可以當成 ASIC 晶片販售。有創意但缺乏資源的 IC 設計者，買了邏輯硬碟就可以把他的創意，透過軟體寫進 10 奈米以下先進製程製造的 FPGA 晶片，改變硬體線路，很便宜的實現他的理想。另外，邏輯硬碟也可以經由重新編程組態 (re-configuration) 改變硬體線路來改變邏輯運算，並加以儲存在先進封裝內的非揮發性快閃記憶體晶片；這就像固態硬碟 (SSD：Solid-State Drive 或 Solid-State Disk) 或 USB 快閃隨身碟 (USB flash drive) 儲存數據記憶一樣，可以改變及儲存數據記

憶；只是邏輯硬碟改變及儲存的是邏輯運算而已。記憶和邏輯是人類思考方式的兩大不同功能，但卻又相輔相成。人類的思考 (thinking) 是依據儲存在記憶裡的資訊 (memorized information) 來做邏輯思考 (logic thinking)；將思考的結果儲存在記憶裡；爾後，再依據儲存在記憶裡累積的資訊來做邏輯思考；如此不斷學習成長。如今在人工的世界裡，固態硬碟已經造成記憶世界的革命性改變；如果邏輯硬碟的美夢成真，則也將造成邏輯世界的革命性改變。將來你手中的硬碟，不止會記憶背誦，也會思考運算。亙古以來兩個絕然不同功能的記憶與邏輯，蛻變成兩個人工的模組元件：「固態硬碟」和「邏輯硬碟」，何等的自然且神奇！人工的思考能力將因此而突飛猛進！

本書第一章第三節寫到：

「台積電純代工商業模式初期能夠成功建立起來，有一部分因素應歸功於提供了一個大眾創新平台 (Public Innovation Platform)。1990 年到 1997 年我在台積電任職的時候，一個有創意的積體電路設計高手，只要募資幾十萬、或一兩百萬美元，就可以創辦積體電路設計公司，設計積體電路晶片，利用台積電 1 微米到 0.35 微米的製程技術，實現他的夢想。但是，台積電如今已轉變爲「貴族創新平台」。單是一套 10 奈米光罩費用大約 300 萬美元，一套 7 奈米光罩費用大約 900 萬美元。開發一顆 7 奈米的 IC 晶片需要數千萬或上億美元的一次性工程費用 (Non-Recurring-Engineering，NRE)。只有像 Apple 等系統公司或是大型的積體電路設計公司如高通、聯發科、NVIDIA 及 AMD 等，才有資源參與 10 奈米以下先進製程的天價昂貴遊戲。『邏輯硬碟』(Logic Drive) 提供一個新的可能另類途徑 (possible alternative)，讓有創意但缺乏資金的晶片設計高手，只要募資幾十萬或一兩百萬美元，就可以創立新的積體電路設計公司，以台積電 10

奈米以下的先進製程實現他的創意，也就是說，提供一個方法讓 99%的平民大衆可以參與 1%貴族的遊戲。」

本書更以第四章全篇的篇幅來提倡闡釋邏輯硬碟的夢想及願景。在第四章結尾寫到：

「這一章提到類似人腦的 FPGA 晶片組成的邏輯硬碟；第一章第二節提到人類鬼斧神工創造的第一顆人造太陽極紫外光 (EUV) 曝光機；再加上發展中的第二顆人造太陽——核融合能源系統，用以提供 EUV 曝光機及 AI machine ChatGPT 所需的巨大能量；有了這 3 樣法寶，人類文明將邁向前所未有的光明，世界將彷彿是人間天堂，這也是摩爾旅程的理想終點。可惜人不是神，高智能晶片可能被獨裁專制極權國家濫用來破壞甚至摧毀人類文明，這也是在第一章結尾時提到我最擔憂摩爾旅程中的險境，因此語重心長的強調工程倫理 (engineering ethics)。大家可能聽過「晶片霸權」(chip supremacy)，但我希望是「晶片平權」(chip equality)；大家也可能聽過「晶片即武器」(chip as weapon)，但我希望是「晶片即福祉」(chip as welfare)。現在，地緣政治的紛擾增加了摩爾旅程的不確定性，但我期盼人類善良的本性能夠協助半導體晶片在摩爾旅程中不被邪惡之徒所用，尤其是不被專制極權國家用來造假洗腦，監控奴役人民，使摩爾旅程繼續前行，發光發熱，以達人間天堂的完美境界；就像成眞公司 (iCometrue) 的名字一樣，Dreams Come True！」

上面提到電晶體數目暴增的神奇魔力帶來威脅人類文明的隱憂，因此必須提倡工程倫理。說到工程倫理，就不得不談談 2022 年 11 月 30 日，OpenAI 推出由 Sam Altman 所主導開發的 ChatGPT (Chat Generative Pre-trained Transformer)。ChatGPT 採用了 1 萬顆 NVIDIA A100 GPU 晶片來做學習和訓練 (learning and training)，每顆 NVIDIA A100 GPU 晶片含有數百億 (10^{10}) 個電晶體。也就是說，ChatGPT 使用了數百兆 (10^{14}) 個電晶體。將來的 ChatGPT 會使用更多的 GPU 晶片。數大了，便產生神奇的魔力！

本書第一章第五節寫到：

「ChatGPT 現在已經可以產生生成式文章 (generative text)，再加上最近出現的生成式照片 (generative picture)、生成式影像 (generative image)，生成式影音 (generative video)，以及生成式圖片 (generative figure)，則人類亙古以來，賴以辨別判斷真偽的證據工具 (照片、影像、影音及圖片)，將完全失效，實在讓人擔憂和恐懼。失去了辨別判斷真偽的證據工具，人類的文明和秩序，可能完全改觀，例如沒了辨別判斷真偽的證據工具，歷史考古及法院判決，將何去何從？

ChatGPT 的出現將會如何影響人文 (humanity) 和神學 (divinity) 呢？人工智慧機器 (AI machine) 會有「機器個性」或「機性」(「Machinality」) 嗎？humanity 和「Machinality」的關係是什麼呢？humanity 和「Machinality」是主從關係 (master-slave) 嗎？還是平行關係 (parallel) 呢？humanity 和「Machinality」的關係是和諧 (harmony) 的呢？還是衝突 (conflict) 的呢？人類 (human being) 將如何以自己的 humanity 來處理機器的「Machinality」呢？會有一個管理 AI machine 社會的法律制度嗎？是人類幫 AI machine 建立的，還是 AI machine 自己建立的？會有 AI machine 的言論自由和機器權利或機權 (Machine Right) 嗎？」

大眾史學，人人出書

把書的內容、插圖，甚至封面和封底都設計好了以後，就開始想如何出版這本書。找了 2 家出版社，都認為此書的內容艱澀難懂，不容易吸引讀者，比較難銷售；他們想加以改編，使其容易閱讀，或者由我自費出版。我向出版社表達，出版這本書的主要目的是要把自己在半導體世界的經歷、見證、觀點、領悟及成長，記錄下來，留給自己的家人及後代子孫，並且尋找對人文、科學、物理哲學有興趣，且肯用腦進行深度思考的知音。

回顧我的一生，腦中偶而會出現一些新穎的獨特想法，我就會把它發表成學術論文，或申請成專利。可是很多想法和情感，尤其牽涉到的是人文、科學和物理哲學，不見得可以用學術論文或專利的方式呈現和保存。這些獨特想法和情感如果不設法保存，就會跟著死亡一起消失無縱。而把這些曾經在我腦中出現的獨特想法和情感，用出書的方式來進行呈現和保存，可能是個好方法。再說，知音難覓，這些獨特想法和情感，說不定還可以感動一些知音，啟發和鼓勵 (inspiring and encouraging) 他們，這是何等讓人興奮的事情啊！

上面提到自費出版，我就想到目前的自媒體 (self-media) 已經盛行，有各式各樣的網路平台，如 YouTube、Facebook 和 Instagram 等等，讓一般大眾發聲發文。自媒體提供有別於傳統報社、雜誌社、廣播電台和電視台的大眾發文發聲的平台，讓「言論自由」的人權踏入新的境界，同時「自媒體」也成為散播謠言邪說的媒介。那出書是否有類似「自媒體」的「自出版」(self-publication) 呢？

於是，我想起我的朋友周樑楷教授所提倡的「大眾史學」(public history)，鼓勵人人出書，寫下自己一生的經歷，如此才能留給後代的歷史學家一個真正的歷史。我的台中一中初中同學黃榮源於 2021 年出版了一本

《A Nobody 的隨意人生》。該書的作者、校稿、封面設計及出版者都是他自己，可以說是周教授「大眾史學」的典範。黃榮源在書的「自序」中寫道：「……書名訂爲：「A Nobody 的隨意人生」，畢竟社會上 99%都應該算是Nobody，如果有人看後有所感應，也把自己的人生記錄事先交給家人、朋友，也算功德一件，因爲我很喜歡說：「做個有歷史感的台灣人」。」

有了「自出版」的概念後，我就上網搜尋「自出版」的平台，找到其中一家——白象文化事業有限公司，自稱爲「印書小舖」。成眞公司的周秋明(Mark) 和其他成員一直在幫忙出書事宜，包括校正及畫圖。Mark 卽刻和白象文化聯絡，雙方簽署保密合約後，Mark 將書的原稿寄給白象文化。白象文化約定在 3 月 30 日到竹北成眞公司，討論出書事宜。白象文化來訪的人是自稱爲資深經紀人的張輝潭 (Water) 先生。談了一些出書的權責和程序後，我發現張先生名片上印著「不需出版社審核，人人都能出自己的書」，以及他給我的宣傳單上寫著「出書，是您的基本人權」。我突然感覺到，這不正是我的理想嗎？

我迫不及待，非常好奇的想多了解白象文化。我問公司的老闆是誰？這時 Water 才說他是老闆，在 2004 年創辦白象文化。Water 在 1991 年清大核工系畢業後，進入清大人文社會學院，改讀人文科目。他說最近也在讀一些量子力學的書。眞是相見恨晚，耽擱多時的出書煩惱，瞬間找到我理想中的出書方式。

我常想，人只要有理想，而且堅持理想，不守舊規，願意接受創新改變，有一天，命運總會讓你完成理想，但是惟一不能改變的是善的價值觀。

感恩

以我出身貧窮的一個農家子弟，而能在頂尖學府 (台大、哈佛、MIT)

受教育及養成，我眞的只能感謝神。當然最要感謝我的父親林添財及母親林劉裁，他們非常重視子女的教育，從來沒有想過自己會有多辛苦，不自量力的讓我們五個兄弟姊妹都完成大學教育。這在當時貧窮的農村，簡直不可思義！感謝我的大姊林月娥，她從小天資聰穎，成績優秀，爲了家庭，初中畢業後，就去讀公費的高雄女子師範學校；18 歲畢業後，就出來教書，幫助父母養家；後來一邊教書，一邊上中興大學夜間部，完成大學學業。

我求學的過程還得到很多人的鼓勵和幫助。小學老師林大灶一路關心我，一直鼓勵我往物理和數學領域發展；小學同學施國平，在我留學美國的期間，幫我照顧住在鄉下的父母；高中同學鄧益芳，親如兄弟，讓我免費住他家的房子；剛到哈佛的前 2 年，台大物理系大我一屆的林晨曦學長，帶領我進入哈佛的生活及學業；感謝 AT&T Bell Labs 研究開發多晶片模組的夥伴 King L. Tai 及林文權 (Albert W. Lin)，我們 3 個人對多晶片模組充滿熱情及夢想，在共事的期間持續熱烈的討論及互相激勵。一路走來，我遇到太多的好人善人，感恩不盡！

2012 年罹患攝護腺癌後，感謝好友陳振文醫師悉心的醫療諮詢、建議、安排及照護；感謝好友朱永昌醫師，以醫師的專才，不斷的關心和幫忙；感謝當時台北醫學大學校長，世界頂尖的癌症專家閻雲博士，詳細解讀我的病理報告。我以一個平凡小人物，何其有幸，能得到這些頂尖名醫專家的關照，感激不盡，感謝命運之神！感謝太太、女兒、大姊及弟妹，在我病中悉心照顧，讓我感到家人親情的可貴；感謝陳禎進／劉麗珠夫婦，在我生病和復原的那幾年中，陪我們夫婦，到處玩耍，探訪各式餐廳，尋找好吃且健康的食物，讓我暫時拋開癌症的恐懼和威脅。

我很會夢想，我要感謝幫我圓滿其中 3 個夢想的恩人：

(1) 模仿樹葉的光合作用產生能源的夢想

　　我在哈佛大學擬定博士論文的時候，正值 70 年代石油危機，太陽能電池成為熱門的研究題目。我對模仿樹葉的光合作用產生能源的濕式太陽能電池非常有興趣，這可能源自我從初中理化課本學到光合作用後，就對地球上生物的生命活力泉源－神聖的光合作用－十分著迷。此濕式的太陽能電池用半導體扮演葉綠素的角色，吸收陽光，放出電子，把水分解成氫氣和氧氣。我想，這領域的研究一方面可以發揮我主修固態物理所學的知識，另一方面可以讓我有機會深入了解並仿效生命泉源的神聖光合作用，因此渴望把它當成博士論文的題目。更吸引我的是：此濕式的太陽能電池所產生的氫氣是乾淨能源，因為氫氣燃燒後產生熱能，並生成水，不像一般石化能源產生的二氧化碳污染空氣，而且氫氣容易儲存和運送；所產生的氧氣則以可用來維持新鮮的空氣，供地球上的生物生存呼吸。

　　我的博士論文委員會聽到這個想法，幫我找到 MIT 的教授 Mark Wrighton，他的實驗室有在做這方面的研究。在這種情況下，一般的大學會要求學生轉學到 MIT。哈佛大學卻沒有這樣做，反而決定由哈佛提供獎學金支持我以訪問科學家 (visiting scientist) 的名義到 MIT 做博士論文研究；於是就安排由 MIT 教授 Mark Wrighton 當我博士論文的指導教授。對一個像我這樣英語都講不好的外國學生，哈佛居然願意支持我這異想天開的想法，提供了三年的獎學金，讓我到 MIT 的實驗室完成博士論文，論文題目是「半導體／電解質界面的光電化學特性 (Photoelectrochemical Properties of Semiconductor/Electrolyte Interfaces)」，實在讓我喜出望外，感恩不盡。同時感謝在 MIT 實驗室的研究伙伴 Narl Hung 教授，當年我以訪問科學家的身分到 MIT Mark Wrighton 教授的實驗室做博士論文，Narl 剛好也從 Wheaton College on-leave 到 MIT 當訪問學者 (visiting scholar)，兩人一起做實驗，共同發表論文，讓我能順利的完成博士論文。(請參閱第五章第四節)

(2) 以系統封裝 (System in a Package, SiP) 延伸摩爾定律的夢想

　　爲了以系統封裝延伸摩爾定律的夢想，我於1999年創立米輯科技，募資台幣 10 億元，我賣了台積電的股票，自己傾全力籌措一筆資金投資。其餘的資金主要是來自法人，張忠謀董事長經由世界先進投資米輯科技 (15%)，另外還有宏碁 (2%)，華登國際創投 (20%)，中央投資 (15%)，科學園區的好友韓光宇、劉漢興等，以及一些親朋好友和我以前在台積電的同仁，也情義相挺的投資米輯科技。我一個沒有什麼名氣的創業者，何德何能，靠著幾個專利的新構想，能夠順利募資 10 億元，讓我又感動又感恩。感謝代表華登國際創投法人董事許賜華博士。許博士在 1980 年代初期，和一群留美學人一起回台，創立台揚科技，是最早進駐新竹科學園區的幾家公司之一。米輯科技那些年，一直有些米輯股東要我專心量產 LCD 驅動 IC 晶片的金凸塊，不要浪費公司資源去開發不知何時可以回收的晶片堆疊技術 (MeGic technology) 及晶片上高速傳輸線路技術 (Freeway technology)。在這困境中，許博士總是以其科技背景，堅定的支持且幫助我，繼續走創新技術的路。同時感謝李正福教授以其財經背景，擔任米輯科技公司的獨立董事。另外還要感謝受我號召加入米輯團隊的陳領、李進源、鄧益芳、彭協如、詹士頡、林世雄、萬國輝、周健康、周貴彬、周秋明、李權豐、林善光、陳育如、張淑君、羅心榮、熊慧音等人，在此無法一一列舉。還要感謝陳寬仁律師，在米輯科技被合併及米輯電子被購買時，幫了大忙。(請參閱第一章第四節、第三章第五節及第五章第二節)

(3) 讓 99%的晶片設計者有機會使用台積電 5 奈米製程的邏輯硬碟的夢想

　　我在 2016 年產生邏輯硬碟的夢想，於是創立於 2012 年的成眞公司就集中在發展邏輯硬碟的技術專利。我即刻將已退休在台灣南部耕種的李進源找回來。進源從台積電、米輯科技、米輯電子到高通，一直跟隨著我。

早期在我帶領台積電研發處時，他是全台積電發明專利最多的工程師。我的大部分專利都是和進源共同發明的。還要感謝成眞公司的專利工程師羅心榮 (Keven) 及楊秉榮 (Mars)，他們從米輯科技、米輯電子、高通到成眞，一路跟隨著我。感謝我的二女兒 Erica，爲了協助成眞公司進行美國專利的申請，在 2013 年當她還是 MIT 博士班研究生時，就考取了美國專利代理人 (patent agent) 的證照。2020 年，我把以前米輯科技的產品經理周秋明找回來幫忙。感謝 Mars，把成眞公司當成自己的家，除了撰寫專利之外，還辛勤的掌管公司所有的行政及雜務。感謝成眞的團隊，他們願意在資源匱乏下，相信我，跟著我一起做夢。(請參閱第一章第三節及第四章第三節)

　　最後，要特別謝謝我的太太吳淑楣，過去 40 多年來，辛苦持家，養育兩個女兒 Marina 和 Erica 長大成人，讓我可以全力專心的做夢追夢圓夢。

林茂雄寫於 2023 年 4 月天

二版修改摘要

　　本書初版印刷發行 1 仟本，已經贈送或銷售殆盡，現在正準備加印發行第二版。我趁此加印發行第二版的機會，做了一些修改，包括：(1) 修正明顯的錯誤；(2) 把太長的段落分段，並加上重點標示，以方便閱讀；(3) 把初版講的不夠詳細的地方，加以補充說明。希望這些修改能把歷史故事說的更清楚，科技哲理講的更明白，情感表達的更自然順暢！

　　因為修正明顯的錯誤及分段並加上要點標示，顯而易見，在此就不加以列舉。底下只列舉幾個增加的段落，把初版講的不夠詳細的地方，加以補充說明：

● 第一章第一節，第 41-43 頁：說明基本粒子標準模型 (Standard Model)。

● 第一章第二節，第 44-45 頁：提供曝光顯影技術 (photolithography) 的必要基本知識，以解釋光波波長的摩爾遊戲。

● 第一章第二節，第 50-53 頁：說明相位移光罩、浸潤式曝光和多重曝光三個大幅增加光波解析度的繁複技術，使 193 奈米波長的 DUV，可以延伸用到量產 7 奈米的技術節點；也使得一向由 Intel 主導的摩爾定律，在 2017 年改由台積電主導。

● 第一章第三節，第 60-62 頁：說明台積電「純代工商業模式」客戶群的重大變化。現在一個電晶體晶片或電晶體封裝就是整個系統，幾乎占了整個系統的價值，使得 Apple 和 Tesla 等系統公司 (system company) 都自己設計晶片，同時也逼得過去逐漸淡出晶片產業的

系統公司現在又不得不再回到晶片產業，成為自擁晶片無晶圓廠系統公司 (Self-Owned-Chip Fabless System Company)。另外，最近一些富可敵國的服務公司 (service company) 也都開始設計自己的晶片，來實現他們創新的運算架構和演算法 (computing architecture and algorithm)，成為自擁晶片無晶圓廠服務公司 (Self-Owned-Chip Fabless Service Company)，例如 Google、Meta (以前的 Facebook)、Microsoft、Amazon 等公司。在摩爾旅程中，這個新的產業生態或商業模式會對半導體晶片產業造成怎麼樣的影響呢？現在的摩爾旅程是由晶片公司主導 (NVIDIA，Intel，AMD)，未來會改由這些自擁晶片無晶圓廠的系統公司或服務公司來主導嗎？

- 第一章第五節，第 81 頁：補充說明 ChatGPT 的原理。

- 第一章第五節，第 81-82 頁：比較 AI Machine 把能量轉換成智慧的效率和人腦把能量轉換成智慧的效率。說明人畢竟不是神，雖然可以造「機器人」，可是和自然之神「人」相比，真的差太遠了！自然之神造的人腦溫和輕巧，而人造的 ChatGPT 火熱暴烈！

- 第一章第五節，第 84-85 頁：描述我說出新的詞彙「Machinality」的場景。

- 第二章第四節，第 131-133 頁：加強說明少數載子的濃度隨著電壓成指數型增加的深層物理原理，藉以揭露電晶體的美麗秘密。

- 第二章第五節，第 140-141 頁：介紹 2D 半導體新材料 - 過渡金屬二硫族化合物 (Transition-Metal Dichalcogenides, TMDs)。

- 第三章第四節，第 183-184 頁：說明金屬導線的傳輸可以用動態的 (dynamical) 歐姆定律來描述，$I = V/Z$。

- 第三章第五節，第 192-193 頁：記錄張忠謀董事長在決定世界先進投資米輯 15% 前，還向台積電高層部屬確認台積電不進入米輯的產

業。

- 第三章第五節,第 203 頁:補充說明 1998 年米輯發明的 Freeway 技術,把電力配送網路從晶片的護層下面搬到晶片的護層上面,2007 年 Intel 生產的 iCore5 CPU 採用了 Freeway 的技術;而現在 Intel 的晶背電力配送網路 (Backside Power Delivery Network,BSPDN) 技術,再度改變電力配送網路的位置,把它搬到晶片的背面。

- 第四章第三節,第 235-237 頁:討論 FPGA 是否可以和 GPU 在人工智慧的應用一較高下。

- 第四章第三節,第 237-238 頁:分享我和人工智慧及機器學習的一段因緣。

- 第五章第二節,第 268-269 頁:補充說明台灣半導體公司獨特的員工分紅配股制度可以讓員工快速致富,吸引了在美國著名公司的高層技術專家或著名大學的教授,紛紛回台加入台積電。他們對台積電的技術和格局,有重大的影響和貢獻。

- 第五章第四節,第 276-278 頁:詳細說明光合作用加上代謝作用,完成自然界美麗動人的神奇循環。

- 附錄 B,第 302-304 頁:回顧當年目睹純代工商業模式崛起時,IDM 公司內部互鬥、痛苦掙扎的心境。

林茂雄寫於 2024 年 3 月春分

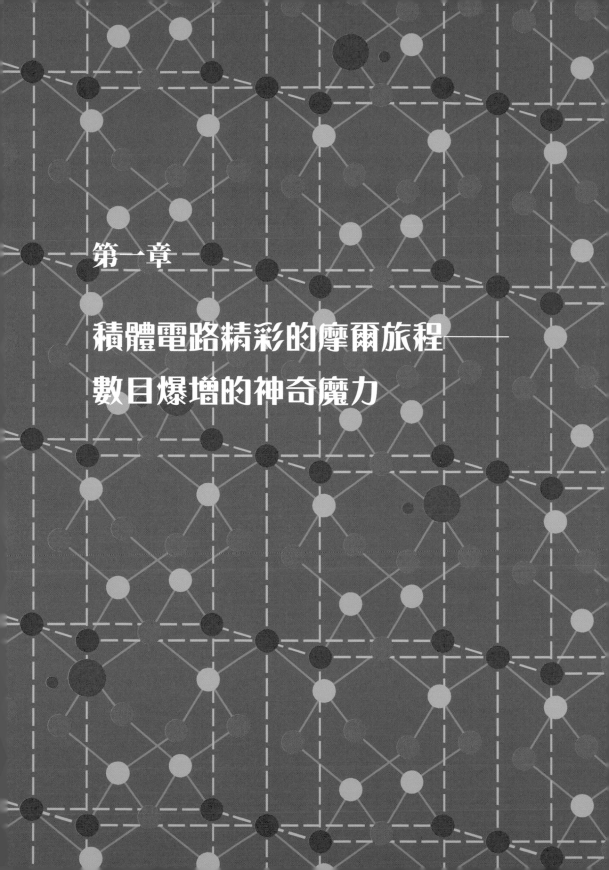

第一章

積體電路精彩的摩爾旅程──
數目爆增的神奇魔力

前言

　　我為了將半導體積體電路 70 多年精彩的歷程講給高中生聽，而有這個機會把自己過去 40 年在半導體生涯中所親身經歷見證的點點滴滴串連起來，點滴在心頭。也因此，自己才真正體會出其中奧妙的意義，更驚訝讚美自然的神奇及人造工藝的美妙！半導體發展的過程及歷史就像史詩一般，其精彩刺激程度，幾乎可以比擬 20 世紀初期 (1895-1945 年) 量子力學的發展。只是半導體的發展，不是基礎科學，是工藝及科學的應用，而且多了金錢及利益的商業氣息。

第一節　半導體世界的起源和演化——獨有的摩爾定律

電晶體將手動的開關 (manual switch) 變成一個可以用電的訊號 (electrical signal) 來控制的開關，成爲主動元件 (active device)；其主動元件的功能特性也預告了它具有人工智慧 (Artificial Intelligence，AI) 的能力。

積體電路則是將多個電晶體以金屬連線連接組成。積體電路的基本元件包含了可以存取資料的記憶體 (例如：靜態隨機存取記憶體 (Static Random Access Memory，SRAM))、進行數學運算的計算電路 (例如：加法器 (adder))、進行邏輯判斷的邏輯電路 (例如：AND、OR) 和計時的心跳線路 (例如：時鐘 (clock))。現在電腦的中央處理器 (CPU) 晶片或手機的應用處理器 (APU) 晶片的時鐘頻率 (frequency) 已經超過 3GHz，相當於每秒擺動 30 億下，以奈秒 (nano-second) 爲時間的單位；而人類的心臟每秒跳動只有 1.2 下，以秒爲時間的單位。當積體電路根據人們所寫的程式指令，按照其時間次序，進行資料的存取、數學運算及邏輯判斷，這不就是和人腦的功能一樣嗎？中文把「Computer」稱做電腦 (Electric Brain)，實在非常傳神！

必要的基礎知識 A – 電晶體

- 電晶體 (transistor): 可以用電訊 (signal) 主動 (active) 控制的開關
- 電晶體主動開關的功能特性預告它具有人工智慧

必要的基礎知識 B – 積體電路的基本電路 (basic circuit)

1. 記憶體
   靜態隨機存取記憶體
   (SRAM)
   6 個電晶體

2. 計算電路
   加法器 (adder)
   12 個電晶體

3. 邏輯電路
   AND
   6 個電晶體

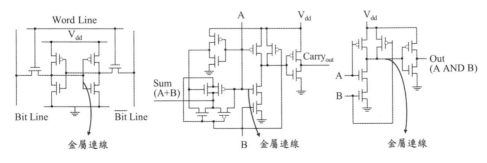

必要的基礎知識 C – 積體電路的基本電路 (basic circuit)

4. 心跳線路
　　時鐘 (clock)
　　6 個電晶體

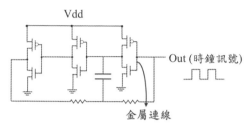

金屬連線

- 現在電腦CPU晶片或手機APU晶片的時鐘頻率(frequency)已經超過 3GHz，相當每秒擺動30億下，時間以 nano-second 奈秒為單位。
- 人類的心臟每秒跳動1.2下，時間以秒為單位。

必要的基礎知識 D – 積體電路 (Integrated Circuit, IC)

- 由多數個電晶體經由金屬連線 (interconnection) 連接組成

　— 記憶體 – 例如: 靜態隨機存取記憶體 (Static Random Access Memory – SRAM)
　— 計算電路 – 例如: 加法器 (Adder)
　— 邏輯電路 – 例如: AND (交集)、OR (聯集)
　— 心跳線路 – 時鐘 (Clock)

- 積體電路根據人寫的軟體程式指令(Instruction)，按照其時鐘，進行記憶體的存取、數學計算及邏輯判斷，這不就是人腦嗎？

- 中文把 "Computer" 叫做電腦 (Electric Brain) 非常傳神

　　半導體世界的起源和演化，和我們這個宇宙的起源和形成一樣，都是「數字」的魔力，只是牽涉到不同的尺寸 (scale) 大小及數目 (quantity) 多寡而已。宇宙由 138 億年前的一個小點，遵循著自然界的愛因斯坦廣義相對論不斷的膨脹，達到今日 (2023 年) 直徑 10^{27} 米且含有 10^{22} 個恆星的規模。半導體晶片的發展則是遵循著人造的摩爾定律，由 1958 年含有 2 個 3×10^{-3} 米大小電晶體的晶片，不斷的微縮演進；約每 20 個月 (1.67 年)，每個電晶體的面積會減半，使得每個積體電路晶片內可以包含的電晶體數目加倍。因此，積體電路從 1958 年發明到 2020 年，總共經過了 37 個 (2^{37}) 發展週期 ((2020-1958)/1.67 = 37)。依據摩爾定律的預測，2020 年的晶片應該包含 600 億個電晶體 ($2^{37} = 6\times10^{10}$)。NVIDIA 公司在 2020 年 5 月發佈 A100 Ampere GPU 晶片，使用台積電 7 奈米製程設計及製造，含有 500 億個 7×10^{-9} 米大小的電晶體。摩爾定律如此精準，簡直不可思議！而 Apple

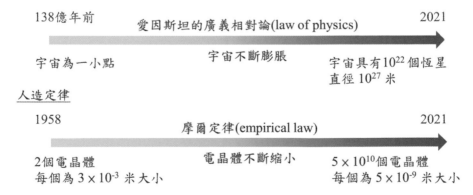

半導體世界的起源和演化：「數字」的神奇魔力

半導體世界的起源和演化，和我們這個宇宙的起源和形成一樣，都是「數字」(number)的魔力，牽涉到尺寸(scale)大小及數目(quantity)多寡而已！

自然界定律

138億年前　　　愛因斯坦的廣義相對論(law of physics)　　　2021

宇宙為一小點　　　宇宙不斷膨脹　　　宇宙具有10^{22}個恆星
　　　　　　　　　　　　　　　　　　直徑10^{27}米

人造定律

1958　　　摩爾定律(empirical law)　　　2021

2個電晶體　　　電晶體不斷縮小　　　5×10^{10}個電晶體
每個為 3×10^{-3} 米大小　　　　　　每個為 5×10^{-9} 米大小

"Seven Brief Lessons on Physics" by Carlo Rovelli

公司也在 2020 年 9 月 15 日發佈 A14 Bionic 晶片用於 iPhone 12 智慧型手機，該晶片使用台積電 5 奈米製程設計及製造，含有 118 億個 $5×10^{-9}$ 米大小電晶體。

　　摩爾定律可以用簡單的幾何級數描述，廣義相對論則需用深奧的萊曼曲面張量 (Riemann curvature tensor) 才能闡釋。然而，人造的能力行為遵循的經驗法則 (Empirical Law) 竟然能精準的和宇宙自然的物理定律 (Law of Physics) 一樣，著實令人讚美感動！

宇宙 VS 電晶體

◀── 宇宙直徑 10^{27} 米 ──▶　　　　鰭的寬度5奈米

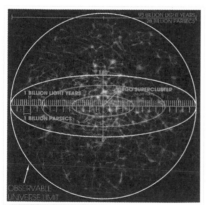

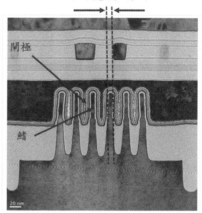

- 用哈伯太空望遠鏡觀測。
- 每一小白點就是一個星系(galaxy)，觀察到的宇宙有 $1.25 × 10^{11}$ 星系，每一星系有 10^{11} 恆星。

https://en.wikipedia.org/wiki/Observable_universe

- 用電子顯微鏡觀測。
- 鰭式場效電晶體(FINFET)的鰭的寬度5奈米。　一個晶片有 $5 × 10^{10}$ 個電晶體。

Source: 成真股份有限公司

　　人類文明史上沒有一樣東西像半導體積體電路 (Integrated Circuits，IC) 晶片一樣擁有摩爾定律。假設汽車工業也遵循著摩爾定律，由 1885 年德國賓士先生發明汽車發展至今的 136 年，一台汽車的大小如果遵循摩爾

定律經過 81 個 (2^{81}) 發展週期的微縮，現在汽車大小應該是 10^{-11} 公尺 (10^{-2} 奈米)，進入了測不準原理的次原子 (sub-atomic) 範圍。但人類對汽車沒有持續縮小的需求，汽車工業也就沒有摩爾定律。再說，美國萊特兄弟在 1903 年發明飛機之後，雖然人類希望飛機能夠製造得越大越好，可是經過 70 個 (2^{70}) 週期的發展，現在最大的飛機 Airbus Beluga 機身長度也才 56 公尺。因為技術上的物理限制及人類沒有強烈的需求，飛機的大小也就沒有遵循幾何級數持續的增大。

　　根據我自身的體認，一個事件如果不能用數學描述或用數字想像，則我對這事件可能還沒有想的透徹。誠如古希臘哲學家柏拉圖說：不懂數學幾何者，不入我門。我們可用簡單的幾何級數描述摩爾定律，然而無論是在自然界或人為事物裡並未有其他事物呈現幾何級數現象。這是因為自然界或人為事物的發展通常經由「活化因素」與「抑制因素」相互的競爭與抗衡，達到一個飽和的平衡狀態。例如，人體細胞分裂機制中有活化因素 CDK (Cyclin Dependent Kinase) 激酶，刺激細胞分裂；也有抑制因素 CDKI (CDK Inhibitor) 分子，抑制細胞分裂；另外，細胞分裂的過程中，染色體末端的端粒 (telomere) 長度會隨著細胞分裂次數增加而不斷縮短，當 telomere 縮短至無法維持染色體的穩定時，細胞將停止分裂且逐漸死亡。由於 CDKI 調控細胞分裂的進展以及 telomere 調控細胞死亡的機制，人體細胞數目不致於成幾何級數的失控增長。只有積體電路晶片因為人類強烈的需求，想盡辦法，使出洪荒之力，增加活化因素，挑戰物理極限，經過 37 個 (2^{37}) 發展週期，到現在尚未停歇，當然會產生驚天動地的後果。

　　自然界為人類準備了矽原子及光子和電子兩個基本粒子來做積體電路。要了解為什麼矽晶成為主宰人工智慧的物質，就必須回到大家耳熟能詳的原子週期表。矽原子屬於週期表中 IVA 族的四價元素 (電子半填滿在最外層 s 及 p 軌道)。矽原子在自然界中充裕而穩定，且可藉由摻入特定雜

質，使其因多一個電子或少一個電子而具有半導體的特性。

元素週期表 – 神奇的矽原子

- 自然界為人類準備了矽原子來做積體電路。
- 矽原子($3s^23p^2$)和碳原子($2s^22p^2$)同屬IVA族的四價元素，兩者的固態晶體結構都是鑽石立方結構 (diamond cubic lattice)。
- 珠寶商說「鑽石永遠保值，Diamond is Forever」；
  我說「矽晶永保活力，Silicon is for Soul」。

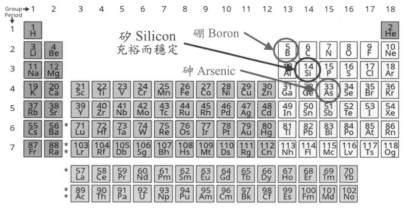

https://en.wikipedia.org/wiki/Periodic_table

　　然而，週期表中的原子不是組成宇宙的基本粒子。原子是由原子核和環繞原子核的電子所組成，而原子核包含中子和質子。最神奇的是，中子和質子也還不是基本粒子，而是由基本粒子夸克 (quark) 和膠子 (gluon) 所組成。1964 年，Murray Gell-Mann 和 George Zweig 各自提出夸克粒子的理論，再經過一群傑出的物理學家們的努力（包括兩位物理史上的巨人 Richard Feynman 和 Murray Gell-Mann)，在 1970 年代完成了基本粒子標準模型 (Standard Model) 的架構，其中的基本粒子則定義為不能再分割的粒子。2012 年，位於瑞士的 CERN (European Council for Nuclear Research，歐洲核子研究中心) 發現了希格斯基本粒子 (Higgs elementary particle)，證實了 Peter Higgs 等物理學家在 1964 年提出的希格斯場 (Higgs field)。希格斯

場在量子力學來說就是希格斯基本粒子。希格斯基本粒子和其他的基本粒子交互作用的強弱，就定義了該基本粒子的質量。原來，物質的質量是這樣來的，眞令人大開眼界，嘖嘖稱奇和感動！希格斯基本粒子也被稱爲上帝粒子 (god particle)，它經由實驗被發現，證實了標準模型，完成了標準模型的最後一塊拼圖。標準模型雖然不是大家所期待的最終統一的物理原理 (unified physics theory)，但至少是一個現今存在且被實驗驗證過的物理模型，是現今可以用來解釋宇宙形成的最佳模型。

　　標準模型中有 17 個基本粒子，包括組成物質的 12 個費米子 (Fermion) 和 5 個交互作用力的玻色子 (Boson)。一般人對於標準模型中的基本粒子大都無感，因爲這些基本粒子單獨存在的生命週期都太短了，像希格斯粒子的生命週期就只有 10^{-22} 秒。可是自然造物者就是要展現祂的神奇力量，讓我們看得到、感覺得到，祂給了我們兩個大家耳熟能詳的基本粒子 - 電

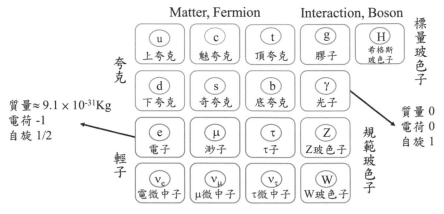

基本粒子的標準模型 - 神奇的電子及光子

自然造物者就是要展現祂的神奇力量，讓我們看得到、感覺得到，祂給了我們兩個大家耳熟能詳的基本粒子 - 電子及光子！

https://zh.wikipedia.org/wiki/%E5%9F%BA%E6%9C%AC%E7%B2%92%E5%AD%90

子及光子，太神奇了！而人類也不辜負自然的恩賜，很聰明的使用矽原子，再加上電子和光子這兩個基本粒子，創造出具有人工智慧的半導體產業及文明。

　　人類珍惜且善用自然造物者的美好安排，使用光子基本粒子當影印機/雕刻刀，在矽原子長晶而成的晶圓 (wafer) 上雕刻圖案線路，然後在圖案線路上操縱玩弄電子基本粒子。矽原子 $(3s^2 3p^2)$ 和碳原子 $(2s^2 2p^2)$ 同屬 IVA 族的四價元素，兩者的固態晶體結構都是鑽石立方結構 (diamond cubic lattice)，但人類可以用便宜的方法長晶 (silicon crystal growth) 去量產製造矽晶圓，卻無法找到可以便宜量產人工鑽石 (碳) 的技術。如今半導體積體電路晶片深深的影響了人類生活及文明，珠寶商說「鑽石永遠保值 (Diamond is Forever) 」；看到大家丟了手機，驚慌找手機失魂落魄的樣子，我說「矽晶永保活力 (Silicon is for Soul) 」。

最堅固的晶體結構：鑽石立方結構（diamond cubic）

- 神奇的四價鍵元素形成最堅硬的鑽石立方晶格結構：

  - 矽晶格
    大小：0.543 nm
    Si-Si：0.235 nm

  - 碳晶格 (鑽石)
    大小：0.357 nm
    C-C：0.154 nm

- 人工鑽石不像矽晶圓可以便宜量產

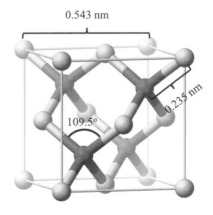

https://en.wikipedia.org/wiki/Cubic_crystal_system

第二節　神奇的曝光機──光波波長的摩爾遊戲

　　曝光機就像雕刻刀或影印機一樣，可以在晶圓上顯影成像，再經由蝕刻形成線路圖形。其製程步驟如下：

(一) 光阻塗佈 (photoresist coating)：先在晶圓的線路層上塗佈一層光阻 (photoresist) 做為感光劑；

(二) 曝光 (exposure)：使用曝光機的光，透過光罩，照射光阻；

(三) 顯影 (development)：用顯影劑 (developer)，去除被光照射到的光阻；

(四) 蝕刻 (etching)：去除沒被光阻蓋住的線路層；

(五) 去除光阻 (photoresist stripping)：最後去除的光阻，形成線路。

必要的基礎知識 E：曝光機 (影印機/雕刻刀)

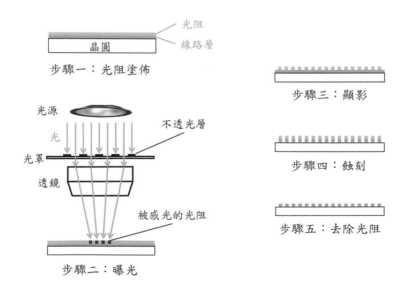

步驟一：光阻塗佈

步驟二：曝光

步驟三：顯影

步驟四：蝕刻

步驟五：去除光阻

　　曝光機光源的波長決定了晶圓上的線路可以做到多細多密。從基本的光學原理，就可以知道光波的解析能力或解析度 (R，resolution) 和光波波長 (λ) 及所使用鏡片的數值孔徑 (NA，numerical aperture of the lenses) 有關，R = λ / (2NA)。NA 是衡量光學系統收集光的能力，NA = n sin θ，θ 是鏡片收集光的角度，n 是介質折射率 (refractive index of medium)。一般曝光機的 NA 小於 1.4，因此其解析度 R > 0.35 λ，大約就在其光源的波長附近，0.5 λ < R < 1.5 λ。

必要的基礎知識 F：曝光機的基本原理

- 光波波長與解析度 (wavelength and resolution)

    R = λ / (2NA)

    NA = n sin θ

    0.3 < n sin θ < 1.4 (for most optical system)

    0.5 λ < R < 1.5 λ

    　　R = 解析度

    　　λ = 用於成像的光波波長

    　　NA = 使用鏡片的數值孔徑 (numerical aperture of the lenses)，衡

    　　　　量光學系統收集光的能力

    　　θ = 鏡片收集光的角度

    　　n = 介質折射率 (refractive index of medium)

　　積體電路線路的解析度大約在曝光機所使用的光源波長附近，因此光源波長也就主導了摩爾定律的進程：

(1) 1984-1990 年間，汞燈產生的 436 奈米波長紫外光 G-line 主導了 1.5 微米到 0.8 微米的技術節點 (technology node) 製程。

(2) 1991-1996 年間，汞燈產生的 365 奈米波長紫外光 I-line 主導了 0.6 微米到 0.35 微米的製程。

(3) 1997-2001 年間，KrF 雷射光源產生的 248 奈米波長深紫外光 (DUV) 主導了 0.25 微米到 0.13 微米的製程。

(4) 2002-2019 年間，ArF 雷射光源產生的 193 奈米波長深紫外光主導了 90 奈米到 7 奈米的製程。

(5) 從 2019 年至今 (2023 年)，CO_2 雷射激發錫原子產生的 13.5 奈米波長極紫外光 (EUV) 主導了 7、5、3 奈米的製程。

摩爾定律(Moore's Law)：光波波長的摩爾遊戲

半導體產業所使用的曝光機的光源從早期的可見光(white light)、紫外光 (G-line/I-line)、深紫外光(DUV)，一直到現在的極紫外光(EUV)。

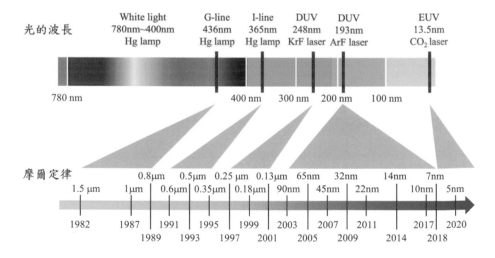

依據摩爾定律，積體電路晶片內電晶體數目每 20 個月會加倍 (即每個電晶體面積減半)，因此每世代的半導體製程圖案線路的線性尺寸得以依照 70%比例微縮，產生了 0.5、0.35、0.25、0.18、0.13 微米以及 90、60、40、28、20、14、10、7、5、3、2 奈米大家所熟知的技術節點。

摩爾定律 (Moore's Law)

- 約每20個月 (1.67年)，積體電路內可以包含的電晶體數目會加倍 (每個電晶體面積減半)。
- 因此每世代的半導體製程技術節點 (technology node) 以70%比例微縮。

40 奈米 $\xrightarrow{70\%}$ 28 奈米 $\xrightarrow{70\%}$ 20 奈米 $\xrightarrow{70\%}$ 14 奈米 $\xrightarrow{70\%}$ 10 奈米

$\xrightarrow{70\%}$ 7 奈米 $\xrightarrow{70\%}$ 5 奈米 $\xrightarrow{70\%}$ 3 奈米 $\xrightarrow{70\%}$ 2 奈米

台積電早期一小步一小步的加速追趕摩爾定律，靠的是「直接光學微縮」的方法

　　台積電早期的技術落後於美國及日本幾個世代，因此想盡辦法從後面拼命追趕。在「文化」方面，傳承了台灣「擠」和「彈性」的摩托車文化，以及如龜兔賽跑般持續且逐步改善 (continuous & incremental improvement) 的文化；就像在台灣到處傳唱的台語歌「愛拼才會贏」中所說的「三分天註定，七分靠打拼，愛拼才會贏」。以我親身的經歷，在 1990 年到 1995 年的 5 年內，台積電並沒有完全遵循摩爾定律，而是漸進式的逐步開發了 0.8、0.7、0.65、0.6、0.55、0.5、0.45 微米到 0.35 微米八代製程技術，一小步一小步的加速追趕摩爾定律。

　　這段一小步一小步一路追趕的摩爾旅程，是我的人生旅程中一段美好的回憶、一段雖辛苦但充滿年輕活力的時光。我們那時是如何一小步一小步的一路追趕摩爾定律呢？端賴「直接光學微縮」(direct optical shrink) 的方法。「直接光學微縮」的方法是指不改變光罩上圖案的設計，只是將光罩上圖案的大小直接做小幅度的縮小，尺寸縮小的幅度小於摩爾定律的 30%，

例如只微縮 10%。因為不改變晶片的設計，微縮的比例又小，因此可以不改變製程，頂多微調而已，幾乎不會增加製造成本。不要小看這些只微縮 0.05 微米 (約 10%) 的子世代，因為微縮 10%，一顆晶片的面積就減少約 19%，每片晶圓就多出約 23%的毛晶片 (gross dies)；再者，晶片面積減少 19%會使得晶片良率增加約 10% (但是如果上一個世代晶片的良率高於 90%，則良率提升會小於 10%，否則良率會高過 100%)。良率增加 10%會使一片晶圓多出約 35%的良好晶片 (good dies)。如上所述，當製程技術推進到子世代時，一片晶圓的製造成本就和上一個世代相當，但卻多出 35% 的良好晶片。因此，一顆晶片的製造成本就減少約 28%，成效顯著！所以致此，「勤勞」兩字而已！而且台積電當年一個技術節點的製程模組或使用的材料，會被繼續使用到下面幾代的技術節點，直到真正無法使用，才更換新的模組或材料，又進一步節省了開發製程模組或材料的成本。

在漫長的 17 年期間，台積電挑戰了光波的物理極限，成功的將 193 奈米波長的 DUV 延伸應用於 7 奈米技術節點

　　從 2002 年 193 奈米波長的 DUV 量產之後，人們一直沒有辦法開發出一個技術去提供波長更短的曝光機光源，直到 2019 年荷蘭艾司摩爾公司 (ASML) 才開發出可以穩定產生 13.5 奈米波長 EUV 的技術。在這漫長的 17 年期間，台積電挑戰了光波的物理極限，成功的將 DUV 延伸應用於 7 奈米技術節點，這應歸功於台積電在「制度」和「技術」兩方面都完全的發揮了勤能補「拙」(自然的拙，不是台積電的拙) 的精神。在「制度」方面，台積電首創 24 小時三班輪班的研發制度以加速摩爾定律的進度；在「技術」方面，台積電以勤能補「拙」的勤勞刻苦精神及堅實的工程能力，利用相位移光罩 (phase-shift mask)、浸潤式曝光 (immersion lithography) 和多重曝光 (multiple exposure) 等繁複的技術，突破物理極限，成功的將 193 奈米的

DUV 應用於 7 奈米的技術節點。由於 193 奈米的 DUV 成功的量產 7 奈米的技術節點，當 EUV 曝光機技術成熟時，台積電得以繼續使用 EUV 量產 7 奈米及 5 奈米技術節點。反之，英特爾 (Intel) 使用 193 奈米的 DUV 開發量產 10 奈米技術節點製程不順利以後，進退失據，也讓台積電取而代之奪得領先的寶座。

以上台積電完勝 Intel 的過程和因素，是我個人的看法和理解。Intel 新任的執行長 Pat Gelsinger 在 2021 年 3 月 24 日舉辦的「Intel 重返榮耀」(Intel Unleashed: Engineering the Future) 的大會上也做了類似的解讀: "When Intel initially designed 7 nanometers, EUV was still a nascent technology so we developed our process to limit the use of EUV. But this also increased the process complexity. As EUV then matured and became more reliable, we experienced the domino effects (骨牌效應) of our 10-nanometer delay which pushed out 7-nanometers and ultimately put us on the wrong side of the EUV maturity curve."

摩爾定律的實現

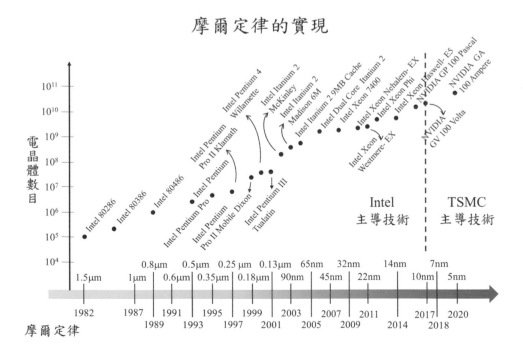

　　上面提到的三個大幅增加光波解析度的繁複技術，使 193 奈米波長的 DUV，可以延伸到用來量產 7 奈米的技術節點；也使得一向由 Intel 主導的摩爾定律，在 2017 年改由台積電主導。這三個技術值得大書特書：

(1) 相位移光罩 (phase-shift mask)

　　　　從 1990 年代開始，半導體業界就利用相位移光罩技術來增加光波在曝光顯影的解析度。一般而言，光線經過光罩時的透光與否，是由光罩上用金屬材料所製作的圖案來決定：光線經過光罩時，會被金屬圖案 (非透光區) 遮蔽，而沒有金屬圖案的區域 (透光區)，光則可以通過，跟晶圓上的的光阻反應 (感光)。通過透光區的光波在到達晶圓光阻時的相位 (phase) 爲+180°，如果在鄰近的透光區加上一定厚度的氧化層，則經過該透光區的光波相位會轉變成 -180°；此兩相鄰的透光區的光波因爲波干涉 (wave interference) 的效應，造成不透光區的光強度 (light intensity) 降爲 0，增加不透光區的解析度，也卽增加圖案的解析度。

TSMC成功挑戰光波的物理極限 (I)
193奈米的深紫外光 (DUV) 如何被應用於7奈米的技術節點？

I. 相位移光罩 (phase-shift mask)
在光罩上加一層位移氧化物，產生干涉圖案在晶圓上，以增強光波的解析度。

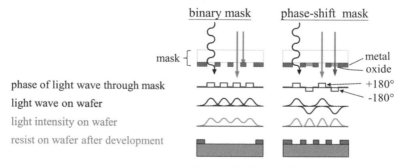

https://en.wikipedia.org/wiki/Phase-shift_mask

(2) 浸潤式曝光 (immersion lithography)

　　日本 Hitachi 公司的 Takanashi et. al 於 1982 年 3 月 15 日申請浸潤式曝光的美國專利 (US Patent 4,480,910)；而在美國的 IBM 公司，來自台灣的林本堅博士也在 1980 年代提出浸潤式曝光的概念，並成功的將此概念實現在半導體的量產製程 (請參考 https://en.wikipedia.org/wiki/Immersion_lithography)。光在折射率 (n) 比較高的物質中傳播，波長會變短。如果 193 nm DUV 曝光機的光在水 (n = 1.44) 中傳播，則波長 (λ_w) 會縮減成 134 nm (λ_w = λ_a / n = 193nm / 1.44 = 134nm，其中 λ_a 是在空氣中的波長)。因此，只要193 nm DUV曝光機中的光學鏡頭 (lens) 和晶圓間有一層水，波長就會變成 134 nm，解析度也就增加 30%。這就是**浸潤式曝光**的基本原理。

TSMC成功挑戰光波的物理極限 (II)
193奈米的深紫外光 (DUV) 如何被應用於 7奈米的技術節點?

II. 浸潤式曝光 (immersion lithography)
　　在光學鏡頭和晶圓之間加上一層水，讓光波波長變短，
　　以增強光波的解析度。

$\lambda_w = \lambda_a$ / n = 193 nm / 1.44 = 134 nm

　　　λ_w = 光於水中的波長

　　　λ_a = 光於空氣中的波長

　　　n = 水中折射率 (refractive index
　　　　　in water，1.44)

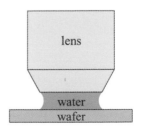

(3) 多重曝光 (multiple exposure)

多重曝光是個古老的照相技術，利用多次的曝光來重疊多個影像 (superimposition)；應用在晶圓的多重曝光技術則是用來增加光波的解析度。

多重曝光技術主要的製程步驟如下：

(1) 先在晶圓的線路層上沈積一層硬膜 (hard mask)，接著進行第一次光阻塗佈，曝光及顯影。此曝光步驟需要過度曝光 (over-exposure)，使顯影後的留下光阻線寬 (line width) 遠小於光阻間距 (space)；

(2) 蝕刻去除未被光阻保護的硬膜，再去除光阻，形成一條一條的硬膜細線，及曝露出來的線路層；

TSMC成功挑戰光波的物理極限 (III)

193奈米的深紫外光 (DUV) 如何被應用於7奈米的技術節點？

III. 多重曝光 (multiple exposure)

在晶圓上沈積一層硬膜，並將硬膜先光刻圖案，再蝕刻線路層。可多次重複此步驟，製作出更細更密的線路。

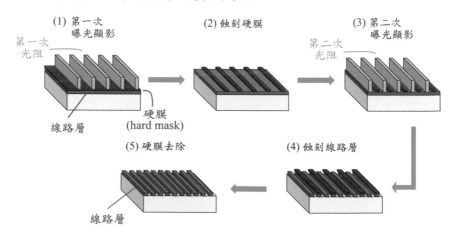

(1) 第一次曝光顯影　第一次光阻　線路層　硬膜 (hard mask)
(2) 蝕刻硬膜
(3) 第二次曝光顯影　第二次光阻
(4) 蝕刻線路層
(5) 硬膜去除　線路層

(3)　進行第二次光阻塗佈，曝光及顯影，使顯影後留下的光
　　　阻位於曝露出來的線路層上。此曝光步驟同樣需要過度
　　　曝光，使光阻線寬遠小於光阻間距；

(4)　蝕刻去除未被光阻及硬膜細線保護的線路層，然後去除
　　　光阻；

(5)　再去除硬膜細線，形成線路。

　　　以此種多重曝光技術所形成的線路會比只用一次曝光所形成
的線路來的更細更密，大大的增加光波的解析度。

鬼斧神工、巧奪天工的 EUV 曝光機

　　　講到光波波長的摩爾遊戲，就不得不提到 ASML 鬼斧神工、巧奪天工
的 EUV 曝光機。EUV 光源的產生，就像太陽 (恆星) 用高溫高熱的能量暴
力產生光一樣。ASML EUV 曝光機產生光的原理是使用 CO_2 雷射轟擊錫滴
(每秒滴五萬次)，將錫滴蒸發成氣體，並使氣體變成電漿 (Laser Produced
Plasma，LPP)。當電漿溫度高達 4×10^5 度 (30eV)，其能量激發錫原子，形
成帶多價電離子的高能階狀態 (Sn^{+8} - Sn^{+19})。當高能階狀態的多價電離子
和電子結合，回到較低能階的離子狀態或原子時，就會產生波長 13.5 nm
EUV。

　　　ASML EUV 曝光機的數值孔徑 NA = 0.33，因此解析度 R 為 20 nm，R
= λ / (2NA) = 13.5 nm / (2×0.33) = 20 nm。為了增強解析度，ASML 最近推
出售價 3.8 億美元的大孔徑 EUV 曝光機 (High NA EUV Lithography)，NA
= 0.55，解析度 R 增強為 12 nm，R = λ / (2NA) = 13.5 nm / (2×0.55) = 12 nm。
EUV 曝光機的出現加上電晶體的 3D 立體化 (包括已量產的 FINFET 以及開
發中的閘極全環電晶體 (GAAFET))，使得摩爾定律沒完沒了，短期內看

鬼斧神工、巧奪天工的EUV曝光機

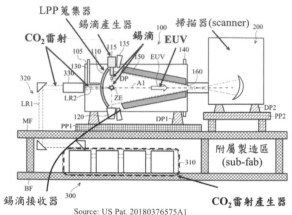

1. CO_2雷射波長 (λ=10.6微米)

2. 用CO_2雷射轟擊錫滴(每秒5萬次)將其蒸發成為氣體並使氣體變成電漿(Laser Produced Plasma，LPP)。

3. 電漿溫度高達4×10^5度(30 eV)，其能量激發錫原子，形成帶多價電離子的高能狀態($Sn^{+8} - Sn^{+19}$)。

4. 當高能狀態的多價電離子和電子結合，回到較低能的離子狀態或原子時，就會產生EUV。

Source: US Pat. 20180376575A1

- 高溫高熱產生離子，就像太陽(恆星)用高溫高熱的能量暴力產生光一樣。
- 一台輸出功率為250瓦的曝光機，需要輸入1.25 MW的電力(轉換效率 0.02%)；工作一天就會消耗3萬度電。

不到盡頭。

　　EUV 的技術突破，雖然將對人類文明產生巨大的影響，但是 EUV 曝光機的耗電驚人，一台輸出功率為 250 瓦的曝光機，需要輸入 1.25 MW 的電力 (轉換效率 0.02%)，工作一天就會消耗 3 萬度電 (一般家庭用戶一天平均用電約 30 度)。隨著 EUV 機台數目的增加，台積電的用電量從 2020 年度的 160 億度，已經增加到 2021 年的 192 億度；佔台灣用電總量的比例，由5.9%上升到7.2%，將來更可能超過10%或15%。台積電對於晶圓、材料、化學品和氣體供應商，按照私人自由公平貿易的原則，對於供應量、品質和價錢，有卓越的管理及談判的程序和制度；惟獨對生產的原動力——電，和生產的清洗劑及媒介——水，必須仰賴政府的公營事業，和社會及老百姓共享或互搶公共資源。為了解決 EUV 曝光機耗電巨大的問題，台積電應該履行環境 (environmental) 和社會 (social) 的責任，積極的

尋找解決方案。除了和 EUV 設備供應商艾司摩爾 (ASML) 合作，努力增加 EUV 發光及曝光效率外，也許可以考慮投入綠能發電的產業，自己發電，以其卓越的經營管理能力來提升綠能發電的技術、管理及效率。

　　同時，也希望台積電能積極的參與新能源和儲能技術的開發，才能解決用電問題。同樣的道理，台積電也可以考慮設置海水淡化廠，解決乾旱季節缺水的問題。如此一來，台積電將成為歷史上永續經營的偉大公司。

第一顆人造太陽 EUV 已經成功量產，希望第二顆人造太陽核融合能夠受到 EUV 曝光機的啟發和鼓勵

　　第一顆人造太陽 EUV 已經成功量產；另外一個有趣且重要的突破性發展是逐漸昇起的第二顆人造太陽：2021 年 9 月初，MIT 的 Commonwealth Fusion Systems (CFS) 大力投入研發核融合系統。

　　EUV 曝光機是用 CO_2 雷射在光束焦點 (beam focus) 小區域範圍內激發產生高溫 (4×10^5 °C) 高熱的錫電漿，因此這高溫高熱電漿便不會碰觸到反應爐的側壁，當高能狀態錫離子掉回低能狀態時，就產生 EUV 光源；而核融合則用高能中性粒子束 (neutral particle beam) 或高頻電磁微波 (microwave) 在小區域範圍內激發產生高溫 (1.0×10^8 °C) 高熱的氘 (deuterium) /氚 (tritium) /電子電漿 (氘和氚都是氫的同位素)，同時用磁場去匡住此高溫 (1×10^8 °C) 高熱的氘/氚/電子電漿，使其不碰觸反應爐的側壁，進而產生核融合反應，輸出巨大的能量。此種用磁場匡住核融合反應的方式，屬於磁偏限融合 (Magnetic Confinement Fusion，MCF)。

　　更讓人興奮的是在 2022 年 12 月初，美國加州 Lawrence Livermore 國家實驗室第一次產生輸出能量大於輸入能量的核融合反應。其核融合反應使用的是慣性偏限融合 (Inertial Confinement Fusion，ICF)，利用 192 束雷

射光聚焦在小區域範圍內，激發產生高溫 $(1.5×10^8\,°C)$ 高壓 (1 兆大氣壓，10^{12} atm) 的氘/氚/電子電漿，點火引爆核融合反應而釋放巨大的能量。此種方式就和 EUV 曝光機中用雷射聚焦產生高溫高熱錫電漿的原理相似。

　　EUV 的產生和核融合反應都是自然宇宙中的恆星 (例如我們的太陽) 發光發熱的神奇機制，而核融合反應更是 138 億年宇宙大爆炸後，創造物質元素和形成星球的物理機制。雖然產生 EUV 和產生核能的物理原理不同：EUV 是原子層級的電磁作用所產生的電磁波，而核能則是原子核層級的強作用和弱作用所產生的核融合能量；而且核融合反應的溫度也比產生 EUV 的溫度高了約 400 倍；但是 EUV 和核融合兩者都是高溫高熱的暴力所激發的反應，而且 EUV 和 ICF 核融合兩者的反應爐 (reactor) 都是利用雷射加熱，並以雷射光束 (laser beam) 聚焦來侷限反應區域 (confinement)。第一顆人造太陽 EUV 已經成功量產；如果第二顆人造太陽核融合能夠受到 EUV 曝光機的啟發和鼓勵，成功運轉，輸出巨大能量，則這兩顆人造太陽相輔相成，將徹底改變人類的文明。

　　因此，我建議艾司摩爾能貢獻其在 EUV 的知識和經驗，積極的幫助研究機構或業界研究開發核融合反應爐，甚至在其公司內部就直接研究開發核融合反應爐，以解決 EUV 曝光機耗電的問題。如此一來，艾司摩爾所開發的神工鬼斧的 EUV 曝光機，以其在技術突破及對人類文明巨大的貢獻，將來應該有機會獲頒諾貝爾獎。

第三節　半導體精彩神奇旅程的主要里程碑

　　半導體世界的發展譜成一部精彩華麗的史詩，其中有數不完的美麗篇章。我依個人偏好，選出其中 12 個篇章。這 12 個半導體精彩神奇旅程的主要里程碑，包括了：

(1) 電晶體的發明 (1947)

(2) 積體電路的發明 (1958)

(3) 金屬氧化物半導體場效電晶體 (MOSFET) 的發明 (1959)

(4) Intel 的成立 (1968)，主導了 1968 至 2016 年的摩爾定律及 Wintel 個人電腦架構

(5) 蘋果 (Apple) 個人電腦的誕生 (1976)

(6) 微軟 (Microsoft) 的視窗 (1985)，Wintel 個人電腦增加半導體的需求

(7) 台積電的純代工商業模式 (1987)

(8) 網際網路的發明 (1990)，把個人電腦連線上網

(9) 鰭式場效應電體 (FINFET) 的發明 (1998)，把平面電晶體立體化，延續摩爾定律至 20 奈米以下技術節點

(10) 高通 (Qualcomm) 的分碼多重進接 (CDMA) 通訊晶片 (2000)，加大連線上網頻寬

(11) 蘋果 iPhone 1 智慧型手機的誕生 (2007)

(12) 蘋果的 A14 晶片和輝達 (NVIDIA) 的 A100 晶片 (2020)，每個晶片都含有 100 億個以上的電晶體。

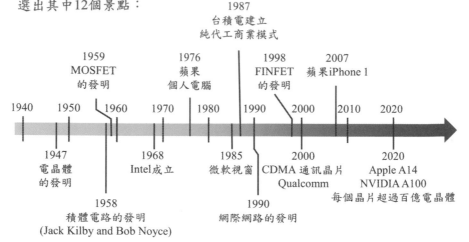

半導體世界發展中主要里程碑－譜成一部史詩

積體電路精彩神奇旅程中有
數不完的美麗景點，我個人
選出其中12個景點：

　　　以下將對其中我個人最有感觸的兩個里程碑，iPhone 1 的誕生以及台積電建立的半導體純代工商業模式，做詳細的闡釋。

第一小節：iPhone 1 的誕生

　　　2007 年 1 月 5 日蘋果公司在同一天申請了三個有關 iPhone 的美國設計專利 (design patent)。設計專利不同於一般大家所熟悉的實體專利 (utility patent)，設計專利只要設計圖案，不需要任何文字說明。在賈伯斯 (Jobs) 等人申請的設計專利中，行動電話的設計圖沒有實體按鍵，此設計圖揭示了 Apple 在科技史上的重大發明：虛擬觸控鍵盤。有趣的是，專利中行動電話的設計圖裡，將 iPhone 的四個角設計成柔和的弧形，而不是像其它行動電話一樣生硬的直角；這也使得你手上 iPhone 比其它手機看起來美觀多

了。蘋果的賈伯斯是個藝術家及生活家，我常想如果賈伯斯還在世的話，現在的智慧型電視和智慧型汽車，又會長成什麼樣子呢？2007 年第一支智慧型手機 iPhone 1 的問世徹底的改變了人類的生活方式 (lifestyle) 及人類文明，也就在 2007 那一年，社會大眾才真正開始意識體會到半導體對人類的重要。

iPhone的創新設計專利 (design patent)

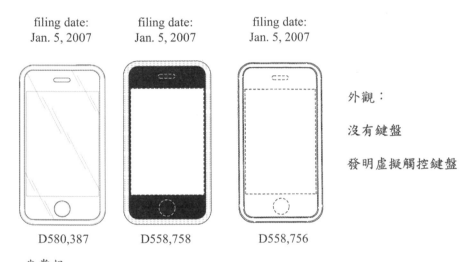

filing date: Jan. 5, 2007	filing date: Jan. 5, 2007	filing date: Jan. 5, 2007
D580,387	D558,758	D558,756

外觀：

沒有鍵盤

發明虛擬觸控鍵盤

我常想，
如果賈伯斯現在還活著的話，智慧型電視及智慧型車輛會是什麼樣子？

　　我常年關心並期盼哈佛大學可以將工程及應用科學部門 (Division of Engineering and Applied Sciences，DEAS) 升格為學院。在 2007 年，一向以人文科系為傲的哈佛大學也才真正體認到科技的影響力，順勢在當年將成立多年的 DEAS 提升為工程及應用科學學院 (School of Engineering and Applied Sciences，SEAS)。另外值得一提的是，蘋果的 iPhone 1 將原本毫不相關的通訊產業和電腦產業結合在一支手機中，引發了許多相關專利的

訴訟以及通訊專利的購買潮。2011 年，Apple、Microsoft、索尼 (Sony) 和 Research in Motion (RIM) 以 45 億美元，合買了加拿大 Nortel Networks 的通訊專利。2012 年，Google 為了通訊專利，以 125 億美元買下 Motorola Mobility。基於同樣但反向的理由，全球最大的智慧型手機通訊晶片公司因進入電腦晶片領域，為了嚇阻電腦 CPU 晶片公司可能提出的專利侵權訴訟，在 2009 年購買了我所創辦的米輯電子公司 (Megica)，因為有一家電腦 CPU 晶片公司用到米輯電子公司的專利技術 (在第四章中將再詳述)。

第二小節：台積電建立的半導體純代工商業模式

　　我非常榮幸的見證及參與了台積電在早期建立純代工商業模式的過程 (1990 至 1997 年)。台積電首創半導體產業的純代工商業模式，只提供製造服務，生產客戶設計的晶片產品，而沒有自己的產品。

　　這裡先介紹形成積體電路晶片產品的程序，包括：

(1) 晶片產品構想及定義；

(2) 積體電路設計，並把設計的積體電路轉化成多層的圖案；

(3) 光罩製作：根據每一層的圖案，製作每一層的光罩；

(4) 晶圓製造：用曝光機把每一層的光罩圖案，依序轉化成在晶圓上的圖案線路層；各層的圖案線路在晶圓上堆疊成積體電路；

(5) 封裝測試：把一片晶圓 (wafer) 所含的晶片 (chip) 切割分開成各個晶片，再將晶片封裝，並測試選出好的晶片產品；

(6) 晶片產品銷售。

　　在 1987 年台積電成立之前，大部分半導體公司，例如 IBM、Intel、Texas Instruments (TI)、AMD、Motorola 等，都是自己從上述的程序(1)做到

程序(6)，也就是自己定義及設計積體電路、晶圓製造、晶片封裝及測試，最後自己販售完工的晶片產品，這樣的半導體公司就稱作「整合元件製造廠」(Integrated Device Manufacturer，IDM)。台積電則只做上述的程序(3)和(4)，提供製造服務，而沒有自己的產品，這樣的半導體公司就稱作「純代工廠」(pure foundry)。而台積電的客戶則負責程序(3)和(4)以外的其他程序，包括定義及設計積體電路和販售完工的晶片產品，這樣的半導體公司就稱作「無晶圓廠公司」(fabless company)。

　　說到半導體晶片產業的商業模式，不得不提到系統公司 (system company) 在半導體晶片產業的發展過程中，所扮演的關鍵有趣角色。在1960-80 年代半導體晶片產業開始的早期，電腦主機 (mainframe computer) 及電訊 (telecommunication) 等系統公司都是自己設計及生產半導體晶片，例如美國的 IBM、AT&T、Motorola，日本的 Fujitsu、Hitachi、NEC、Toshiba 及歐洲的 Philips、Siemens、SGS-Thomson 等。到了 1980 年代，出現專門設計、生產製造及販售系統所需晶片的晶片公司 (chip company)，即所謂的整合元件製造晶片公司 (Integrated Device Manufacturing chip company，IDM)，例如 Intel、TI、Analog Devices Inc. (ADI) 等公司；1987 年台積電成立後，更出現了只設計及販售系統所需晶片，而不自己生產製造晶圓的晶片公司，即所謂的無晶圓廠晶片公司 (fabless chip company)，例如 Qualcomm、Broadcom、Marvell、NVIDIA 等公司。於是，這些系統公司就轉而購買晶片公司的晶片來建構自己的系統。晶片遵循摩爾定律，現在一個晶片就含有數百億個電晶體，而一個晶片封裝 (chip package) 甚至含有數兆個電晶體。一個晶片或一個晶片封裝就是整個系統，幾乎佔了整個系統的價值，逼得這些逐漸淡出晶片產業的系統公司，又不得不再次回到晶片產業，成爲自擁晶片無晶圓廠系統公司 (Self-Owned-Chip Fabless System Company)。事實上，像 Apple 和 Tesla 等新興系統公司，早已領先

業界，自行設計晶片，成為自擁晶片無晶圓廠系統公司的先驅。

　　更值得注意的是，最近一些富可敵國的服務公司 (service company)，例如 Google、Meta (以前的 Facebook)、Microsoft、Amazon 等公司，也都開始設計自己的晶片，來實現他們創新的運算架構和演算法 (computing architecture and algorithm)，成為自擁晶片無晶圓廠服務公司 (Self-Owned-Chip Fabless Service Company)，以避免被晶片公司操控。在摩爾旅程中，這個新的產業生態或商業模式會對半導體晶片產業造成怎麼樣的影響呢？現在的摩爾旅程是由晶片公司主導 (例如 NVIDIA，Intel，AMD)，未來會改由這些自擁晶片無晶圓廠的系統公司或服務公司來主導嗎？從過去的歷史來看，以往的晶片公司的開放平台 (open platform) 總是能和系統公司的封閉平台 (close platform) 抗衡或勝出；這樣的歷史會重演嗎？再說，這些自擁晶片無晶圓廠的系統公司或服務公司都沒有足夠的半導體相關的專利和智慧財產權，是否會重演 2007-2015 年因為電腦和電話結合成 iPhone，造成大家爭相搶購半導體相關的專利和智慧財產權的歷史呢？(請參閱本章第三節第一小節)

台積電純代工商業模式的突破性概念

　　台積電純代工商業模式的幾個突破性概念：

(1) 共享產能 (capacity sharing)：

此純代工商業模式乃是「共享產能」的概念，台積電辛勤及聰慧的把「共享產能」的商業模式成功地發揮到極致。共享產能是台積電純代工商業模式所擁有的獨特關鍵優勢，為 IDM 半導體公司所沒有的。共享產能使台積電製造工廠的使用率大幅提升，遠遠高於 IDM 半導體公司的製造工廠，因此製造生產成本大幅降低。有趣的是，後來其他產業的新創公司，例如 Airbnb「共享住宿」，Uber「共享乘車」以及 WeWork「共享

辦公室」也採用了「共享產能」相同概念的商業模式，都曾盛極一時，引領風潮。但是這些產業沒有摩爾定律，缺乏半導體技術的精密及複雜，因此無法像台積電一樣的長期興盛，獨領風騷。

(2) 共同製程技術 (common process technology)：

台積電純代工商業模式更擁有「共同製程技術」的獨特優勢。台積電每一代製程技術的開發及生產，都經過眾多不同客戶設計的產品驗證。每個客戶的產品應用 (application) 不同，設計的習性 (style) 不同，因此可以多方偵錯 (debug) 製程技術的弱點。台積電根據各個客戶產品設計偵查到的弱點，展開失效模式與影響分析 (Failure Mode and Effects Analysis，FMEA)，找出失效原因，然後再根據失效原因，修改製程技術，或是訂定新的設計準則 (design rules)。因此台積電的每一代製程都具有寬大的製程窗口 (wide process window)，成為眾多不同客戶應用的高良率共同製程技術 (common process technology)。

(3) 「大量生產」技術 (volume production technology)：

另外一個重要的晶片製造概念是，為了增加製造在產業供應鏈中的價值，台積電一開始就注重開發高良率、低成本的「大量生產」技術，這樣的量產技術必須達到每個月生產 1 萬片以上的晶片且有穩定的高良率，才算開發技術成功。這樣具有成本效益的量產技術跟產出 1 片，10 片，或 1000 片的小量生產技術有很大的不同。

(4) 以昂貴的儀器做生產線上的製程監控：

還有一個重要的晶片製造概念是，台積電很早就用非常昂貴的失效模式分析 (Failure Mode Analysis，FMA) 儀器做為生產中重要製程步驟的線上監控，例如 KLA 晶圓缺陷檢驗 (wafer defect inspection) 儀器，掃描式電子顯微鏡 (Scanning Electron Microscope，SEM) 等。當時一般半導體公司都只用這些昂貴的儀器來執行生產完成後成品的失效模

式分析，台積電卻拿它們來做生產線上的製程監控；也就是說台積電的晶圓製造過程，不是摸黑走暗路，而是一路點著燈，睜大眼睛往前走，因此晶圓可以平安順利抵達終點。這個線上監控的觀念大大的提升了晶片的生產良率。

台積電的成功就直接寫在公司的名字上

台積電的成功就直接寫在公司的名字「台灣積體電路製造股份有限公司」(Taiwan Semiconductor Manufacturing Company，TSMC) 中，強調了「台灣」和「製造」(Made in Taiwan) 的兩大特色。台灣從 1960 年代以來，就以製造代工，賺取外匯而聞名：小小一個台灣製造的雨傘、球鞋、手工具、電子零件、IBM 相容個人電腦等，曾經佔了全世界市場的 50%以上，甚至高達 90%；因此蘊育出獨特的台灣製造代工文化。再加上高素質的工程師 (engineer)、技工 (technician) 和作業員 (operator) 願意吃苦耐勞、敬業盡職的工作，終於譜出一首舉世聆聽的磅礡樂章，曲名爲「台灣積體電路製造」。

其實，台積電的「製造」應該稱作「製造服務」，把原本產業鏈低價值的製造業轉變成高價值的服務業。台積電替客戶製造生產的是客製化晶片產品，也卽客戶自擁工具 (Customer Owned Tooling，COT) 晶片或特殊用途 (Application-Specific IC，ASIC) 晶片，例如 CPU、GPU、DSP 等晶片；而不是大宗晶片產品，例如 DRAM、NAND Flash 等晶片。所謂客戶自擁工具，就是客戶擁有自己設計的光罩。客製化晶片產品讓台積電和客戶密切接觸合作，使「製造業」成爲「製造服務業」。

將晶片的製造和設計分成兩個互不隸屬的公司，需要克服很多難題

　　台積電建立的純代工商業模式早期歷經了投資界甚至半導體業界的質疑，因為將晶片的製造和設計分成兩個互不隸屬的公司，需要克服很多難題。例如，沒有自己的產品要如何開發新一代的製程，就是一大難題。我在 IBM 參與開發 IBM 第一、二代 CMOS 製程時，就以 IBM 當時大型電腦 (mainframe computer) 的周邊設備所需的邏輯晶片 (包含 Master Slices，外界稱為 gate arrays，閘陣列) 為製程開發的載具 (process development vehicle)；在 AT&T 貝爾實驗室 (Bell Labs) 參與開發多晶片模組 (Multi-Chip Module，MCM) 時，則以 AT&T 電話交換機需要的 cross-point switching 晶片為製程開發的載具。因此，沒有自己的產品要如何開發新的製程，是我在 1990-1995 年間帶領台積電研發處時最大的挑戰。所幸純代工的商業模式創造出不與客戶競爭的合作方式，讓客戶放心信任的把台積電的工廠當成自己的工廠；晶片製造和設計兩者合作無間，提供了完美的解決方案。那時為了建立製程技術開發的程序和品質，我還利用自己在 IBM 和 AT&T 貝爾實驗室參與技術開發的經驗，於 1991 年親手撰寫第一版的「台積電製程技術開發的程序和品質手冊」("TSMC Technology Development Procedure and Quality Manual 1.0")。

　　當時台積電的客戶為了到台積電生產，例如英特爾 (Intel)、超微半導體 (AMD) 及惠普 (Hewlett-Packard Company，HP)，都毫無設防的讓我們進入他們最先進工廠的潔淨室參觀，讓我感覺受寵若驚；他們為了產品的成本、品質和交期，每一季都還派他們有經驗的人員進入台積電的工廠進行稽核 (audit)，找出工廠設施和生產管理的缺失，做成檢查報告。我在 1995-1997 年當 2B 廠長時，手中都有富士通 (Fujitsu)、西門子 (Siemens)、亞德諾 (Analog Devices) 等大客戶每一季的檢查報告，對我來說如獲至

寶，都拿來當做改善生產製造及工廠安全的重要依據。說實在的，如果生產出現問題或者良率崩跌 (yield crash) 導致出貨不順，客戶會比我們還著急。

為了低成本、高品質和短交期的產能，客戶甚至把他們公司內部最寶貴的技術無償的技轉給台積電。例如，1990 年台積電在開發 0.8 微米製程時，美國矽谷的 VLSI Technology Inc. 就把製程開發測試晶片(process development test chip) 無償的提供給台積電做開發製程。同時，我們也把 VLSI Technology Inc. 的主力產品個人電腦的 chipset 晶片設計當成製程開發的載具。VLSI Technology Inc. 在美國矽谷有自己的 fab，當年台積電的技術相對落後，有技術問題時，VLSI Technology Inc. 的外包經理 Evan Bendall 就會幫我們去問他們的研發或 fab 工程師；這些問到的經驗對台積電從後面追趕技術，幫助很大。另外，我們也用客戶 ISSI (Integrated Silicon Solution Inc.) 及 MOSEL 兩家客戶的 256K SRAM 產品當成製程開發的載具。客戶和台積電間無縫接軌，合作無間，權責利益分明，有時甚至比在同一家公司開發製程，還更有效率，真是始料未及。

AMD 把兩個非常寶貴的製程模組，鎢塞及化學機械研磨技術，無償的技轉給台積電

更值得一提的是，1993 年台積電在開發 0.5 微米製程時，超微半導體 (AMD) 對於自己用 0.5 微米製程設計的 486 CPU 晶片的競爭力深具信心，認為自己內部產能不夠，需要台積電 0.5 微米製程的產能支援，因此把兩個非常寶貴的製程模組 (process module)，鎢塞 (tungsten plug) 及化學機械研磨 (Chemical Mechanical Polishing，CMP) 技術，都無償的技轉給台積電。當時全世界只有生產 486 CPU 晶片的 Intel 和 AMD 兩家公司擁有這兩個寶貴的製程模組技術。台積電 0.6、0.5 微米製程有了這兩個製程模組，

有如吃了大補丸，技術突飛猛進。可惜的是，當年 AMD 的 486 CPU 晶片並未如預期的叫座，量沒有起來，也就沒有到台積電生產；台積電卻因此獲得兩個寶貴的製程模組。當年技轉時，雙方往來頻繁，AMD 的外包經理、技術經理和工程師，我到如今都仍歷歷在目，心懷感恩，尤其是 AMD 外包經理 Mike Rynne。我還記得一些令人驚訝的場景：有幾次會議中，台積電和 AMD 協商有爭議，Mike 還像是台積電員工一樣的站在台積電這一邊，替台積電講話。事後之明，如今回想起來，當年這些令人驚訝的場景幾乎早已預告了半導體純代工商業模式將會打敗 IDM 商業模式。果然老天有眼，善有善報。此事過後，經過了快 30 年，AMD 終於轉變成 fabless 晶片設計公司，在台積電生產 7 奈米及 5 奈米的 CPU 晶片，公司業務蒸蒸日上，成為半導體業界的領導者之一。

當年技轉 AMD 鎢塞製程時，是採用半導體業界所稱的「準確複製」(copy exact) 模式，把一個工廠的生產工藝百分之百的複製移轉到另一個工廠生產。除了完全複製製程參數以外，台積電用的機器設備都必須和 AMD 所使用的一模一樣。可是技轉時，在台積電的工廠一試再試，就是做不出鎢塞。費了九牛二虎之力，才發現原來台積電用的蝕刻機，雖然和 AMD 用的是同一個品牌型號，可是台積電是用新改版的機台，而 AMD 用的是舊型的機台。改用工廠裡原有舊型的蝕刻機之後，果真就做出鎢塞了。

事實上，當年有些自己擁有 fab 及製程技術的客戶，如飛利浦、VLSI Technology Inc.、AMD 等，都希望台積電的製程和他們自己 fab 的製程一樣，以方便把台積電 fab 做為備用產能，因此主動積極的爭取幫助台積電開發和他們 fab 一樣的製程。有了這些客戶的幫助，早期台積電才能從後面加速追趕摩爾定律。當年身為研發主管的我，自認為是全天下開發 IC 製程的研發工程人員中，最幸運、最幸福的人；同時可以看到這麼多家公司的 IC 製程，真是大開眼界；我們擷取各家製程的精髓，再加上幾乎所有台

積電的客戶都來告訴台積電，他們對於積體電路佈局及電性設計準則 (layout and electrical design rules) 的需求，我們才得以開發出適合生產各家不同晶片設計的共同製程。這主要是拜台積電純代工商業模式所賜，但我還是要感謝這些客戶的慷慨幫助。

另外也值得一提的是，台積電在 1994 年開發 0.35 微米製程時，甚至花了數百萬美元購買惠普公司 0.35 微米 64K SRAM 產品設計做為製程開發的載具。

早期台積電的製程開發也得力於設備供應商的合作幫忙

另外，早期台積電製程的開發也得力於設備供應商的合作幫忙。在 1960 到 1980 年代，半導體廠商都是垂直整合的製造公司 (Integrated Device Manufacturer，IDM)，不但自己設計、生產和銷售晶片，還要自己開發自用客制化 (private customized) 的製程設備。直到 1980 年，Dan Maydan、David Wang (王寧國) 和一群高手離開在美國東岸的 AT&T 貝爾實驗室，加入在西岸矽谷的應用材料 (Applied Materials)，半導體設備才成為可販賣的商品 (commercial product)。早期台積電在開發新的製程模組或程式 (modules or recipes) 時，都得到設備供應商 (例如應用材料、科林研發 (Lam Research)、艾司摩爾等) 的鼎力相助。生產遇到設備問題時，這些供應商的員工也不眠不休，漏夜趕工，即時解決問題。回過頭來看，我個人覺得台積電的成功，這些設備供應商貢獻匪淺。

衡諸當今，半導體晶圓製造成了地緣政治的兵家必爭之地，有些國家進行巨額投資，喊出彎道超車。可是，許多類似上述的經驗告訴我，要在很短的時間追上台積電是不可能的事情。半導體製程既複雜且細膩，只要稍微偏差，就做不出高品質的晶片，甚至做不出晶片。台積電經年累月累積起來的製造經驗，形成製造工藝持續優化的大數據 (big data)，不是灑大

錢就可以超越的。

台積電的純代工晶片製造模式打破「製造」在產業鏈低附加價值的觀念

現在台積電擁有全世界最強大的電腦輔助設計 (Computer-Aided Design，CAD) 部門，提供 CAD 工具 (tools)、標準元件庫 (standard cell library)、設計智財 (IP) 等設計服務項目為晶片設計公司服務；另外自 2016 年起也開始提供先進封裝製造服務。台積電現在除了強大的設計服務、晶片製造服務、封裝製造服務之外，再加上自公司成立時就提供的光罩製作服務及晶圓測試服務，建立了晶片製造與設計可以分屬兩個互不隸屬的獨立公司的堅強水平分工商業模式，幾乎打敗了所有的垂直整合的半導體公司。台積電的純代工晶片製造模式打破「製造」在產業鏈低附加價值的觀念，現在吸引世界各國爭先恐後的投入晶圓製造產業。台積電的半導體純代工模式，可說是半導體產業歷史上的一次巨大革命。台積電在 2020 年成為全球市值最大的半導體公司，也成為台灣的護國神山。

台積電純代工商業模式初期能夠成功建立起來，還有一部分因素應歸功於提供了一個大眾創新平台

台積電純代工商業模式初期能夠成功建立起來，還有一部分因素應歸功於提供了一個大眾創新平台 (Public Innovation Platform)。1990 年到 1997 年我在台積電任職的時候，一個有創意的積體電路設計高手，只要募資幾十萬、或一兩百萬美元，就可以創辦積體電路設計公司，設計積體電路晶片，利用台積電 1 微米到 0.35 微米的製程技術，實現他的夢想。現在的輝達 (NVIDIA)、高通 (Qualcomm)、博通 (Broadcom)、邁威爾 (Marvell)、

瑞昱及當年其他數千數百家的積體電路設計公司都是這樣起家的。當時，群雄並起，百家爭鳴，勝者為王，有盛極一時的一代拳王，當然也有不少血本無歸，黯然下場的晶片設計創業家。這些群雄打敗了全球垂直整合的半導體產業巨人，更成就了 2007 年改變人類生活方式的 iPhone 1 的誕生 (2007 年的 iPhone 1 用了很多新創積體電路設計公司在台積電生產的晶片，台積電可以說是 iPhone 1 誕生的幕後英雄)。但是，台積電如今已轉變為「貴族創新平台」。單是一套 10 奈米光罩費用大約 300 萬美元，一套 7 奈米光罩費用大約 900 萬美元。開發一顆 7 奈米的 IC 晶片需要數千萬或上億美元的一次性工程費用 (Non-Recurring-Engineering，NRE)。只有像 Apple 等系統公司或是大型的積體電路設計公司如高通、聯發科、NVIDIA 及 AMD 等，才有資源參與 10 奈米以下先進製程的天價昂貴遊戲。

第三小節：成真公司提倡「邏輯硬碟」(Logic Drive)

為了讓更多人可以參與創新，我在 2016 年提出了「邏輯硬碟」(Logic Drive) 的願景及夢想，提供一個新的可能另類途徑 (possible alternative)，讓有創意但缺乏資金的晶片設計高手，只要募資幾十萬或一兩百萬美元，就可以創立新的積體電路設計公司，用台積電 10 奈米以下的先進製程實現他的創意，也就是說，提供一個方法讓99%的平民大眾可以參與1%貴族的遊戲。

邏輯硬碟使貴族創新平台回到從前的大眾創新平台

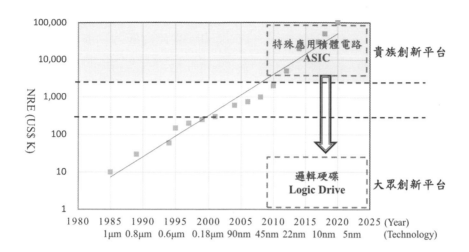

「邏輯硬碟」基本上是一個「利用軟體定義或改變硬體線路」的概念，這概念以現在的「現場可程式化邏輯閘陣列」(Field Programmable Gate Array，FPGA) 的晶片為基礎。邏輯硬碟利用 10 奈米以下先進製程製造的 FPGA 晶片，因為 10 奈米以下的電晶體 (包括已量產的 FINFET 以及開發中的 GAAFET) 功能高、速度快且耗能低，同時電晶體的數目大增；再以先進的系統封裝技術，將數個 FPGA 小晶片 (chiplet，面積小，因此良率高) 連結封裝在一起，就能以低成本提供更多的 10 奈米以下電晶體給積體電路設計者使用。除此之外，FPGA 晶片具有類似人腦的可塑性 (plasticity) 及整合性 (integrality)，在人工智慧的應用及機器學習，可以不斷的激發出新的架構及演算法，例如 Coarse-Grained Reconfigurable Architecture (CGRA)，預期未來 FPGA 功能的提升可能會超出想像。成真公司提倡將 FPGA 晶片標準化，可以讓 FPGA 晶片成為像 DRAM 一樣的大

宗商品 (commodity)，如此晶片價格更可以大幅下降。

　　成真公司提議在邏輯硬碟的先進封裝內加入一顆非揮發性快閃記憶體 (Non-Volatile Flash Memory) 晶片，記住 FPGA 已配置組合好 (configured) 的邏輯線路，如此邏輯硬碟就可以當成 ASIC 晶片販售。有創意的 IC 設計者，買了邏輯硬碟就可以把他的創意，透過軟體寫進 10 奈米以下先進製程製造的 FPGA 晶片，改變硬體線路，很便宜的實現他的理想。另外，邏輯硬碟也可以經由重新編程組態 (re-configuration) 改變硬體線路來改變邏輯運算，並加以儲存在先進封裝內的非揮發性快閃記憶體晶片；這就像固態硬碟 (SSD：Solid-State Drive 或 Solid-State Disk) 儲存數據記憶一樣，可以改變及儲存數據記憶；只是邏輯硬碟改變及儲存的是邏輯運算而已。

　　台積電的純代工商業模式在 10 奈米以下先進製程雖然轉變為「貴族創新平台」，只有系統公司或是大型的積體電路設計公司，才有資源參與，排除了 99% 有創意的積體電路設計者；但是如果台積電能夠提供一部分 10 奈米以下先進製程的產能，生產大宗標準 FPGA 小晶片 (Standard Commodity FPGA Chiplet)，用來組成「邏輯硬碟」，讓 99% 有創意的積體電路設計者，也能參與 10 奈米以下先進製程的遊戲，則台積電首創的純代工商業模式更臻近完美，對人類文明的貢獻及影響，將永留青史。

第四節　我的摩爾人生

　　我在半導體產業四十年，沉浮在摩爾定律的浪潮中：曾經兩度進入摩爾定律的浪潮，也兩度退出轉而發展非摩爾定律的技術。

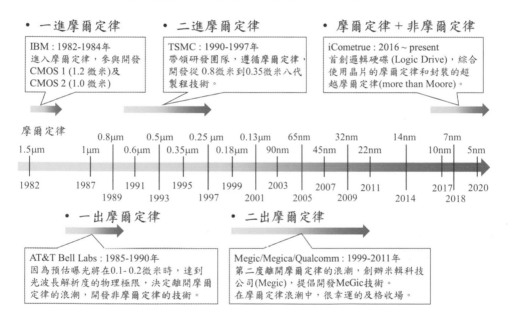

我的職場生涯沈浮在摩爾定律的浪潮中

　　1982-1984 年我任職於 IBM，參與開發了第一代 CMOS 1 (1.2 微米) 和第二代 CMOS 2 (1.0 微米) 製程 (一進摩爾定律)。1985-1990 期間，因預測曝光技術將在 0.1-0.2 微米時達到光波解析度的物理極限，決定離開摩爾定律的浪潮，加入了 AT&T Bell Labs 開發矽基板上的多晶片模組 (Multi-Chip module based on silicon substrate) 技術 (一出摩爾定律)。AT&T Bell Labs 在 1984-1988 年間投資了 3 億美元，網羅跨領域 (系統及晶片) 近百位人才去

開發 MCM 技術，可惜早了 30 多年。台積電現在的 CoWoS (Chip-on-Wafer-on-Substrate) 就類似當年 AT&T Bell Labs 的 MCM 技術。AT&T Bell Labs 在 30 多年前投入 MCM 技術研發，開發了在矽晶圓上電鍍銅金屬連線的電鍍技術，開啟了矽晶圓上電鍍製程技術的研發，成爲現今半導體電鍍銅金屬連線主流製程技術的先驅。1990-1995 年間我回到摩爾定律的浪潮，帶領著台積電的研發團隊，開發從 0.8 到 0.35 微米八代的製程技術 (二進摩爾定律)。而後於 1999-2011 期間再次離開摩爾定律，創辦了米輯科技 (Megic) 和米輯電子 (Megica)，提倡 MeGic 技術 (二出摩爾定律)。"MeGic"是"Me"mory 和 lo"Gic"合成的字，而中文「米輯」的「米」是指如稻米大宗商品 (commodity) 一樣的記憶晶片，「輯」則是指邏輯晶片的輯。MeGic 技術是把 memory 晶片和 logic 晶片正面對正面堆疊聯結在一起，增加電晶體數目及運算速度。可惜這個技術開發的太早，在當時並沒有成功。可是到了 2016 年，台積電和 Intel 都開始研發 memory 晶片和 logic 晶片正面對正面堆疊聯結的技術。

離開摩爾定律的艱難有趣歲月

AT&T Bell Labs	Megic米輯科技/Megica米輯電子	

Multi-Chip Module based on silicon substrate

Freeway Technology

MeGic Technology

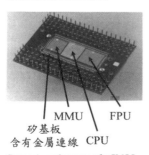

MMU　FPU
矽基板
含有金屬連線　CPU

Cryogenic performance of a CMOS 32-bit microprocessor subsystem built on the silicon-substrate-based multichip packaging technology; M.S. Lin ; A.S. Paterson ; H.T. Ghaffari; Electronics Letters, Volume 26, Issue 14, 5 July 1990, p. 1025 – 1026

US Patent #6,383,916
filing date: 2/17/1999
Inventor: Mou-Shiung Lin

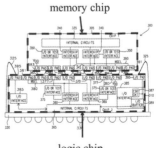

memory chip

logic chip

US Patent #6,180,426
filing date: 3/1//1999
Inventor: Mou-Shiung Lin

　　前面提到，全球最大的智慧型手機通訊晶片公司在 2009 年購買了米輯電子，主要是全球有一家電腦公司的 CPU 晶片在 2007 年用到了米輯公司發明的 Freeway 技術專利。晶片遵循摩爾定律，金屬連線越做越窄越薄，雖然密度很高，可以連接到晶片上的每一個電晶體；但電阻電容高，速度慢，就好比台北市內的道路可以通往每一個地點，可是車子擁擠，又有紅綠燈，因此速度慢。我當時想，為什麼不把當年在 AT&T Bell Labs 的 5 微米厚的電鍍銅技術直接做在晶圓最上層的保護層 (passivation layer) 上面呢？這就是米輯提倡並取名的 Freeway 技術。Freeway 技術 5 微米的金屬連線可以提供晶片高速訊號傳輸連線，如果要到比較遠的地方，就必須上高速公路 (Freeway)。Freeway 技術的金屬連線越做越寬越厚，可以說是反摩爾定律 (Reverse Moore's Law)。Freeway 提供了新的晶片設計架構——Freeway Architecture。米輯當時在美國和台灣就註冊了 FREEWAY 的商標。2009 年 7 月，當我和這家智慧型手機通訊晶片公司完成公司買賣合約簽訂時，心裡非常興奮，感覺上好像台灣賣核子彈給美國一樣。

　　歷經 40 年二進二出摩爾定律的歲月，在摩爾定律及非摩爾定律之間，現在的我是如何抉擇呢？如前所述，我在 2016 年提出邏輯硬碟的概念，把摩爾定律及非摩爾定律結合在一起。一方面，利用摩爾定律的神奇魔力，應用 10 奈米以下先進製程製作的標準大宗 FPGA 晶片所提供的超過百億個高效能、低耗電電晶體；另一方面，利用非摩爾定律的先進微縮的多晶片封裝技術，將多顆標準大宗 FPGA 晶片與一些輔助及協同晶片封裝在一個包裝內，以倍數增加電晶體的數目。有趣的是，先進的多晶片封裝的尺寸微縮 (miniaturization) 過程也走上像晶片發展一樣的摩爾定律老路：每單位面積或體積內的電晶體數目逐年不斷的增加。

第五節　數大便是美——數大便產生神奇的魔力

徐志摩的散文〈西湖記〉，其中寫到「數大便是美」：

「碧綠的山坡前幾千隻綿羊，挨成一片的雪絨，是美；一天的繁星，千萬隻閃亮的眼神，從無極的藍空中下窺大地，是美；泰山頂上的雲海，巨萬的雲峰在晨光裡靜定著，是美；大海萬頃的波浪，戴著各式的白帽，在日光裡動盪著，起落著，是美；愛爾蘭附近的那個羽毛島上棲著幾千萬的飛禽，夕陽西沉時只見一個羽化的大空，只是萬鳥齊鳴的大聲，是美；……數大便是美。

數大了似乎按照著一種自然律，自然的會有一種特別的排列，一種特別的節奏，一種特殊的式樣，激動我們審美的本能，激發我們審美的情緒」。

這段描述可以說是這個章節最佳最美最貼切的描述及感動。

當數目趨近無窮大時，就可以產生高端的智慧及神奇的魔力。人腦有一千億個腦神經元 (neuron) 細胞，而現在的一個半導體晶片遵循摩爾定律已經含有五百億個電晶體，趨近人腦神經元細胞的數目。2015 年，美國的激光干涉重力波天文台 (LIGO，Laser Interferometer Gravitational-Wave Observatory) 偵測到重力波，證實了百年前愛因斯坦提出的廣義相對論；2016 年，人工智慧 AlphaGo 打敗世界最頂尖的圍棋高手。這些震驚世人事件的背後，都有半導體晶片電晶體數目暴增到百億的神奇魔力的影子。

　　EUV 曝光機的出現，讓人類已經可以在 2 奈米×2 奈米的面積匡住並把玩 41 個矽原子。這驚人工藝的精密度已經直逼 DNA 兩股螺旋股幹之間 2 奈米的距離。

驚人的工藝：2奈米的尺寸的電晶體

- 2奈米×2奈米的面積含有41個矽原子
- 人類已經有能力可以利用2奈米技術節點設計並量產只含41個原子的區域

人類可以匡住幾個原子來把玩嗎？

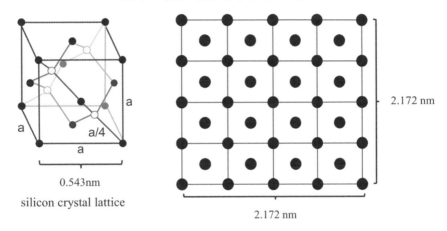

silicon crystal lattice

　　令人驚訝的是，人造的積體電路和自然界的 DNA 有微妙深邃的相似性：

(1) 人造的積體電路和自然界的 DNA 有類似的信息傳遞法則。自然界的 DNA 以 A (腺嘌呤)、T (胸腺嘧啶)、C (胞嘧啶) 以及 G (鳥糞嘌呤) 四種含氮鹼基，在兩股螺旋股幹之間形成 A-T 和 C-G 配對，並依據其中的一股螺旋股幹的含氮鹼基 A、T、C 及 G 四個位元在空間的序列 (spatial sequence) 忠實精準的傳遞基因，其中空間週期 (S) 為 0.34 奈米 (兩個相鄰含氮鹼基的距離)。而人造晶片的積

體電路則依據 0 和 1 兩個位元，在時間的序列 (time sequence) 忠
實精準的傳遞訊號，其中時間週期 (T) 以奈秒或是皮秒 (nano- or
pico-second) 爲單位。

(2) 雖然自然界 DNA 的基因定序所需的時間無法像人造積體電路的尺
寸大小的微縮一樣的長期遵守摩爾定律，但人造的積體電路的尺
寸大小的微縮和自然界 DNA 的基因定序所需的時間都遵循類似的
摩爾定律。積體電路的工作法則雖然遵循時間序列，但其尺寸大
小卻依據摩爾定律做空間的微縮 (space miniaturization)；自然界

人造的積體電路和自然界的 DNA 有微妙深邃的相似性

特性	積體電路	自然界的DNA
信息傳遞法則	依據0和1兩個位元，在時間的序列(time sequence)忠實精準的傳遞訊號，其中時間週期(T)以奈秒或者皮秒(pico-second)為單位。	以A、T、C以及G四種含氮鹼基，在兩股螺旋股幹之間形成A-T和C-G配對，依據含氮鹼基的四個位元，在空間的序列(spatial sequence)忠實精準的傳遞基因，其中空間週期(S)為0.34奈米(兩個相鄰含氮鹼基的距離)。
摩爾定律	工作法則遵循時間的序列，但其尺寸大小卻依據摩爾定律做空間的微縮(space miniaturization)。	工作法則遵循空間的序列，但其基因定序所需的時間卻是依據類似摩爾定律做時間的縮短(time shortening)。
複製法則	光罩當模板(molding plate)，精準的大量複製電路。	以兩股螺旋股幹當模具(mold)，精準的大量複製基因。

糖-磷酸骨架　　含氮鹼基配對　　含氮鹼基

DNA　基因

0.34 奈米　S

3.4 奈米

2 奈米　C G A T

空間序列　z 方向

積體電路　訊號

0.2 奈秒　T

時間序列　t 方向

位元　1 0

DNA 的工作法則雖然遵循空間的序列，但其基因定序所需的時間卻是依據類似摩爾定律做時間的縮短 (time shortening)。

(3) 更有趣的是，自然界 DNA 以兩股螺旋股幹當模具 (mold)，精準的大量複製基因；而積體電路則以光罩當模板 (molding plate)，精準的大量複製電路。

從以上的觀察，時間和空間在自然界的DNA和人造晶片的積體電路扮演的角色也許隱藏著深邃的祕密，這和複雜的時間和空間物理原理有關嗎？這可能蘊藏著 DNA Computing 或是 Quantum Computing 的線索和啟發嗎？時間和空間源遠流長、浩瀚無邊，其中隱含的物理深不可測，令人無法透徹了解，以致於人們陷入迷惑無法自拔的深淵。

一台 EUV 曝光機一年可以製造出的電晶體數目已經接近全世界一整年新生嬰兒大腦所含有的神經元數目

如果仔細思索，人們將震驚於 EUV 曝光機的驚人力量。目前一台 EUV 曝光機一年可以製造出的電晶體數目已相當於 1 億 1 千萬個人類大腦所含有的神經元數目，此人腦的數目已經接近 2020 年全世界 1 億 4 千萬新生嬰兒的數目。現在全世界已經有一百多台 EUV 曝光機上線生產，而且逐年增加，集結極大數目的電晶體所產生的晶片將具有驚人的智能來影響人類文明。

2007 年 Apple 公司開發的 iPhone 改變了人類的生活方式，甚至改變頭腦的記憶方式和能力。iPhone 使我們喪失記憶親朋好友電話號碼的能力；其應用程式 Google Map 讓我們喪失走路或開車時認路的能力；其應用程式 Google Search 讓我們頭腦喪失儲存知識的能力。極大數目的電晶體的晶片所產生的人工智慧具有感知、記憶及學習的能力 (sensing, memorizing and learning)，並且能夠辨識、分析及分類 (recognizing, analyzing and classifying)，以回答或解決問題。

　　2022 年 11 月 30 日，OpenAI 推出 Sam Altman 所主導開發的 ChatGPT (Chat Generative Pre-trained Transformer)，震撼全球。ChatGPT 採用 1 萬顆 NVIDIA A100 GPU 晶片做學習和訓練 (learning and training)，每顆 NVIDIA A100 GPU 晶片含有數百億 (10^{10}) 個電晶體。也就是說，ChatGPT 使用了數百兆 (10^{14}) 個電晶體。將來的 ChatGPT 會使用更多的 GPU 晶片。數大了，便產生神奇的魔力！

　　ChatGPT 是根據神經網絡 (neural network) 而產生的。人腦經由神經元的自我適應性 (self-adaptive) 的連結而產生智能。在過去 30 年，神經網絡的研究曾經風行熱門過兩輪。但是因為當年對神經網絡基本知識還不足，以及缺乏強有力的晶片硬體，這兩輪的研究發展都沒有開花結果。神經網絡所隱含的原理具有巨大的價值和能量，到現在，人類還是只知皮毛而已。由於晶片硬體的精進，最近學界及業界重新大力投入神經網絡的研發，也產生了 ChatGPT 的類似人腦的人工智慧，極具爆發力，造成人類既期待又恐慌的複雜心境及情結。(請參閱本書「序」中提到的張大凱私人信件)

ChatGPT 幾乎已經達到哈佛大學通識教育所說的學習、思考和表達的能力了

　　哈佛大學大學部的通識教育 (general education) 教導學生用閱讀和聆聽去學習知識，用思考來消化和生成知識，用書寫和說話來表達思想 (learn knowledge by reading and listening, digest and generate knowledge by thinking, express thoughts by writing and speaking)。也就是說，哈佛通識教育的目的是在培養學生讀、聽、想、寫、說的能力；而 ChatGPT 幾乎已經達到哈佛通識教育所說的學習、思考和表達 (learning, thinking and expressing)

的目的了！ChatGPT 是一種生成式的人工智慧 (generative AI)，可以生成創造一篇對於一個問題的回答或文章，幾近人類的學習、訓練、推論的邏輯思考方式。

生成式的人工智慧 (generative AI) 就像人腦一樣，首先閱讀吸收大量資訊，定義參數 (parameter)，將大量參數的數據 (parameter data) 以矩陣和向量代表呈現 (matrix/vector representation)，而這些參數數據的矩陣和向量 (matrix and vector) 之間互相關連，經由訓練，以類似人腦神經元的自我適應性連結 (self-adaptive connectivity) 的方法，產生有意義連結，這些有意義的連結就是人工智慧的轉換器 (transformer) 所預先訓練出來的模型 (pre-trained model)。有了 pre-trained model 後，再利用考古題和模擬考，將 pre-trained model 校正微調，然後就可以上考場參加考試做答，也就是說，可以推論預測，得出答案；在過程中，AI 針對問題裡的參數數據，產生最佳的連結，得到最佳的答案。

任何物件或事件都可以用參數來描述它的特徵，如何定義一個物件或事件的參數以及參數的多寡是機器學習能力的關鍵因素。Open AI 的 ChatGPT3 有 1750 億個參數，而 ChatGPT4 則估計增加到 1 兆 7500 億個參數；參數定義的越好且參數的數目越多，機器學習和解答的能力就越強。所以能夠如此，可說是摩爾定律電晶體數目爆增的神奇魔力！

AI Machine 把能量轉換成智慧的效率和人腦把能量轉換成智慧的效率相差 6 個次方 (order of magnitude)。人畢竟不是神，雖然可以造「機器人」，可是和自然之神造「人」相比，真的差太遠了！

這 ChatGPT 神奇的魔力並不是憑空而來，而是要耗費極大的電能 (electrical power) 才能達成。NVIDIA 新開發的 H100 GPU 晶片，一個晶片

耗電 700 W，如果 ChatGPT 使用 2 萬顆 NVIDIA H100 GPU 晶片，則 ChatGPT 工作一天就會消耗 33 萬度電能，比本章第二節提到一台 EUV 曝光機一天耗電 3 萬度更驚人！反觀，一個成年人每天消耗的熱量約 2,500 大卡路里 (k-calorie)，頭腦所需的能量約佔全身耗能的 20%，則人腦一天耗能 500 大卡路里，相當於 2.1 百萬焦耳；也即人腦的耗能功率為 24W，則人腦工作一天只消耗約 0.58 度的電能。AI Machine 把能量轉換成智慧的效率和人腦把能量轉換成智慧的效率相差 6 個次方 (order of magnitude)！人畢竟不是神，雖然可以造「機器人」，可是和自然之神造「人」相比，真的差太遠了！自然之神造的人腦溫和輕巧，而人造的 ChatGPT 則火熱暴烈！(請參考 https://www.scientificamerican.com/article/thinking-hard-calories/)

　　現今 ChatGPT AI Machine 已經面臨嚴重耗電的挑戰，能源問題可能成為摩爾旅程是否可以繼續走下去的關鍵因素。如何提升 AI Machine 的能量—智慧轉換效率是工程師急需努力的方向，例如在晶片的運算架構和演算法以及晶片的設計及製程的突破。說到如何提高能量-智慧轉換效率，大家可能會想到正在興起的 quantum computer，其所含的運算單元 Qubit，就理論而言，比現在的電晶體具有較高的能量-智慧轉換效率，未來的 quantum computer 是否有機會取代摩爾定律電晶體目爆增的神奇魔力？另外，核融合能源可能是解決 AI Machine 低能量-智慧轉換效率的聖杯 (holy grail)。有了此聖杯，摩爾旅程就可以繼續高歌前行。(請參閱本章第二節)

　　iPhone 改變了我們記憶的方式和能力，而 ChatGPT 可能改變我們邏輯思考的方式和能力。電晶體晶片摩爾旅程的神奇魔力將會改變人類的頭腦嗎？以後我們稱讚一個人很聰明 (clever) 是什麼意思呢？和 ChatGPT 比嗎？希望人類能夠利用 ChatGPT，伸展 (extending) 邏輯思考的能力，而不是被 ChatGPT 取代，喪失了天賦的異於其他動物的邏輯思考能力。

　　ChatGPT 現在已經可以產生生成式文章 (generative text)，再加上最近

出現的生成式照片 (generative picture)、生成式影像 (generative image)，生成式影音 (generative video)，以及生成式圖片 (generative figure)，則人類亙古以來，賴以辨別判斷眞偽的證據工具 (照片、影像、影音及圖片)，將完全失效，實在讓人擔憂和恐懼。失去了辨別判斷眞偽的證據工具，人類的文明和秩序，可能完全改觀，例如沒了辨別判斷眞偽的證據工具，歷史考古及法院判決，將何去何從？

晶片所含數百億個電晶體產生的摩爾魔法，可能形成「技術黑洞」，將是畢生從事半導體產業且有良知及人性的工程師所最擔憂不安的事情

從正面來看，晶片可以增進人類文明，半導體未來在解開自然奧祕，增進人類醫療健康及生活文明的活動中，將持續做出突破性的驚人貢獻。例如：2021 年 4 月芝加哥費米實驗室 (Fermi National Accelerator Laboratory) 發現基本粒子渺子 (muon) 在磁場中自旋的速度和現在已知的物理定律不合。以現在晶片的人工智慧，一定可以找到答案，可能發現第五種基本力量或未知的基本粒子。從負面來看，晶片所含數百億個電晶體產生的摩爾魔法，可能形成「技術黑洞」(Technology Singularity)，摧毀人類文明。例如傳統賴以辨別眞假是非的語音影像，現在很容易被邪惡有心的人造假操弄，失去原來辨別眞象事實的功能。在自由民主制度和極權專制制度的劇烈衝突與對抗中，自由民主國家的民主法治，遭受前所未有的威脅：民主選舉很容易被邪惡有心的人及外國勢力造假操控，而其法治根基的法院，可能失去原來賴以做案件判決的事實証據，再者其菁英利用演算法，操作控制數據，予取予求；而極權專制制度國家，則可能失去人類生存的價值：獨裁政府利用合成造假洗腦，濫用人工智慧侵犯隱私，監視控制人民思想及行動。當人失去了思想和行動自由時，人也不成爲人，將無

異於禽獸了，這將是畢生從事半導體產業且有良知及人性的工程師所最擔憂不安的事情。

　　爲了避免高科技被濫用而造成毀滅性的破壞，年輕的科學家及工程師必須及早建立工程倫理 (Engineering Ethics) 的道德及紀律。做爲一位有工程倫理的科學家或工程師，可以做很多事情來提升人類文明的水準，避免人類文明被破壞毀滅。例如，Apple 致力於環保，如果能夠用邏輯硬碟，讓用戶可以將已購買使用中的 iPhone 用軟體來改變硬體線路，不斷的升級，增加新的功能，就不須要經常購買新手機；這種「重複使用 (re-use)晶片」，可以讓用戶隔 5、6 年才購買新的 iPhone 手機，可以減少製造晶片和電池所消耗的水、電和材料，並減少手機的廢棄物處理，有助於環境保護。成眞公司提倡的邏輯硬碟如果成眞，一方面可以讓有創意但缺乏資源的創業家參與 10 奈米以下先進的半導體製程的設計應用，加速積體電路的科技文明；另一方面重複使用晶片，符合保護地球、環境友善的社會責任。又例如哈佛大學最近在 Allston 新校區設立企業研發園區 (Enterprise Research Campus，ERC)，讓新創公司進駐，特別鼓勵教授、學生及校友創業成立公司解決氣候變遷的問題，或開發工程倫理相關的產品及實施方案。我非常讚佩哈佛大學開創、提倡及積極投入工程倫理學的研究及教育，希望其他大學也可在此領域跟進。

人工智慧機器 (AI machine) 會有「機器個性」或「機性」(「Machinality」) 嗎？

　　哈佛以人文學院和神學院聞名，ChatGPT 的出現將會如何影響人文 (humanity) 和神學 (divinity) 呢？

　　我於 2023 年 5 月初參加哈佛大學資源委員會 (Harvard Committee On University Resources，COUR) 的年度會議。5 月 6 日早上有兩場並行的座

談會，一場關於醫學健康，另一場關於人文。我原本計劃參加醫學健康座談會，卻走錯了會場，走到人文座談會的會場。等到大家坐定，會議開始幾分鐘後，才發覺走錯會場。因為怕擾動會場，不好意思離開，也就只好參加了這場人文座談會。這場座談會的題目「Words Matter: The Power of Storytelling」(詞彙貴重：說故事的力量)，由人文教授 Stephen Greenblatt 主持，三位與談教授分別來自歷史系、英文系及神學院，主持人及與談人都曾經著作具有影響力的書籍或小說。他們談論「說故事及詞彙為何會有巨大的力量？」以及「如何說故事來團結人們並引發改變？」

　　他們分別述說他們寫的書如何闡釋人性 (humanity)。由於當時 ChatGPT 剛剛問世，因此有聽眾就問：「ChatGPT 是否會說故事，取代作家？」，引起討論。突然之間，一個新的詞彙 "Machinality" 在我腦中如閃電般的出現，我當時想的「Machinality」是指機器個性 (machine personality)，而不是機械性質 (mechanical property)。於是我就舉手發問：「你們說的故事都是關於人和人或人和環境之間交互作用 (interaction) 的故事，也就是說人性 (humanity)。你們是否想過人工智慧機器 (AI machine) 會有「機器個性」或「機性」(「Machinality」) 嗎？如果有，以後你們說的故事是否會包括關於機器和人或機器和機器之間交互作用的故事？」頓時全場一片靜默無聲，然後大家熱烈的討論「Machinality」。直到座談會結束，還有聽眾圍繞過來，繼續討論此議題。

會有一個管理 AI machine 社會的法律制度嗎？會有 AI machine 的言論自由和機器權利或機權嗎？

　　humanity 和「Machinality」的關係是什麼呢？

　　humanity 和「Machinality」是主從關係 (master-slave) 嗎？還是平行關係 (parallel) 呢？humanity 和「Machinality」的關係是和諧 (harmony) 的呢？還

是衝突 (conflict) 的呢？人類 (human being) 將如何以自己的 humanity 來處理機器的「Machinality」呢？會有一個管理 AI machine 社會的法律制度嗎？是人類幫 AI machine 建立的，還是 AI machine 自己建立的？會有 AI machine 的言論自由和機器權利或機權 (Machine Right) 嗎？

人類又應當如何自我節制和覺醒，使得 AI Machine 不發展出或不被發展出毫無受限的 Machinality？

以上這些問題、論述和憂慮都是假設人類 (尤其是工程師) 不自我節制和覺醒，放任 AI Machine 發展出或被發展出毫無受限的 Machinality。那人類又應當如何自我節制和覺醒，使得 AI Machine 不發展出或不被發展出毫無受限的 Machinality？

為了建立年輕科學家及工程師的工程倫理，哈佛大學工學院和法學院在 2013 年共同聘任了 Professor of Engineering and Law。哈佛也在 2018 年首創開設工程倫理課程 Embedded Ethics for Computer Science (EthiCS)，並在 2019 年 1 月舉辦第一屆全球「Conference on Ethics of Engineering」。目前正在計劃增加 AI and Responsibility (AIR) 的研究與課程。我過去幾年曾經有幾次和哈佛大學工程及應用科學學院院長 Frank Doyle 討論是否能夠進一步設立 Professor of Engineering and Humanity 以及 Professor of Engineering and Divinity；我甚至希望哈佛能夠設立 Engineering and Humanity Laboratory 以及 Engineering and Divinity Laboratory，以面對人工智慧機器所帶來的未知未來。

結語

　　成眞公司的英文名為 iCometrue，其中的 i 代表著：啟發 (inspire)、想像 (imagine)、創新 (innovate) 及發明 (invent)。i Cometrue：i nspire × i magine × i nnovate × i nvent = i^4 = 1。

---

iCometrue：
$i$nspire × $i$magine × $i$nnovate × $i$nvent
$= i^4 = 1$

i^4 的真正意義：

$i.$ 要充滿好奇心，用眼睛去看去讀，用耳朵去聽，用腦筋去想去得到啟發(inspire)；

$i^2.$ 然後無邊無框的(out of box) 去想像(imagine)；

$i^3.$ 最後把想像去蕪存菁，產生創新(innovate)；

$i^4.$ 並找出創新的實施例(embodiment)，這個實施例就是專利發明 (invent)。

　　說到 1，讓我想到佛法中所說的一即一切，一切即一。在這個章節裡，我帶領大家穿越時空，涵蓋了 10^{27} 米 (宇宙) 到 10^{-9} 米 (半導體) 的空間以及 $4.3×10^{17}$ 秒 (138 億年宇宙) 到 10^{-11} 秒 (半導體) 的時間。這一切的一切，都只存乎一心。

　　最後，我要以好奇心、想像力及價值觀和年輕的科學家及工程師共勉。要充滿好奇心，用眼睛去看去讀，用耳朵去聽，用腦筋去想去得到啟發 (inspire)，然後無邊無框的 (out of box) 去想像 (imagine)；最後把想像去蕪存菁，產生創新 (innovate)，並找出創新的實施例 (embodiment)，這個實施例就是專利發明 (invent)；這也就是 i^4 的真正意義。

$$i^4 = 1$$

一切：
空間 10^{27}米(宇宙)到10^{-9}米(半導體)
時間 4.3×10^{17}秒(138億年宇宙)
　　　到10^{-11}秒(半導體)

存乎一心：一即一切，一切即一

好奇心　想像力　價值觀

哈佛大學一直認為教育最重要的宗旨是建立學生善良的道德倫理的價值觀，而不只是知識的學習。哈佛大學認為學生畢業後，不管是當了總統、國會議員、公務員、軍人、教師、律師、醫師、會計師、工程師、企業家或商人，在做生死存亡或關鍵抉擇時，憑藉的是心中的道德倫理觀及宗教信仰，而不在於在學校所學習的知識。

　　但最重要的是要建立善良的價值觀。哈佛大學一直認為教育最重要的宗旨是建立學生善良的道德倫理的價值觀，而不只是知識的學習。哈佛大學認為學生畢業後，不管是當了總統、國會議員、公務員、軍人、教師、律師、醫師、會計師、工程師、企業家或商人，在做生死存亡或關鍵抉擇時，憑藉的是心中的道德倫理觀及宗教信仰，而不在於在學校所學習的知識。因此，我特別以注重好奇心、想像力和價值觀來做為這個章節的結語。

第二章

活潑主動的電晶體——
積體電路因此而產生智能

前言

　　當你跟 iPhone Siri 對話時，開車用 Google Map 導航時，或用 Skype 視訊開會時，你是否曾經好奇的想知道這到底是怎麼回事？答案很簡單，就是電晶體！可是要了解電晶體的運作原理，及電晶體何以產生此種類似人類的智能，那可就不簡單了！需要動用到物理學的四大艱深學門：量子力學 (quantum mechanics)、量子熱力學 (quantum thermodynamics)、古典電動力學 (classical electrodynamics) 及古典熱力學 (classical thermodynamics)。當你了解電晶體的運作原理後，再低頭看看手上的 iPhone，彷彿可以看到電子的形影，聽到電子的足音，進而摸到電子的身體，甚至細數電子的數目。人不是神，但以人類卑微的能力，能夠透徹了解電子行蹤，並巧妙的創造出控制操縱電子行蹤的電晶體，著實令人讚嘆和驚豔！這篇文章將帶領大家一步一步的進入電晶體的迷你世界，一窺其中的祕密，解開現今 0 和 1 數位文明背後所蘊藏的玄機。

第一節　四門物理學闡釋了電晶體的空乏層及反轉層

電晶體是晶片主動元件 (active device)，相當於人體頭腦的神經元。電晶體的結構到目前爲止，共經過四次重大的變革：

(1) 雙載子電晶體 (bipolar transistor)：美國貝爾實驗室的威廉·蕭克立 (William B. Shockley)、約翰·巴定 (John Bardeen) 和沃爾特·布拉頓 (Walter H. Brattain) 3 人於 1947 年發明。

(2) 金屬氧化物半導體場效電晶體，簡稱爲金氧半場效電晶體 (MOSFET，Metal-Oxide-Semiconductor Field-Effect Transistor)：美國貝爾實驗室的阿塔拉 (Mohamed M. Atalla) 和姜大元 (Dawon Kahng) 於 1959 年發明。

(3) 鰭式場效電晶體 (FinFET，Fin Field-Effect Transistor)：加州大學伯克萊分校胡正明教授於 1998 年發明，把 MOSFET 立體化。

(4) 閘極全環電晶體 (GAAFET，Gate-All-Around Field-Effect Transistor)，或稱爲「環繞式結構 FET」，其閘極圍繞了整個載子通道，而且載子通道可以多層立體化。

電晶體的演進

摩爾定律

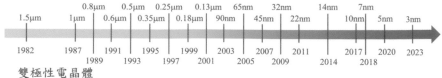

雙極性電晶體
(Bipolar Transistor)

平面金屬氧化物半導體場效電晶體 (MOSFET)

鰭式場效電晶體 (FINFET)

閘極全環電晶體 (GAAFET)

過了70多年，電晶體結構經歷了四種演進，還是逃不出
P/N二極體的空乏層和MOS電容的反轉層原理的範疇。

電晶體結構的演化

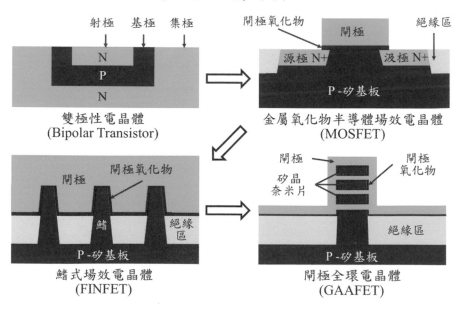

　　在第一章第四節中提到，我 1982 年在哈佛大學拿到博士學位後加入 IBM (位於美國 Burlington，Vermont)，參與 IBM 第一代 CMOS 的開發。當時 IBM 的公司內部就像大學一樣，提供了各式各樣的課程讓員工上課進修。我在 1983 年受邀教授「電晶體元件物理」(Device Physics of Transistors)。記得當年我非常喜歡兩個元件的物理現象，在課堂上講的津津有味，一個是 P/N 介面 (P/N junction) 二極體的空乏層 (depletion layer)，另一個是 MOS 電容的反轉層 (inversion layer)。我當時跟上課的學員講：只要徹底了解空乏層及反轉層的物理原理，就可以非常清楚的了解電晶體的運作原理。沒想到過了 40 年，電晶體結構經歷了上述四種演進，還是逃不出空乏層及反轉層原理的範疇，真是令我大大的驚訝，並感到無比的欣悅！果真，P/N 二極體的空乏層和 MOS 電容的反轉層是兩個久不褪色的電晶體基礎理論。

　　要了解電晶體的原理，必需先了解空乏層及反轉層的物理原理。很可惜，當年在 IBM 用來教授「電晶體元件物理」的講義沒有保存下來，可是其中的內容和圖示，到如今都還歷歷在目。當年的講義是用手寫的，圖示也是用手畫的，因為當時的個人電腦尚未普及，而且文字輸入及繪圖功能，付之闕如，縱使有，使用起來也不方便。在此值得一提的題外話，是一段我見證過的 IBM 相容個人電腦 (IBM clone PC) 的開發歷史。1983 年，賈伯斯 (Steve Jobs) 已經在販售蘋果個人電腦，但價格太貴且不方便使用，因此尚未普及。當時，IBM 也有一個小團隊開始研究開發個人電腦；可是，因為可能會損及當年 IBM 盛極一時的主機電腦 (mainframe computer) 的生意，因而受到 IBM 在紐約州 Armonk 總部的排擠，整個開發團隊只好跑到佛羅里達州的 Boca Raton 去開發。得不到 IBM 主流團隊的半導體晶片及軟體架構的支持，IBM 當時開發的個人電腦只好採用 Intel 8088 CPU 晶片及比爾蓋茲 (Bill Gates) 的 DOS 操作系統 (Disk Operating System)。IBM

個人電腦的原型機也因爲使用了第三者的半導體晶片 (Intel) 及電腦作業系統 (Bill Gates)，陰錯陽差的造就了後來的 IBM 相容個人電腦，對人類文明影響深遠，尤其給了台灣進入資訊產業 (ICT) 的關鍵機會，台灣的宏碁電腦就是因此而崛起的。

　　我把腦海中當年手繪空乏層及反轉層的圖示，在 40 年後，重新用手繪製如下：

重新用手繪畫腦海中40年前手繪的空乏層及反轉層
P/N二極體的空乏層和MOS 電容的反轉層是兩個久不褪色的電晶體理論基礎

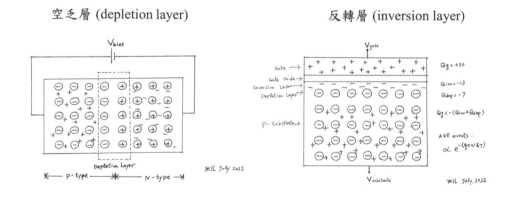

要了解電晶體，至少需要具備下列四種知識：

(1) 量子力學關於固態物理 (solid state physics) 的能帶 (energy band) 和能隙 (energy gap) 的基本知識

(2) 量子熱力學的費米位能 (Fermi level) 及費米-迪拉克分佈統計原理 (Fermi-Dirac distribution statistics)

(3) 古典熱力學的擴散移動 (diffusion) 理論

(4) 古典電動力學的電子漂流移動 (drift) 理論

此四門物理學可以闡釋電晶體的兩個基本機制——P/N 二極體的空乏層及 MOS 電容的反轉層

在 1925 年時，量子力學的主要學說理論已經大致完成了。薛丁格 (Erwin Schrödinger) 在 1926 年發表薛丁格方程式 (Schrödinger equation)，把量子力學數學化，用物質波微分方程表達闡釋量子力學。1928 年，瑞士科學家布洛赫 (Felix Bloch) 用薛丁格方程式解出電子在固態晶體內規則重複的晶格 (lattice) 中運行的答案，電子在晶體內的行為才得以被人類清晰的描述與理解，布洛赫的答案就名為布洛赫波 (Bloch wave)。薛丁格方程式解出的布洛赫波，其電子能階變寬，形成能帶 (energy band)，而且出現禁止能帶 (forbidden band)，不允許電子存在於該禁止能帶，因此形成能隙 (energy gap)。量子力學的能帶和能隙的概念是半導體物理的基礎，也是了解電晶體必備的基本知識 (相關闡述請見第二節)。

有了量子力學的能帶和能隙的概念後，那晶體內眾多活躍的價電子又如何分佈在位能高低不同的能帶呢？要回答這問題就必需動用到量子熱力學。1926 年，費米 (Fermi) 和迪拉克 (Dirac) 分別發表著名的費米-迪拉克分佈統計原理 (Fermi-Dirac distribution statistics)，此原理後來被用來描述電子分佈在矽晶能帶的概率 (相關闡述請見第三節)。根據費米-迪拉克分佈統計原理，電子分佈在矽晶能帶的概率和該能帶位能高低成指數關係增加；此指數型增加的關係，奠定電晶體開關分明，毫無混淆，成為 0 和 1 數位時代的根本源頭。

經由量子統計熱力學了解了電子如何分佈在位能高低不同的能帶後，那在各能帶的電子又是如何在晶體內移動，形成電流的導通與否呢？要回答這問題就必須回到古典熱力學和古典電動力學。電子在晶體內移動的法則是根據古典熱力學的擴散移動 (diffusion) 及古典電動力學的漂流移動 (drift) (相關闡述請見第四節)。電晶體也是依照此電子和電洞移動的兩個原

理來運作：把不同濃度的 N 型或 P 型雜質摻入矽晶，將矽晶劃分成濃度不同的 N 型或 P 型區域，而不同區域的相鄰界面 (junction 或 interface) 形成位能障礙 (potential barrier)；再利用電壓調控位能障礙的高低，以控制操縱電子和電洞在矽晶不同區域的移動。其中，雜質濃度是電晶體的重要參數，其範圍是 10^{15}~10^{20}/cm^3。所以說，電晶體不過是一場在矽晶內玩弄不同的雜質濃度，造成不同的雜質濃度區域界面的位能障礙，再利用外加電壓調控界面位能障礙的高低，來控制電子和電洞移動的神奇遊戲罷了！

四門物理學促成電晶體的發明
闡釋了電晶體的兩個基本機制－P/N界面的空乏層及MOS電容的反轉層

量子力學	量子熱力學	古典熱力學 古典電動力學
眾多原子的最外層活躍的價電子在晶體中是如何運行的呢？	晶體內的眾多活躍的價電子如何分佈在位能高低不同的能帶呢？	各能帶的電子如何在晶體內移動，形成電流的導通與否呢？
• 薛丁格爾微分方程式解出的布洛赫波，形成能帶，而且出現禁止能帶，形成能隙。 • 量子力學的能帶和能隙的概念是半導體物理的基礎，也是了解電晶體必備的基本知識。	• 費米-迪拉克分佈統計原理描述電子填進這些能帶的法則： (1) 從低位能能階填起，依序往高位能能階填 (2) 包立互斥原理 • 電子分佈在矽晶能帶的概率和該能帶位能高低成指數型關係。此指數型增加的關係，奠定電晶體開關分明，毫無混淆，成為0和1數位時代的根本源頭。	• 擴散移動 由濃度差異造成的電子或電洞的移動。 • 漂流移動 由位能差異造成的電子或電洞的移動。

第二節　量子力學促成電晶體的發明——矽晶的能帶及能隙概念

　　要了解電晶體的原理必需了解空乏層及反轉層的物理原理；而要了解空乏層和反轉層，需要具備量子力學關於固態物理的能帶 (energy band) 和能隙 (energy gap) 的基本知識。

　　20 世紀初期開始發展的量子力學讓人類對於原子的微觀結構和動態有革命性的了解。波爾 (Bohr) 的原子模型 (Bohr's atomic model) 提出電子環繞原子核運行的軌道 (orbital) 是不連續的 (discontinuous) 的觀念。薛丁格方程式解出電子在原子核和電子形成的位能 (potential) 中的波動只能在不連續的能階 (energy state) 上運行。在量子力學的原子模型中，一個原子的電子在不連續的軌道 (能階) 上運行，電子依序從最內層最低能階的軌道填起，一直填到最外層最高能階的軌道。以矽原子為例，矽原子有 14 個電子，原子結構為 $1s^2 2s^2 2p^6 3s^2 3p^2$，其最外層的 4 個價電子 (valence electron) $3s^2 3p^2$ 最為活躍，是形成化合物 (compound) 化學鍵 (chemical bond) 及固體 (solid state) 的關鍵電子。

這些眾多原子的最外層活躍的價電子在晶體中又是如何運行的呢？

　　在單一原子中，電子分佈在不連續的能階上，最外層是活躍的價電子。那各別單一的原子如果聚集在一起成為晶體，這些眾多原子的最外層活躍的價電子在晶體中又是如何運行的呢？

　　這個問題在 1925 年到 1929 年的短短 5 年內就被當時一群厲害的量子

力學物理學家解決了，也成就了物理學的新領域固態物理 (solid state physics)。在我讀大學及研究所的 1970 年代，固態物理還是很多物理系學生大學畢業後攻讀研究所的熱門領域。固態物理學是把古老的晶體學量子化而產生的。早在 1848 年，Bravais 就指出原子在三度空間只有 14 種可規則重複的幾何排列，例如體心立方 (Body Center Cubic，BCC)、面心立方 (Face Center Cubic，FCC)、鑽石立方 (diamond cubic) 等，這就成為固態物理的開宗概念的布拉菲晶格 (Bravais lattice)。70 多年後，量子力學興起，在 1925-1929 年代間，古老的晶體學被量子化了，其中包括了 5 件重大突破事件，埋下了 1947 年電晶體發明的種子：

(1) 1926 年，薛丁格方程式 (Schrödinger equation)；

(2) 1926 年，費米-迪拉克分佈統計原理 (Fermi-Dirac distribution statistics)；

在矽晶中，眾多矽原子最外層活躍的價電子在晶體中又是如何運行的呢？

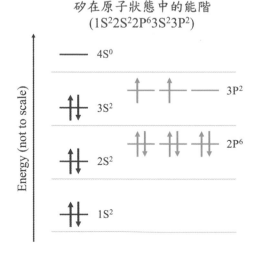

矽在原子狀態中的能階
($1S^2 2S^2 2P^6 3S^2 3P^2$)

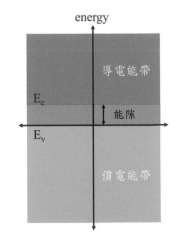

矽在晶格結構中的能帶與能隙

(3) 1927 年，維格納-賽馳晶胞 (Wigner-Seitz cell)；

(4) 1928 年，布洛赫波 (Bloch wave)；

(5) 1928 年，布里歐英區帶 (Brillouin zone)。

值得注意的是，除了薛丁格出生於 1887 年，布里歐英出生於 1889 年外，費米、迪拉克、維格納、賽馳及布洛赫都出生在 1900 年後，也就是說他們都在 25 歲的時候就有重大突破，而且大部分還是他們的博士論文，眞是令人嘖嘖稱奇！

著名的 Bravais lattice 清楚的勾畫出原子在固態晶體內呈現週期規則的晶格 (lattice) 結構。Bravais 指出，原子在三度空間只有 14 種可規則重複 (regular repetition) 的幾何排列，例如體心立方、面心立方、鑽石立方等。匈牙利出生的 Eugene Wigner 專門研究數學的對稱性，他把群論 (group theory) 帶進了物理學，進而建構了著名的 Wigner-Seitz cell。Wigner-Seitz

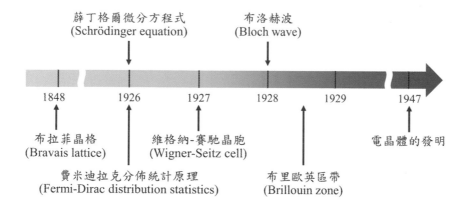

1925 – 1930年固態物理的發展
埋下了電晶體發明的種子

cell 是描繪一個晶體中的原子，以自己爲中心看到周圍其他的原子時所呈現的對稱性 (symmetry)。在二度空間的平面上，一個原子與各方向最鄰近的另一個原子連線，在此連線之中點劃一條垂直線，則這些垂直線所相交圍成的區域就稱爲 Wigner-Seitz cell；在三度的立體空間中，一個原子與各方向最鄰近的另一個原子連線，在此連線之中點劃一個垂直平面，則這些垂直平面所相交圍成的空間就稱爲 Wigner-Seitz cell。一個 Bravais lattice 只存在一個 Wigner-Seitz cell 與之對應。簡單的說，Wigner-Seitz cell 就是描述原子在晶體的三度空間中所呈現的對稱性。

空間的規則重複排列vs.空間的幾何對稱
Bravais lattice (布拉菲晶格) vs. Wigner-Seitz cell (維格納-賽馳晶胞)

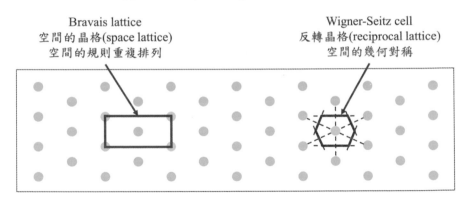

Bravais lattice
空間的晶格(space lattice)
空間的規則重複排列

Wigner-Seitz cell
反轉晶格(reciprocal lattice)
空間的幾何對稱

- lattice points
- - - lines connecting 2 nearby lattice points
- - - normal lines at the midpoint of the connecting lines

布洛赫考慮電子處身於固態晶體內 Bravais lattice 的「規則
重複性」，用薛丁格方程式解出電子在空間位置 r 運行的
答案；而布里歐英則考慮電子處身於固態晶體內 Wigner-
Seitz cell 裡原子排列的「對稱性」，用薛丁格方程式解出
電子在波動向量座標 k 運行的答案

　　1928 年，布洛赫用薛丁格方程式解出電子在固態晶體內規則重複的
Bravais lattice 中運行的答案，電子在晶體內的行為才得以被人類清晰的描
述與理解。布洛赫的答案就名為布洛赫波 (Bloch wave) φ (r)，φ (r) = e^{ikr} u
(r)，包含一個自由移動的平面波 e^{ikr} 乘上著名的布洛赫函數 (Bloch
Function) u (r)。布洛赫函數就是描述電子如何在週期性的固體的晶格中運
行的週期函數 u (r+a) = u (r)，其中 a 是晶格常數 (lattice constant)。

矽晶 (silicon crystal)
空間的規則重複排列vs.空間的幾何對稱
Bravais lattice (布拉菲晶格) vs. Wigner-Seitz cell (維格納-賽馳晶胞)

Bravais lattice
空間的規則重複排列
鑽石立方晶格
(diamond cubic lattice)

Wigner-Seitz cell
空間的幾何對稱
布里歐英區帶 (Brillouin zone)
含有14面的立體反晶格
(3D reciprocal lattice)

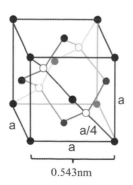

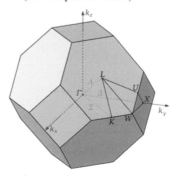

https://en.wikipedia.org/wiki/Brillouin_zone

　　布洛赫波 φ(r) 雖然描述電子在空間位置 r 的運動行為，但電子在空間位置 r 受到各方向原子的交互作用力是不相同的；也就是說，電子在晶格中的運動行為是有方性向的。上面提到的 Wigner-Seitz cell 剛好描述了晶格中每一個原子和其周遭的原子的對稱關係，因此在布洛赫波出現之後，同一年，法國物理學家布里歐英 (Léon Nicolas Brillouin) 就很快而且很聰明的利用 Wigner-Seitz cell 來計算布洛赫波。布里歐英把 Wigner-Seitz cell 的 x-y-z 空間座標改成波動向量座標 k_x-k_y-k_z，也就是空間的倒數 (reciprocal number)。布里歐英把 Bravais 空間晶格倒反過來看，用倒反晶格 (reciprocal lattice) 的波向量 k 來想像闡釋布洛赫波；此倒反晶格被稱為布里歐英區帶 (Brillouin zone)。在一個布里歐英區帶內，布里歐英沿著各個對稱的方向，計算電子電位能 E (k)，因此得出電子在各個 k 值的運動行為。計算的範圍只要算到布里歐英區帶的邊界或邊界面就足夠了；超過布里歐英區帶的邊界或邊界面的區域，電子在各個 k 值的運動行為就會重複。因此在一個布里歐英區帶內，可以完整的描述電子在晶體中所有位置的行為，非常乾淨俐落神奇！

　　有了布里歐英區帶的解法後，就可以用來解釋一個物質是金屬、絕緣體或是半導體。至此，物質導電的物理原理才被人類清楚的了解。以矽晶體為例，矽的 Bravais 晶格是鑽石立方，Wigner-Seitz cell 及 Brillouin zone 則是有 14 個面的多面立體結構。矽晶體的 Brillouin zone 具有幾個關鍵點 (critical points)：Γ 點是 Brillouin zone 的中心點；L 點是垂直<111>方向六邊形界面的中心點 (center of a hexagonal face)；X 點是垂直<010>方向正方形界面的中心點 (center of a square face)；U 點是正方形界面的邊界的中點 (middle of an edge joining a hexagonal face and a square face)。沿著上述 Brillouin zone 幾個關鍵點的路徑，計算布洛赫波的電子電位能 E (k)，就可以完整的描述電子在矽晶體中所有位置的行為。例如，在矽晶的 Brillouin zone，從 L 點開始，沿著晶體負<111>方向到 Γ 點，再從 Γ 點沿著<010>方向到 X 點，再從 X 點沿著<101>方向到 U 點，解出的電子電位能 E (k) 具有多個能帶：其中有 2 個能帶在原點 (Γ 點) 重疊，產生此二能帶的最高點；而另外有一能帶則在<010>方向的垂直界面中點 (X 點)，產生此能帶的最低點。下面二能帶的最高點 (Γ 點) 和上面能帶的最低點 (X 點) 間隔 1.12 eV。在此間隔中，任何 k 值都沒有能帶存在，形成一禁止能帶，也即是熟知的能隙。這種矽晶能帶位能 (E) 對波向量 k 的關係圖 E(k)，大家可能比較不熟悉，可是此圖卻是矽晶價電能帶 (valence band)、導電能帶 (conduction band) 和能隙由來的基礎。

矽的能帶結構 (band structure) – I

布里歐英區帶　　　　在動量 (k) 座標的　　　在空間 (r) 座標的
(Brillouin zone)　　　band structure E(k)　　band structure E(r)

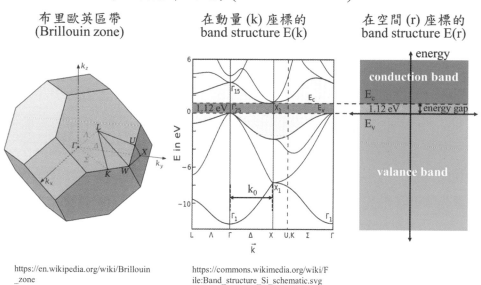

https://en.wikipedia.org/wiki/Brillouin
_zone

https://commons.wikimedia.org/wiki/F
ile:Band_structure_Si_schematic.svg

　　根據能帶位能對波向量 k 的關係圖 E (k)，就可以回到空間位置 r 來描述布洛赫波。在晶體的每一空間位置r，布洛赫波包含各個 k 值和方向，因此有高位能的能帶、低位能能帶，及其中間間隔的禁止能帶 (能隙)。低位

能能帶就是價電能帶，而高位能的能帶是導電能帶，這個能帶位能對空間
位置 r 的關係圖，就是大家經常看到的矽晶能帶結構 (band structure) 圖。

除了頻率 (f) 和時間 (t) 外，工程界幾乎忘記了還有一個位置空間 (r) 參數及其相對倒反的波向量參數 (k) 可以用來做信號 (signal) 或數據 (data) 的描述、傳輸及運算

　　上述布洛赫波可以在位置空間 (r) 來想像闡釋電子的運行；也可以倒
反過來看，用倒反晶格的波向量 k 來想像闡釋布洛赫波。自然界的物質和
行為一般都可以用波動來描述，$e^{i\,(kr-\omega t)}$，其中 ω 是角頻率 (angular
frequency)，$\omega = 2\pi f$，f 就是大家熟悉的頻率。就如大家所熟知的，晶片積
體電路的訊號都以調幅 (Amplitude Modulation，AM，以時間 t 為軸) 或調
頻 (Frequency Modulation，FM，以頻率 f 為軸) 來描述、傳輸及運算電性
行為。令人訝異的是，工程界幾乎忘記了還有一個位置空間 (r) 參數及其
相對倒反的波向量參數 (k) 可以用來描述、傳輸及運算。我在2015年曾經
資助好友陳寬仁律師和章成棟博士在美國創立的 Spatial Digital System 公
司。章博士是衛星通訊專家，該公司就是利用空間的向量波 r 和 k 來做通
訊和運算。一般人都只用一個 p 參數直接來描述、傳輸或運算一件事物，
如果用兩個參數 p 和 q (其中 q 是 p 的倒反參數) 來描述、傳輸或運算該事
物，更有可能產生不同且驚奇的闡釋、發現和應用。

在三維 (3D) 動量 (k) 座標的矽晶能帶圖：6 個沿著三個主軸的橢球體 (ellipsoid) 的次能帶 (sub-bands)

　　前面敘述的矽晶能帶圖 E (k) 是以位能 (E) 做為 Z 軸，對 X 軸動量
(k_x) 或 X-Y 軸動量 $(k_x，k_y)$ 所做的能帶圖。如果對三維 X-Y-Z 軸動量

(k_x，k_y，k_z) 做成能帶圖，會長成什麼樣子呢？這時就需要畫等位能 (equipotential) 圖。因為矽晶導電能帶的底部 (E_c) 並不在 Brillouin Zone 的中心點 (Γ)，而是在 X 點，X 點和中心點 (Γ) 的距離是 k_0，因此畫出的等位能圖就會以導電能帶的底部 (E_c) 為中心，沿著 3 個主軸 k_x，k_y，k_z 正負方向，形成 6 個橢球體 (ellipsoid)，此 6 個橢球體就是矽晶的導電次能帶。假設矽晶<100>晶面朝向 z 軸方向，橢球體的中心就在 E_c (k_{x0}，k_{y0}，k_{z0})，則橢球體可以用下列公式來描述：

$$E = E_c + \hbar^2 (k_x-k_{x0})^2/2m^*_t + \hbar^2 (k_y-k_{y0})^2/2m^*_t + \hbar^2 (k_z-k_{z0})^2/2m^*_l$$

其中 $\hbar$ = h/2π ，h 是蒲朗克常數 (Planck constant)，m^*_l 是電子沿著橢球體長軸縱向移動的有效質量 (longitudinal effective mass)：m^*_l = 0.98 m_0，m_0 是電子質量：m_0 = 0.911 × 10^{-27} 公克，m^*_t 是電子沿著橢球體兩個短軸橫向移動的有效質量 (transverse effective mass)：m^*_t = 0.19 m_0。

矽的能帶結構 (band structure) – II
在3D動量(k)座標的band Structure

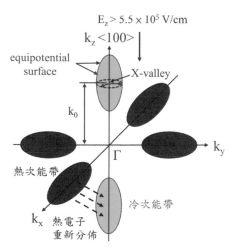

- 如果矽晶<100>平面朝向z方向，則矽晶導電能帶，在3D動量(k)座標，形成6個橢球體 (ellipsoid) 次能帶。
- 矽晶的次能帶是高度不對稱的橢球體，不是對稱的圓球。
- MOSFET在閘極電壓下，產生反轉層電子。這些分佈在此6個橢球體次能帶的反轉層電子在沿著X軸和Y軸垂直於電場E_z的4個次能帶所含電子的有效質量 (m^*_t = 0.19m_0) 較沿著Z軸平行於電場E_z的2個次能帶所含電子的有效質量 (m^*_l = 0.98m_0) 輕，因此產生較熱的電子；也即在高電場E_z時，形成垂直於電場E_z的4個熱次能帶，及沿著Z軸平行於電場E_z的2個冷次能帶。
- 因此，電子經由晶格散射，從4個熱次能帶重新分佈到2個冷次能帶；也即電場E_z增加時，沿著Z軸平行於電場E_z的2個冷次能帶所含電子數目快速增加，而且這些電子的所在位置比較靠近矽晶/氧化層接面，表面散射增強，因此mobility隨電場E_z增加而下降 (mobility degradation) 的速率增快。

講到矽晶的次能帶，勾起我在 IBM 工作時一段有趣的回憶。我在 IBM
任職的兩年多，幾乎每天都在實驗室裡量測電晶體的電性。當時是用手動
的方式操作 4 支探針，分別去接觸電晶體的閘極、源極、汲極及矽基板。
我的任務之一，是替每一代的電晶體建立電性模型，提供電晶體電性設計
法則 (electrical design rules) 給積體電路設計工程師使用。

量測的數據得出在常溫下 mobility 因電場 Ez 增強而急速下降的現象和當時業界通用的公式不合，嘗試用矽晶的 6 個橢球體次能帶的量子效應來解釋常溫下所觀測到的現象

我量測電晶體電性的主要目的是要建立電晶體電流和電壓之間的模
型。電流和電子移動的速度 v 成正比，而 v 和電場 E 成正比，$v = \mu E$，μ
是電子遷移率 (mobility)。在 MOSFET 反轉層中電子遷移率 μ 主要由下列
兩種散射 (scattering) 決定：(a) 電子和矽晶格中的矽原子碰撞散射 (lattice
scattering)，及 (b) 電子和矽晶 / 氧化層接面的表面碰撞散射 (surface
scattering)。當時業界都用一個通用的 mobility 公式：$\mu = \mu_0 / (1 + \beta E_z^{\alpha})$，其
中 μ_0、α 和 β 都是常數，E_z 是垂直矽晶/氧化層接面 (z 方向) 的電場。當時
業界發表的論文，α 大概都在 0.2 和 0.7 之間。可是我量了一大堆電晶體，
發現當閘極電壓時增大時，α 值也會變大，而且大於 1，這和當時大家所熟
知的 α 值有非常大的差異；也就是說，我從量測的數據得出 mobility 隨電
場增強而不尋常的快速下降的現象和當時業界通用的公式不合！這個發現
讓我既興奮又疑惑，一再的仔細確認量測的數據及計算的方法。當時，我
直覺的懷疑可能是矽晶的 6 個次能帶對方向的高度不對稱所引起。矽晶的
次能帶是高度不對稱的橢球體，不是對稱的圓球。當閘極電壓加大 ($E_z >$
5.5×10^5 V/cm) 時，反轉層電子對矽晶/氧化層接面的表面散射大大的超越
晶格散射，同時因為次能帶對方向的高度不對稱，在沿著 X 軸和 Y 軸垂直

於電場 E_z 的 4 個次能帶所含電子的有效質量 $(m*_t = 0.19\ m_0)$ 較沿著 Z 軸平行於電場 E_z 的 2 個次能帶所含電子的有效質量 $(m*_l = 0.98\ m_0)$ 輕，因此產生較熱的電子；亦即在高電場 $(E_z > 5.5 \times 10^5\ V/cm)$ 時，形成垂直於電場 E_z 的 4 個熱次能帶，及沿著 Z 軸平行於電場 E_z 的 2 個冷次能帶。因此電子經由晶格散射，從 4 個熱次能帶重新分佈到 2 個冷次能帶；也即電場 E_z 增加 $(E_z > 5.5 \times 10^5\ V/cm)$ 時，沿著 Z 軸平行於電場 E_z 的 2 個冷次能帶所含電子數目快速增加，而且這些電子的所在位置比較靠近矽晶/氧化層接面，表面散射增強，因此 mobility 隨電場 E_z 增加而下降 (mobility degradation) 的速率增快 (請參閱 J. Isberg et al, "Negative electron mobility in diamond", Applied Physics Letters 100, 172103 (2012))。

　　早在 1956 年，John R. Schrieffer 就提出 MOS 電容反轉層中的二維電子雲 (2-dimensional electron gas) 移動，會有 sub-band 的量子效應。1966 年，IBM 在紐約 Yorktown Height 的研發團隊 Frank F. Fang，Alan B. Fowler，Phillip J. Stiles 和 Webster E. Howard 在液態氮 77K 低溫及強磁場下作實驗，證實了此現象。但是在常溫，只外加高電壓的情況下，此 sub-band 的量子現象是否存在呢？有意思的是，我在當年還請教了 Frank Fang，他也沒有說我用 sub-band 的量子效應解釋常溫高電壓下量到 mobility 因電場 E_z 增強而急速下降的現象不合理。Frank Fang 就是方復博士，1974 年台灣成立技術諮詢委員會 (Technology Advisory Committee，TAC)，方復是委員之一。

提起這三篇論文，是為了記錄一位年輕的工程師如何努力不懈的摸索學習電晶體物理的一段歷程

　　之後，我發表了兩篇論文報告我所觀察到的 mobility 在常溫且電場 E_z > 5.5 × 10^5 V/cm 時會快速下降，同時嘗試用矽的 6 個次能帶來解釋此現

象：

(1) Mou-Shiung Lin, "The Classical Versus the Quantum Mechanical Model of Mobility Degradation Due to the Gate Field in MOSFET Inversion Layers", IEEE Transaction on Electron Devices. Vol. ED-32, NO. 3. March 1985。此篇論文報告在常溫下出現 mobility 快速下降時，測量到的 $E_z > 5.5 \times 10^5$ V/cm，並且用次能帶的量子效應來解釋此象；還利用 Heisenberg uncertainty principle 的公式計算出要產生 mobility 快速下降的量子效應，在理論上所需要的 E_z 必須大於 3.8 $\times 10^5$ V/cm；

(2) M.S. Lin, "Quantum Effects of Electrons and Holes in the MOSFET Inversion Layer", IEEE Electron Device Letters, Vol. EDL-5, NO. 11, November 1984。此篇論文說明 n-MOSFET 的反轉層電子在常溫下會出現 mobility 快速下降的量子效應，但 p-MOSFET 的反轉層電洞並沒有這樣的現象，並且用導電次能帶的不對稱橢球結構及價電次能帶的對稱圓球結構的不同來解釋量測的不同結果。p-MOSFET 的價電次能帶的對稱圓球結構是因為矽晶價電能帶的頂部 (E_v) 就在 Brillouin Zone 的中心點 (Γ)，因此畫出的等位能圖就會以價電能帶的頂部 (E_v) 為中心，形成 1 個圓球，而圓球的中心就是 Γ 點。因為圓球是對稱的，p-MOSFET 就沒有像 n-MOSFET 觀察到的 mobility 快速下降的量子現象。

　　後來我離開 IBM 到 Bell Labs，雖不再研究電晶體，但還是念念不忘 MOSFET 的量子效應。因此在 1988 年，又發表了一篇論文：Mou-Shiung Lin, "A Better Understanding of the Channel Mobility of Si MOSFET's Based on the Physics of Quantized Sub-bands", IEEE Transaction on Electron Devices, Vol. 35, No. 12, December 1988。此篇論文解釋常溫時 mobility 快速下降的

量子效應的原因如下：(a) 當 E_z 增大時，反轉層電子從高能次能帶移至低能次能帶，聚集在 sub-band 的基態 (ground state)；(b) 基態的次能帶的反轉層寬度 (inversion layer width) 較窄，其電子比較靠近矽晶/氧化層接面，表面散射增強。在寫這篇論文時，很榮幸的就近請教了當時 Bell Labs 半導體元件物理的頂尖高手，John R. Brews，Simon M. Sze 和 Serge Luryi。

現在回頭再看這三篇論文，當年我因為量測的數據得出在常溫下 mobility 因電場 E_z 增強而急速下降的現象和當時業界通用的公式不合，而嘗試用矽晶的 6 個橢球體次能帶來解釋常溫下所觀測到的現象，這可能是當時半導體工程業界的創舉，因為當時矽晶的 6 個橢球體次能帶的研究都還在學術界，尚未普及到半導體工程業界。當時我並沒有資源對論文中提出的論點做進一步的實驗證明或數值模擬 (numerical modeling)，但這裡特別提起這三篇論文，是為了記錄一位年輕的工程師如何努力不懈的摸索學習電晶體物理的一段歷程。

我還記得哈佛的 Roy Glauber 教授當年講 quantum coherence 時，深入淺出，神采飛揚的神情

對我來說，這段的量子奇遇，很難忘懷，也滿足了我對量子力學的好奇和喜好。這裡要感謝哈佛的 Roy Glauber 教授。1977 年，我在哈佛大學研究所的第一年選修了 Glauber 的量子力學，帶我進入量子力學的迷人神奇世界。我還記得 Glauber 當年講 quantum coherence 時，深入淺出，神采飛揚的神情；Glauber 還因 quantum coherence 的貢獻，獲得 2005 年諾貝爾物理獎。我更忘不了的是第一學期量子力學的期終考，那是在哈佛大學紀念大廳 (Memorial Hall) 舉行的考試，Memorial Hall 是 1870 年時為了紀念在美國內戰 (Civil War，1861-1865 年) 中犧牲的哈佛學生而建的。在偌大的紀念大廳，好幾百個不同科系的考生，交叉坐位考試，其古典傳統的氛

圍，讓我終生難忘。考完試後，走出紀念大廳，天空突然飄起雪來。雖然
因為自覺量子力學考的很好而感到欣喜，可是到哈佛一個學期下來，焚膏
繼晷，廢寢忘食，拼命努力，心中突然升起一股離鄉背景的哀愁，不知身
在何處的落寞。順便一提的是，在哈佛教過我的教授中獲得諾貝爾獎還有
Nicolaas Bloembergen；我 1978 年修 Bloembergen 開的 Modern Optical
Physics；Bloembergen 以在 Nonlinear Optics 的貢獻，獲得 1981 年諾貝爾物
理獎。

第三節　量子熱力學規範了電子填進分佈在
矽晶能帶的法則

　　量子力學產生了能帶位能 (E) 對空間位置 r 的關係圖 E (r)，那電子是如何填進分佈在這些能帶呢？　這就需要量子熱力學來回答。

　　1860-70 年代，馬克斯威爾 (James Clerk Maxwell) 和波芝曼 (Ludwig Boltzmann) 研究一群原子或氣體分子在一個密閉容器內，其動能 (kinetic energy) 分佈的情況，提出古典熱力學著名的馬克斯威爾-波芝曼分佈統計原理 (Maxwell-Boltzmann distribution statistics)。此原理描述一個物理系統裡，一群不相互作用 (non-interacting)、可分辨的 (distinguishable) 相同 (identical) 粒子，僅靠碰撞 (collision) 作用所產生的動能分佈情況。1900 年左右，Paul Drude 把金屬的自由電子當成自由電子氣體 (free electron gas)，用馬克斯威爾-波芝曼分佈統計原理，成功的解釋自由電子在金屬內移動 (transport) 的行為，也就是著名的 Drude Model。但是馬克斯威爾-波芝曼分佈統計原理不能解釋當時量測到的一些矛盾的實驗數據，例如在極低溫時，量測金屬的熱容 (heat capacity) 所計算出來的自由電子數和量測金屬的電流所計算出來的電子數目少了 100 倍 (請參考 https://en.m.wikipedia.org/wiki/Fermi-Dirac_statistics)。金屬的熱容來自晶格振動 (crystal lattice vibration) 和自由電子能量。在常溫時，金屬的熱容主要是由晶格振動主導；在極低溫時，金屬晶格振動逐漸消滅，自由電子數目引起的熱容就顯現出來，變成可以量測。在計算自由電子能量對熱容貢獻時，如果根據馬克斯威爾-波芝曼分佈統計原理，則每個自由電子都對熱容貢獻相同的固定能量，因此計算出來的自由電子數目不會比由電流量測

所計算出來的電子數目少 100 倍。

1926 年，費米 (Enrico Fermi) 和迪拉克 (Paul Dirac) 分別發表著名的費米-迪拉克分佈統計原理才解決這些矛盾的問題。費米-迪拉克分佈統計原理考慮到量子力學的兩個基本法則：

(1) 粒子是分佈在不同量子位能能階 (quantum potential energy states)，而不是古典熱力學的動能分佈；粒子依序從低位能的能階往高位能的能階填入。

(2) 包立互斥原理 (Pauli exclusion principle)，兩個相同的電子不能同時存在一個能階。此原理描述在一個物理系統裡，一群不互相作用 (non-interacting)、不可分辨 (indistinguishable) 的相同 (identical) 粒子，遵循包立互斥原理，在位能能階的分佈情況。

此原理後來被用來描述電子分佈在矽晶能帶的概率 $f(E)$，$f(E) = 1/(1+e$

費米-迪拉克分佈統計原理
給了人類可以用雜質濃度或電壓來操控電子的基礎

- 費米-迪拉克分佈統計原理

  $f(E) = 1 / (1+e^{(E-Ef)/kT})$

  $f(E)$ 是電子對位能的分佈概率，E 是電子的位能，E_f 是費米位能 (Fermi level)，k 是波芝曼常數，T 是絕對溫度

- 費米能階是一個的天生麗質的概念，它可以因摻入雜質，或隨外加的電壓位能 (qV) 而改變，給了人類可以用雜質濃度或電壓來操控電子的基礎；並且可以用 kT (室溫時 26 meV) 為單位來量測位能 (E) 或電壓位能 (qV)，再用 $e^{(E/kt)}$ 或 $q^{V/kT}$ 指數函數來細數半導體晶體內的電子及電洞的數目。

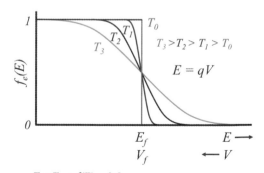

$E = E_f$，$f(E) = 0.5$
$E \ll E_f$，$f(E) = 1$
$E \gg E_f$，$f(E) = 0$
溫度越高，電子就往高位能移動；但在 $E = E_f$，$f(E)$ 仍然保持 0.5 不變。

$(E-Ef)/kT$)，其中 E 是電子的位能，E_f 是費米位能 (Fermi level)，k 是波芝曼常數，T 是絕對溫度。當電子位能等於費米位能 $(E = E_f)$，在此位能能階找到電子的概率 f(E) 是 0.5；當電子位能遠低於費米位能 $(E \ll E_f)$，在此位能能階找到電子的概率 f(E) 是 1；當電子位能遠高於費米位能 $(E \gg E_f)$，則在此位能能階找到電子的概率 f(E) 是 0。溫度越高，電子就往高位能移動；但在 $E = E_f$ 時，F(E) 仍然保持 0.5 不變。因爲只有一部份低位能的電子往高位能移動，對熱容有貢獻。如此，就費米-迪拉克分佈統計原理就解決上述的矛盾問題。

費米能階是一個的天生麗質的概念，它可以因摻入雜質，或隨外加的電壓位能 (-qV) 而改變，給了人類可以用雜質濃度或電壓 (V) 來操控電子的基礎。

能隙的大小決定了一個固體是金屬、絕緣體或是半導體

在衆多原子形成的晶體內的衆多電子，不能全部擠在原來單一原了的單一能階，而會依據原子及晶格結構形成高位能能帶和低位能能帶。如果高位能能帶和低位能能帶重疊，沒有間隙，則電子可以在晶體中自由移動，這個晶體是金屬；如果高位能能帶和低位能能帶分開，中間有一禁止能帶形成能隙，則是絕緣體或半導體。

以半導體的矽爲例，不含摻入雜質的矽晶，其費米位能位於價電能帶和導電能帶的中點，因此價電能帶通常塡滿電子，電子在塡滿電子的價電能帶中，不能自由移動；而導電能帶，通常是空的，沒有電子可以導電。半導體照理來說應該是絕緣體，但是半導體價電能帶和導電能帶之間的能隙 (E_g) 不大，溫度熱能卽可以將電子從塡滿的價電能帶激發到空的導電能帶而成爲導體，其被激發的電子數目 n_i 隨能隙 (E_g) 的減小和溫度的增加而成指數增加，$e^{(-Eg/2kT)}$。在常溫 T = 300 K，kT 是 26×10^{-3} eV (26 meV)。

不只被激發到導電帶的電子可以在導電能帶中自由移動導電，被激發的電子離開價電能帶，而在價能帶產生的電洞 (hole) 也可以在價電能帶中自由移動導電。同時擁有電子和電洞兩種導電的載子是半導體獨有的特徵。

　　總結來說，如果一個物質的晶體沒有禁止能帶存在，是金屬；如果能隙大於 4 eV，是絕緣體；如果能隙小於 4 eV，則會呈現出半導體的特性。

今日人類的數位文明是一場少數載子的遊戲

　　在費米-迪拉克分佈統計原理圖中，如果位能 E 用電壓 V 表示，則 E = qV；因為電子的電荷 q 是負的，因此費米-迪拉克分佈統計原理圖中，位能座標 E 和電壓座標 V，正負方向相反。上述所說的，「當電子位能遠低於費米位能 $(E \ll E_f)$，在此位能能階找到電子的概率 f (E) 是 1；當電子位能遠高於費米位能 $(E \gg E_f)$，則在此位能能階找到電子的概率 f(E) 是 0」，在電壓座標 V 中，可以說成「當電子電壓遠大於費米電壓 $(V \gg V_f)$，在此電壓找到電子的概率 f (E) 是 1；當電子電壓遠小於費米電壓 $(V \ll V_f)$，則在此電壓找到電子的概率 f (E) 是 0」，其中 $V_f = E_f/q$。費米-迪拉克分佈統計原理的電子位能可以用電子的電位能 (qV)，也即電壓，來表述，開啟了用電壓調控電子濃度的大門。

　　在電壓座標 V 中，少數載子 (minority carrier) 的濃度隨著電壓成指數型增加；在電壓增加不到 1V 的情況下，少數載子的濃度從 $10^{10}/cm^3$ 增加到 $10^{18}/cm^3$。電晶體的電流隨電壓成指數型增加正是少數載子特徵的表現，而此特徵乃是依據統計熱力學的費米-迪拉克分佈統計原理，少數載子隨位能高低成指數型分佈在各個位能所導致的結果。此指數型的關係是我認為電晶體物理原理的根本，使電晶體成為一個可以用電的訊號 (electrical signal) 來控制的開關 (1 和 0)，巧妙的把電子原有的不確定性及概率分佈的自然特徵，強制轉成毫無混淆的 0 和 1 數位，造成今日人類的

數位文明。

電晶體是個充滿智慧的人工元件，神奇的利用費米-迪拉克統計原理，巧妙的把電子原有的不確定性及概率分佈的自然特徵，強制轉成毫無混淆的 0 和 1 數位

　　費米-迪拉克分佈統計原理開啟了量子統計熱力學，定義了費米能階的偉大概念，這是量子力學和熱力學的發展史上史詩般的重大突破。費米-迪拉克分佈統計原理相應於古典熱力學，就如同量子力學或愛因斯坦特殊相對論相應於牛頓的古典力學一樣，開啟了新的視野。我們今天可以先用 kT (室溫時為 26 meV) 為單位來量測位能 (E) 或電壓位能 (qV)，再用 $e^{(E/kT)}$ 或 $e^{qV/kT}$ 指數函數來細數半導體晶體內的電子及電洞的數目。電子分佈在矽晶能帶的概率和該能帶位能高低成指數關係增加；此指數增加的關係，造成電晶體開關分明，毫無混淆，成為 0 和 1 數位時代的根本源頭。電晶體是個充滿智慧的人工元件，居然巧妙的把電子原有的不確定性及概率分佈的自然特徵，強制轉成毫無混淆的 0 和 1 數位，令人讚嘆不已！

第四節　古典熱力學和古典電動力學描述了電子在矽晶的移動行為

　　經由量子熱力學了解了電子如何分佈在位能高低不同的能帶後，那在各能帶的電子又是如何在晶體內移動，形成電流的導通與否呢？要回答這問題，就必須回到古典熱力學和古典電動力學。前面提到，要了解電晶體的原理必需了解空乏層及反轉層的物理原理；而要了解電子及電洞在空乏層和反轉層如何移動，則必須用古典熱力學和古典電動力學來描述。

第一小節：用古典熱力學和古典電動力學來了解 P/N 接面二極體的空乏層

　　有了上述能帶及能隙的量子力學和量子熱力學觀念後，就可以回到古典的熱力學和古典電動力學來了解 P/N 接面的空乏層。電子或電洞在矽晶內的移動來自兩種力量：一是古典熱力學的擴散移動 (diffusion)，另一是古典電動力學的漂流移動 (drift)。古典熱力學的擴散移動講的是電子或電洞從濃度高的地方往濃度低的地方移動，而移動的速率和濃度的梯度 (concentration gradient) 成正比；而古典電動力學的漂流移動講的則是電子從位能高的地方往位能低的地方移動，電洞從位能低的地方往位能高的地方移動，而移動的速度和位能的坡度 (potential slope) 成正比，位能的坡度就是電場。在室溫 (T = 300 K) 時，矽晶裡面可以自由移動的電子或電洞，如果單靠溫度的熱量所激發產生的本質載子濃度 n_i (intrinsic carrier density)，$n_i = 10^{10}/cm^3$ 左右，數量很少，無法進行有意義的 (significant)

電流操作 (可操作的電流所需的電子或電洞濃度需要達到 $10^{15}/cm^3$ 以上)。

在矽晶摻入雜質，可以用來增加並調控自由移動的電子或電洞的濃度

很幸運的，自然界已給了人類最好的安排：在元素週期表中，含有 4 個價電子的矽，其右邊是有含有 5 個價電子的砷，而左邊則是有含有 3 個價電子的硼，都可以用來摻入矽晶當雜質，增加並調控可以自由移動的電子或電洞的濃度。在第一章第一節中曾經提到，位於週期表上 IVA 族的矽原子，其最外層軌道含有 4 個 sp 軌道電子，形成最堅硬的鑽石立方晶格結構的結晶體。在矽右邊 VA 族的砷 (As) 原子其最外層含有 5 個 sp 軌道電子。如果在規則的矽晶中摻雜砷原子，則砷原子多出來的一個電子就會進入矽晶的導電能帶，因此可以在矽晶中自由移動，這就是 N 型半導體。而在矽左邊 IIIA 族的硼 (B) 原子其最外層含有 3 個 sp 軌道電子。如果在規則的矽晶中摻雜硼原子，則矽晶的價電能帶就少一個電子，形成電洞，電洞也可以在矽晶中自由移動，這就是 P 型半導體。

將 P/N 接面二極體的 P 型半導體和 N 型半導體的兩端連接起來，並外加偏壓 (V_{bias}) 時，P/N 接面二極體的電性行為將隨著外加偏壓 (V_{bias}) 變化，其變化情形詳述如下：

(1) 在N型半導體和P型半導體未接觸時，$q\varphi_{B0} = E_{fn0} - E_{fp0}$：

N 型半導體在導電能帶有自由電子，因此費米位能 (E_{fn0}) 位置就靠近導電能帶的底部(E_c)，砷的雜質濃度 N_D 越高，費米位能位置就越接近導電能帶的底部；其中，多數載子電子的濃度為 N_D，少數載子電洞的濃度為 n_i^2/N_D。P 型半導體在價電能帶缺少電子，形成自由電洞，因此費米位能 (E_{fp0}) 位置就靠近價電能帶的頂部(E_v)，硼的雜質濃度 N_A 越高，費米位能位置就越接近價電能

帶的頂部；其中，多數載子電洞的濃度為 N_A，少數載子電洞的濃度為 n_i^2/N_A，而 n_i^2 隨半導體能隙 (E_g) 大小成負指數型 $e^{-Eg/kT}$ 變化。N 型半導體和 P 型半導體的費米能階有位能差異 $q\varphi_{B0} = E_{fn0} - E_{fp0}$，其中 φ_{B0} 是本質電壓差(intrinsic voltage difference)，q 是一個電子攜帶的電荷的絕對值 1.6×10^{-19} 庫倫。在 P/N 接面二極體的能帶圖中，往上表示位能高，電壓低，往下表示位能低，電壓高；電子往位能低的地方流動，而電洞則往位能高的地方流動。

N 型半導體和 P 型半導體接觸，形成平衡狀態的 P/N 接面二極體：接面的左右鄰近區域缺乏自由電子和電洞，因此被稱為空乏層

(2) 當P/N接面 (P/N junction) 二極體的兩端相連且$V_{bias}= 0$時，$E_{fp} = E_{fn}$：

當 P/N 接面二極體的兩端相連，但沒有外加電壓 ($V_{bias}= 0$) 時，$E_{fp} = E_{fn}$，形成平衡狀態。在接面右邊砷原子多出來的自由電子濃度比接面左邊硼原子的電子濃度大很多，依據古典熱力學的擴散移動原理，在接面右邊砷原子多出來自由電子就往接面左邊擴散，填入接面左邊硼原子的電洞，而造成接面附近的硼原子帶負電荷；同樣的，在接面左邊的硼原子多出來的自由電洞濃度比接面右邊的砷原子的電洞濃度大很多，在接面左邊硼原子多出來自由電洞就往接面右邊擴散，中和接面右邊砷原子的自由電子，而造成接面附近的砷原子帶正電荷。因為在接面的左邊區域只含整齊排列帶有負電荷的硼原子晶格，接面右邊區域只含整齊排列帶有正電荷的砷原子晶格，因此鄰近接面的左右兩側的區域就被稱為空間電荷區 (space charge region)；又因為此區域缺乏自由電子和電洞，因此被通稱為空乏層 (depletion layer)。再者，依據古

典電動力學的原理，此帶正電荷的砷原子和帶負電荷的硼原子在
P/N 接面附近形成一個位能障礙 $q\varphi_B$ (potential barrier)，其高度等於
N 型半導體和 P 型半導體在接觸前，各自的費米位能的高低差異
$q\varphi_B = E_{fn0} - E_{fp0} = q\varphi_{B0}$，其中 q 是一個電子電荷的絕對值，$\varphi_B$ 是電
壓差 (voltage difference) 或電壓障礙 (voltage barrier)。此位能障
礙 $q\varphi_B$ 的電場會阻礙電子繼續往左移動及電洞繼續往右移動，也
即是阻礙電子和電洞的擴散移動。當位能障礙的電場阻力超越電
子電洞的擴散驅動力，電子和電洞都無法再自由移動，而達到平
衡時，空乏層的寬度就不再改變，也即位能障礙高低就不再改變
了。

P/N接面的能帶圖－I

當電子電洞的擴散驅動力和位能障礙的電場阻力達到平衡時，就形成平衡的空乏層

(1) 接觸前
$q\varphi_{B0} = E_{fn0} - E_{fp0}$

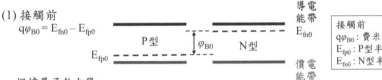

接觸前
$q\varphi_{B0}$：費米能階差異
E_{fp0}：P型半導體的費米能階
E_{fn0}：N型半導體的費米能階

根據量子熱力學：
- 在N型半導體中，多數載子電子的數目為N_D，少數載子電洞的數目為n_i^2/N_D；
- 在P型半導體中，多數載子電洞的數目為N_A，少數載子電洞的數目為n_i^2/N_A；
- 其中n_i^2隨$e^{-Eg/kT}$變化

(2) $V_{bias} = 0$
$E_{fp} = E_{fn}$

$\varphi_B = \varphi_{B0}$

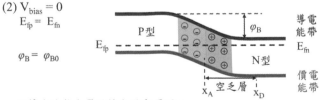

$q\varphi_B$：位能障礙
E_{fp}：P型半導體的費米能階
E_{fn}：N型半導體的費米能階
n_i：本質電子濃度
N_D：N型半導體內含的施體
　　雜質濃度
N_A：P型半導體內含的受體
　　雜質濃度

依據古典熱力學的擴散移動原理：
- 在接面右邊砷原子多出來自由電子就往接面左邊擴散，填入接面左邊硼原子的電洞；
- 在接面左邊硼原子多出來自由電洞就往接面右邊擴散，中和接面右邊砷原子的自由電子；
- 當電子電洞的擴散驅動力和位能障礙的電場阻力達到平衡時，就形成平衡的空乏層。

外加的偏壓形成不平衡狀態的 P/N 接面二極體：用電壓調控電流的開關是半導體所擁有的特徵

(3) 當P/N接面 (P/N junction) 二極體的兩端相連且$V_{bias} > 0$時，$E_{fn} > E_{fp}$：

在 P/N 接面二極體的兩端加上偏壓 (voltage bias，V_{bias}) 時，P/N 接面的空乏層在平衡狀態中形成的位能障礙高低就會改變。如果正電壓加在 P 型半導體端，負電壓加在 N 型半導體端，則在 P 型半導體的多數載子自由電洞會往 P/N 接面移動，而在 N 型半導體的多數載子自由電子會往 P/N 接面移動，空乏層就會變窄，位能障礙 ($q\varphi_B$) 會隨之變低或消失，$\varphi_B = \varphi_{B0} - V_{bias}$，其中 φ_B 是電壓差或電壓障礙。因此 P 型半導體的多數載子自由電洞就可以往 N 型半導體的方向移動，而 N 型半導體的多數載子自由電子可以往 P 型半導體的方向移動。也就是說，因施加偏壓而降低的位能障礙不足以阻止電子和電洞的擴散移動，擴散移動又重新啟動，電流會由 P 型半導體流向 N 型半導體，P/N 接面也就導通了。

(4) 當P/N接面 (P/N junction) 二極體的兩端相連且$V_{bias} < 0$時，$E_{fn} < E_{fp}$：

反之，如果正電壓加在 N 型半導體端，負電壓加在 P 型半導體端，則在 N 型半導體的自由電子會往 P/N 接面相反方向移動，在 P 型半導體的自由電洞會往 P/N 接面的相反方向移動，空乏層就會變寬，也就是位能障礙 ($q\varphi_B$) 變高了，$\varphi_B = \varphi_{B0} + |V_{bias}|$，$|V_{bias}|$ 代表 V_{bias} 的絕對值；變高的位能障礙阻止了擴散移動的發生。P型半導體的高濃度自由電洞不能往N型半導體的方向移動，N 型半導體的高濃度自由電子不能往 P 型半導體的方向移動，也就是說，施加偏壓而增高後的位能障礙阻止了電子和電洞的擴散移動，因此 P/N 接面也就不導通了。

調整外加的偏壓可以改變位能障礙的高度，藉以調控通過 P/N 接面電

流的大小、方向及開關。用電壓調控電流的開關是半導體所擁有的特徵。

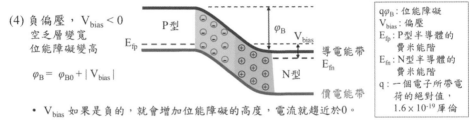

P/N接面的能帶圖－II

電流大小藉由電壓的調控而呈現指數型變化的現象，是物理熱力學
和電動力學給予積體電路的神奇加持

(3) 正偏壓，$V_{bias} > 0$
空乏層變窄
位能障礙變低

$\varphi_B = \varphi_{B0} - V_{bias}$

- 在P型半導體的高濃度自由電洞注入N型半導體區域；在x_D的電洞濃度$p(x_D)$高於N型半導體的空乏層以外區域的少數載子電洞濃度，因此產生電洞擴散移動電流$I_p(x_D)$，隨V_{bias}的指數關係（e^{qVbias}）增加。
- 在N型半導體的高濃度自由電子注入P型半導體區域；在x_A的電子濃度$n(x_A)$高於P型半導體的空乏層以外區域的少數載子電子濃度，因此產生電子擴散移動電流$I_n(x_A)$，隨V_{bias}的指數關係（e^{qVbias}）增加。

(4) 負偏壓，$V_{bias} < 0$
空乏層變寬
位能障礙變高

$\varphi_B = \varphi_{B0} + |V_{bias}|$

$q\varphi_B$：位能障礙
V_{bias}：偏壓
E_{fp}：P型半導體的費米能階
E_{fn}：N型半導體的費米能階
q：一個電子所帶電荷的絕對值，1.6×10^{-19} 庫倫

- V_{bias} 如果是負的，就會增加位能障礙的高度，電流就趨近於0。

P/N 接面二極體的電性行為是由少數載子來主導，而非多數載子

　　一個電子元件要成為開關元件 (switch)，開和關之間的電流必須至少要有 5 個次元 (order of magnitude) 的差異。那 P/N 接面二極體怎麼達到這巨大的電流差異呢？主要是 P/N 接面二極體開啟時，由少數載子主導，而少數載子的濃度和偏壓成指數型關係，因此產生至少 5 個次元的電流差異。只有半導體的少數載子，其濃度變化可以超過 5 個次元。

　　上述的位能障礙形成後，P/N 接面二極體的電性行為由少數載子來主導：

(a) P/N 接面二極體開啟時，在 P 型半導體的高濃度自由電洞會往 P/N 接面移動，注入 N 型半導體區域，導致在空乏層右邊的邊界 x_D 的少數載子電洞濃度 $p(x_D)$ 隨偏壓成指數型增加，$p(x_D) = (n_i^2/N_D)\, e^{qVbias/kT}$，其中 q 是一個電子所帶電荷的絕對值，$1.6 \times 10^{-19}$ 庫倫，n_i 是本質電子濃度，N_D 是 N 型半導體內含的施體 (donor) 雜質濃度。因為 $p(x_D)$ 高於 N 型半導體的空乏層以外區域的少數載子電洞濃度 n_i^2/N_D，因此產生電洞擴散移動電流 $I_p(x_D)$，隨 V_{bias} 的指數關係 (e^{qVbias}) 增加。

(b) P/N 接面二極體開啟時，在 N 型半導體的高濃度自由電子會往 P/N 接面移動，注入 P 型半導體區域，導致在空乏層左邊的邊界 x_A 的電子濃度 $n(x_A)$ 隨偏壓成指數型增加，$n(x_A) = (n_i^2/N_A)\, e^{qVbias/kT}$，其中 n_i 是本質電子濃度，N_A 是 P 型半導體內含的受體 (acceptor) 雜質濃度。因為 $n(x_A)$ 高於 P 型半導體的空乏層以外區域的少數載子電子濃度 n_i^2/N_A，因此產生電子擴散移動電流 $I_n(x_A)$，隨 V_{bias} 的指數關係 (e^{qVbias}) 增加。

流經 P/N 接面的電流 $I = I_p(x_D) + I_n(x_A)$，因此也隨 V_{bias} 的指數關係 (e^{qVbias}) 增加；可以說，電流 I 的大小是由少數載子主導決定的，並隨外加的偏壓 (V_{bias}) 大小成指數關係 (e^{qVbias}) 變化。

P/N 接面二極體的電流和外加電壓之間的指數型關係，造成電晶體開關分明，毫無混淆，奠定了 0 和 1 數位時代的基礎

接著，再從位能 (potential energy) 的角度來闡釋 P/N 接面二極體的電性行為。

在 P/N 接面二極體的位能圖中，往上表示位能高，電壓低，往下表示

位能低，電壓高；電子往位能低的地方流動，而電洞則往位能高的地方流動。根據熱力學，電子越過位能障礙的數目與位能障礙的高度成指數關係。因此，通過 P/N 接面的電流會隨著偏壓的大小成指數變化，$I \propto e^{(qV_{bias}/kT)}$，q 是一個電子攜帶的電荷的絕對值 1.6×10^{-19} 庫倫，k 是波芝曼常數。在常溫 T = 300 K，kT 是 26 meV。也就是說，當 V_{bias} 增加 26 mV 時，P/N 接面二極體電流即增加至 e 倍，e = 2.718；也即 V_{bias} 增加 60 mV 時，P/N 接面二極體電流即增加至 10 倍。因此，V_{bias} 如果是正的，就會降低位能障礙的高度，電流就隨 V_{bias} 而指數增大，V_{bias} 如果是負的，電流就趨近於 0。電流大小藉由電壓的調控而呈現指數型變化的現象，是物理熱力學和電動力學給予積體電路的神奇加持。

　　不論在平衡狀態或在外加電壓狀態時，P/N 接面二極體的電流大小都可以藉由電壓的調控而呈現指數型的變化。因為雙載子電晶體或金屬氧化物半導體場效電晶體 (相關闡述請見本章第五節) 都包含兩個 P/N 接面二極體，P/N 接面二極體的電流和外加電壓之間的指數型關係，造成電晶體開關分明，毫無混淆，奠定了 0 和 1 數位時代的基礎。

第二小節：用古典熱力學和古典電動力學來了解 MOS 電容的反轉層——金屬、絕緣體及半導體三種南轅北轍絕然不同的物質的神奇連接

　　同樣的，有了上述能帶及能隙的量子力學和電子在能帶分佈的量子熱力學觀念後，就可以回到古典熱力學和古典電動力學來了解 MOS 電容的反轉層。

　　MOS 電容居然把自然界三種南轅北轍絕然不同的物質連接在一起，真

是異想天開！其中包含：

(a) 金屬：其導電能帶和價電能帶重疊在一起，沒有能隙，只含有電子作為單一種類的導電載子，電子填到費米能階 (E_{fm})，其濃度大於 $10^{22}/cm^3$。

(b) 半導體：含有電子電洞兩種導電載子，掺入雜質後，導電載子的濃度在 $10^{15}/cm^3 \sim 10^{20}/cm^3$ 之間。P 型半導體的費米能階 (E_{fs}) 靠近價電能帶頂部 (E_v)，N 型半導體的費米能階 (E_{fs}) 靠近導電能帶底部 (E_c)。

(c) 絕緣體：能隙很大 (例如，二氧化矽 SiO_2，$E_g = 9$ eV)，幾乎不含可以自由移動的電子電洞來當作導電載子。

把三種導電載子濃度相差數十個次元 (order of magnitude) 以上的物質連接在一起，難怪呈現出反轉層行為，超乎想像，太神奇了！

形成 MOS 電容的製程簡述如下：先在半導體矽基板 (semiconductor silicon substrate) 的表面上長出或沉積一層氧化層，然後在氧化層上再沉積一層金屬層或是掺入高濃度雜質的複晶矽 (heavily doped poly-silicon) 當作導電層，此導電層就是 MOS 電容的閘極 (gate)。

閘極材質的費米能階 (E_{fm}) 到絕緣體 (SiO_2) 的導電能帶底部的位能障礙 $q\varphi_{mo}$ 成為設計電晶體的重要參數

在設計電晶體時，很重要的是選擇何種金屬或材質當閘極，利用閘極的費米能階 (E_{fm}) 到絕緣體 (SiO_2) 的導電能帶底部的位能障礙 $q\varphi_{mo}$ 來調整電晶體的電性行為，其中 q 是一個電子攜帶的電荷的絕對值 1.6×10^{-19} 庫倫，φ_{mo} 是電壓障礙(voltage barrier)或電壓差(voltage difference)。在 MOS 電容的能帶圖中，往上表示位能高，電壓低，往下表示位能低，電壓高；電子往位能低的地方流動，而電洞則往位能高的地方流動。

在 45 奈米 (2007 年) 以前的技術節點，摻入極高濃度雜質的複晶矽 (poly silicon) 廣泛的被用來當電晶體的閘極：

(a) 以 N 型 MOS 為例，其 N 型複晶矽閘極摻入極高濃度的砷 (As)，費米能階 (E_{fm}) 幾乎對齊 P 型半導體矽基板導電能帶底部 (E_c)，具有高濃度的自由移動電子，濃度大於 $10^{20}/cm^3$，相當於金屬。而 P 型半導體矽基板導電能帶底部 (E_c) 到絕緣體 (SiO_2) 的導電能帶底部的位能障礙 $q\varphi_{so} = 3.1\ eV$，因此高濃度雜質的 N 型複晶矽的費米能階 (E_{fm}) 到絕緣體 (SiO_2) 的導電能帶底部的位能障礙 $q\varphi_{mo} = 3.1\ eV$。

(b) 至於 P 型 MOS，其 P 型複晶矽閘極摻雜極高濃度的硼 (B)，費米能階 (E_{fm}) 幾乎對齊 N 型半導體矽基板價電能帶頂部 (E_v)。而 N 型半導體矽基板價電能帶頂部 (E_v) 到絕緣體 (SiO_2) 的導電能帶底部 (E_c) 的位能障礙 $q\varphi_{mo} = 4.22\ eV$，因此高濃度雜質的 P 型複晶矽的費米能階 (E_{fm}) 到絕緣體 (SiO_2) 的導電能帶底部的位能障礙 $q\varphi_{mo} = 4.22\ eV$。

在 45 奈米 (2007 年) 以後的技術節點，閘極材質則改用金屬。一般來說，N 型 MOS 的閘極所選用的金屬，其費米能階 (E_{fm}) 也幾乎對齊 P 型半導體矽基板導電能帶底部 (E_c)，亦即金屬的費米能階 (E_{fm}) 到絕緣體 (SiO_2) 的導電能帶底部的位能障礙 $q\varphi_{mo} = 3.1\ eV$；而以 P 型 MOS 的閘極所選用的金屬，其費米能階 (E_{fm}) 也幾乎對齊 N 型半導體矽基板價電能帶頂部 (E_v)，亦即金屬的費米能階 (E_{fm}) 到絕緣體 (SiO_2) 的導電能帶底部的位能障礙 $q\varphi_{mo} = 4.22\ eV$。(請參考 https://www.chu.berkeley.edu/wp-content/uploads/2020/01/Chenming-Hu_ch5-1.pdf)

把三種南轅北轍絕然不同的物質連接在一起,當然會發生令人驚奇難以想像的事

把三種南轅北轍絕然不同的物質連接在一起,當然會發生令人驚奇難以想像的事。既然難以想像,就需多費篇章,加以闡釋。為方便敘述起見,下列的闡釋僅以 N 型 MOS 電容為例。

像 P/N 接面二極體一樣,N 型 MOS 電容的行為,也是由少數載子 (電子) 主導,不同的是,當外加電壓大過反轉點 (inversion point),在絕緣體/矽基板接面附近,原本少數載子 (電子) 的數目就會超越 P 型半導體矽基板中的原本多數載子 (電洞) 數目,P 型半導體反轉 (invert) 成 N 型半導體,形成反轉層 (inversion layer),原來是少數載子的電子成了多數載子,主導 N 型 MOS 電容的行為。

能帶圖 (band diagram) 可以幫助了解 MOS 電容的電性行為。在製作 MOS 電容能帶圖時必須遵守:

(a) φ_{mo} 和 φ_{so} 的值不變,亦即金屬的費米能階 (E_{fm}) 到絕緣體 (SiO_2) 的導電能帶底部的相對位置 (φ_{mo}) 是固定的;而且在絕緣體/矽基板界面,半導體 (Si) 的導電能帶底部 (E_c) 到絕緣體 (SiO_2) 的導電能帶底部的相對位置 (φ_{so}) 也是固定的。

(b) 因為絕緣體的存在,縱使把金屬和半導體兩端連接起來,甚至外加電壓,還是沒有電流通過 MOS 電容。因此,P 型半導體處於平衡狀態,其費米能階 (E_{fs}) 不隨位置 (x) 而變化。

(c) 能帶圖中位於能隙中點的能階 E_i,稱作本質能階 (intrinsic energy level) 或中點能階 (mid-band)。P 型半導體 (在遠離絕緣體/矽基板界面的平帶區域) 的中點能階 E_i 和費米能階 E_{fs} 的位能差可以用 $q\varphi_{if}$ 來表示,$E_i - E_{fs} = q\varphi_{if}$,其中 q 是一個電子所帶電荷的絕對值,$\varphi_{if}$ 是描述 MOS 電容電性的重要參數。

　　將 N 型 MOS 電容的金屬端和半導體端連接起來，並外加閘極電壓
(V_g) 時，N 型 MOS 電容的電性行為將隨著閘極電壓 (V_g) 變化，尤其是在
P 型半導體矽基板和絕緣體的接面附近，少數載子電子的濃度是如何隨 V_g
變化呢？了解其變化情形，才能了解 MOS 電晶體運作的美麗秘密。在此先
介紹 2 個特殊情況：　(1) $V_g = V_{fb}$ 時，平帶 (flat band) 及 (2) $V_g = 0$ 時，平
衡狀態 $E_{fs} = E_{fm}$。

(1)　　$V_g = V_{fb}$，平帶 (flat band)

　　　　把金屬、絕緣體及半導體三種不同的物質連接在一起，但金
屬和半導體兩端不連接，則 P 型半導體矽基板導電能帶底部
（E_c）、價電能帶頂部（E_v）及能帶中點（E_i）在絕緣體／矽基
板接面附近的能帶沒有彎曲 (band bending)，稱為平帶（flat
band）。如果把金屬和半導體兩端連接起來，則必須外加電壓
V_g，才能恢復平帶，$V_g = V_{fb}$，V_{fb} 是平帶電壓 (flat band
voltage)，$V_{fb} = -(\varphi_{if} + E_g/2q)$。平帶電壓是 P 型半導體矽基板的費
米能階 (E_{fs}) 到導電能帶底部（E_c）的電壓差，$qV_{fb} = E_{fs} - E_c = -$
$(q\varphi_{if} + E_g/2)$。φ_{if} 的大小由 P 型半導體矽基板滲入的雜質濃度(N_A)
決定，一般在 0.3V 左右；因此平帶電壓 V_{fb} 也就在 -0.9V 左右。
平帶電壓 V_{fb} 在 MOS 電容原理中是一個關鍵的概念，因為它描述
了金屬特徵 E_{fm} 和半導體特徵 E_{fs} 的差異 $\varphi_{mo} - (\varphi_{so} + \varphi_{if} + E_g/2q)$，
成為金氧半場效電晶體設計的重要參數。

(2)　　$V_g = 0$，平衡狀態 $E_{fs} = E_{fm}$

　　　　當金屬和 P 型半導體矽基板兩端用金屬線相連，不加電壓，
也即 $V_g = 0$ 時，金屬閘極端的電子經由相連的金屬線往矽基板端
移動，而達到平衡狀態 $E_{fs} = E_{fm}$。如上所述，在金屬和 P 型半導
體矽基板兩端沒有連接前，金屬的費米能階 (E_{fm}) 靠近 P 型半導
體矽基板導電能帶底部 (E_c)，而 P 型半導體矽基板的費米能階
(E_{fs}) 靠近 P 型半導體矽基板價電能帶頂部 (E_v)。因此，未連接
時的 E_{fs} 和 E_{fm} 存在位能差 ($q\varphi_{if} + E_g/2$)。當金屬和 P 型半導體矽

基板兩端用金屬線相連，不加電壓 $V_g = 0$ 時，金屬閘極端的電子，經由相連的金屬線，往矽基板端移動，造成 P 型半導體矽基板導電能帶底部 (E_c) 和價電能帶頂部 (E_v) 在絕緣體／矽基板接面附近的能帶向下彎曲 (band bending)，$\varphi_{bb} = - (V_{fb} + V_{ox}) = (\varphi_{if} + E_g/2q) - V_{ox}$，而達到平衡狀態 $E_{fs} = E_{fm}$，其中 E_g 是 P 型半導體的能隙，V_{ox} 是橫跨絕緣體的電壓。

NMOS 電容的能帶圖 − I

異想天開的把自然界三種南轅北轍絕然不同的物質連接在一起，
會發生什麼事呢？

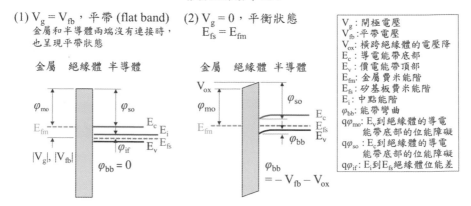

(1) $V_g = V_{fb}$，平帶 (flat band)
金屬和半導體兩端沒有連接時，
也呈現平帶狀態

(2) $V_g = 0$，平衡狀態
$E_{fs} = E_{fm}$

V_g	：閘極電壓
V_{fb}	：平帶電壓
V_{ox}	：橫跨絕緣體的電壓降
E_c	：導電能帶底部
E_v	：價電能帶頂部
E_{fm}	：金屬費米能階
E_{fs}	：矽基板費米能階
E_i	：中點能階
φ_{bb}	：能帶彎曲
$q\varphi_{mo}$	：E_{fm} 到絕緣體的導電能帶底部的位能障礙
$q\varphi_{so}$	：E_c 到絕緣體的導電能帶底部的位能障礙
$q\varphi_{if}$	：E_i 到 E_{fs} 絕緣體位能差

* 其中金屬只含電子單一種類的導電載子，其濃度大於 $10^{22}/cm^3$；絕緣體幾乎不含導電載子；半導體則含有電子電洞兩種導電載子，摻入雜質後，導電載子濃度在 $10^{15}/cm^3$ 和 $10^{20}/cm^3$ 之間。
* 把三個導電載子濃度相差數十個次元以上的物質連接在一起，難怪呈現出反轉層行為，超乎想像，太神奇了！

　　在 P 型半導體矽基板和絕緣體的接面附近，是產生少數載子電子還是聚積多數載子電洞，則由 V_g 大於或小於 V_{fb} 而定。底下討論隨 V_g 變化而形成的 4 個區域：(3) 聚積層、(4) 空乏層、(5) 弱反轉區及 (6) 強反轉區。

(3)　$V_g < V_{fb}$，聚積層 (accumulation layer)

　　當 $V_g < V_{fb}$ 時，P 型半導體矽基板的多數載子電洞往絕緣體
／矽基板接面移動，聚積於接面附近，形成聚積層。當 $V_g << V_{fb}$
時，MOS 電容由多數載子電洞主導，就像一般的電容，P 型半導
體矽基板和金屬成為電容的兩個電極 (electrodes)，其所帶電荷
和 $V_g - V_{fb}$ 成正比；此時 P 型半導體矽基板導電能帶底部 (E_c) 和
價電能帶頂部 (E_v) 在絕緣體／矽基板接面附近的能帶向上彎曲
(band bending)；但能帶彎曲非常小，$\varphi_{bb} \approx 0$，電壓降幾乎全部落
在絕緣體 $V_{ox} \approx V_g - V_{fb} = V_g + (\varphi_{if} + E_g/2q)$。

(4)　$V_g > V_{fb}$，空乏層 (depletion layer)

　　當 $V_g > V_{fb}$ 時，P 型半導體矽基板的多數載子電洞往絕緣體
／矽基板接面的相反方向移動，形成在接面附近的空乏層
(depletion layer)。此時，MOS 電容由帶有負電荷的硼原子晶格主
導，此空乏層只含整齊排列帶有負電荷的硼原子晶格，也即空間
電荷 (space charge)，沒有自由電子和電洞，造成 P 型半導體矽基
板導電能帶底部 (E_c) 和價電能帶頂部 (E_v) 在絕緣體／矽基板
接面附近向下彎曲，$\varphi_{bb} = V_g - V_{fb} - V_{ox} = V_g + (\varphi_{if} + E_g/2q) - V_{ox}$；也就
是說：在閘極所加的電壓 V_g 一部分用來形成平帶 V_{fb}，多餘的電
壓分別壓降在半導體 φ_{bb} 及絕緣體 V_{ox}，$V_g = V_{fb} + \varphi_{bb} + V_{ox}$；其中
V_{ox} 是橫跨絕緣體的電壓；$V_{ox} = |Q|/C_{ox}$，C_{ox} 是橫跨絕緣體的電
容，其大小由絕緣體的厚度和介電常數決定；Q 是 P 型半導體在
絕緣體／矽基板接面附近的空乏層的空間電荷，其大小由 P 型半
導體矽基板摻入的雜質濃度 (N_A) 決定。

NMOS 電容的能帶圖 – II

由 P-型矽基板的多數載子電洞主導，形成了聚積層及空乏層

(3) $V_g < V_{fb}$，$V_g - V_{fb} \approx V_{ox}$
聚積層 (accumulation layer)

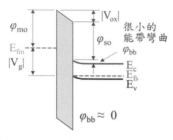

金屬　絕緣體　半導體

(4) $V_g > V_{fb}$
空乏層 (depletion layer)

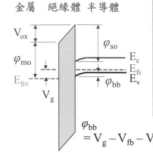

金屬　絕緣體　半導體

V_g：閘極電壓
V_{fb}：平帶電壓
V_{ox}：橫跨絕緣體的電壓降
E_c：導電能帶底部
E_v：價電能帶頂部
E_{fm}：金屬費米能階
E_{fs}：矽基板費米能階
φ_{bb}：能帶彎曲
$q\varphi_{mo}$：E_c 到絕緣體的導電
　　　能帶底部的位能障礙
$q\varphi_{so}$：E_c 到絕緣體的導電
　　　能帶底部的位能障礙

當 $V_g \ll V_{fb}$ 時，MOS電容就像一般的電容，P型半導體矽基板和金屬成為電容的兩個電極，其所帶電荷和 $V_g - V_{fb}$ 成正比；也即是此時的壓降幾乎全部落在絕緣體 $V_{ox} = V_g - V_{fb}$。

P型半導體矽基板的多數載子電洞往絕緣體/矽基板接面的相反方向移動，形成在接面附近的空乏層，造成P型半導體矽基板導電能帶底部 (E_c) 和價能帶頂部 (E_v) 在絕緣體/矽基板接面附近的能帶向下彎曲 φ_{bb}，此時壓降落在絕緣體 V_{ox} 及P型半導體矽基板能帶彎曲 φ_{bb}，$\varphi_{bb} = V_g - V_{fb} - V_{ox}$。

美麗的秘密：當少數載子的電子濃度 n_p 等於多數載子的濃度 p_p ($n_p = p_p = n_i$) 時，形成弱反轉點 (weak inversion point)，閘極電壓稱作次臨界電壓 V_{st} (sub-threshold voltage)；P 型半導體開始反轉成 N 型半導體

(5)　$V_g > V_{fb} + V_{ox} + \varphi_{if}$，弱反轉 (weak inversion) 或次臨界區 (sub-threshold region)

　　　　當外加電壓繼續往正電壓增加時，上述的空乏層造成在絕緣體／矽基板接面附近的能帶更進一步的向下彎曲，其位能差導致 P 型半導體矽基板內的少數載子電子聚積在絕緣體／矽基板接面附近。當少數載子電子聚積的濃度 n_p 和多數載子電洞的濃度 p_p 一樣 ($n_p = p_p = n_i$) 時，在絕緣體／矽基板接面的費米能階

就位於能隙的中點，亦即位於導電帶 (E_c) 和價電帶 (E_v) 之間
的中點。根據費米-迪拉克分佈統計原理，如果費米能階在能隙
的中點，電子和電洞存在的概率相同。因此，能隙的中點能階
或本質能階 E_i 是個很重要的觀念。中點能階 E_i 在絕緣體／矽基
板接面附近也隨著導電帶 (E_c) 和價電帶 (E_v) 向下彎曲，而和
費米能階 E_{fs} 在絕緣體／矽基板接面交會，此時 $\varphi_{bb} = \varphi_{if}$，$n_p = p_p$
$= n_i$。$q\varphi_{if}$ 是在平帶區中點能階 E_i 和費米能階 E_{fs} 的位能差，$q\varphi_{if} =$
$E_i - E_{fs}$。此時達到次臨界點 (sub-threshold)，外加電壓就稱作弱
反轉電壓 V_{winv} (weak inversion voltage) 或次臨界電壓 V_{st} (sub-
threshold voltage)，$V_g = V_{st} = V_{fb} + V_{ox} + \varphi_{if}$，　因為 $V_{fb} = - (\varphi_{if} +$
$E_g/2q)$，所以 $V_g = V_{st} = V_{ox} - E_g/2q$。如上所述，$V_{ox} = |Q|/C_{ox}$，$V_{ox}$
可以由絕緣體的厚度和介電常數以及 P 型半導體矽基板摻入的雜
質濃度 (N_A) 決定。舉例來說，如果電晶體內 MOS 電容的 V_{ox} 設
計在 0.8V 左右，那次臨界電壓 V_{st} 就在 0.2V 左右。當電壓 V_g 大
於反轉電壓 V_{st}，在絕緣體／矽基板接面附近，P 型半導體矽基
板內原本少數載子電子的濃度 n_p 超過原本多數載子電洞的濃度
p_p，就產生弱反轉，成為次臨界區 (sub-threshold region)。此次
臨界區 (sub-threshold region) 的範圍從次臨界電壓 V_{st} 到臨界電
壓 V_t (見以下(6)的敘述)。在次臨界區能帶彎曲 $\varphi_{bb} = V_g - V_{fb} -$
V_{ox}，如果假設 V_{ox} 隨著 V_g 而線性增加，亦即 $V_{ox} \approx \alpha V_g$，$\alpha$ 是
個常數，則能帶彎曲 $\varphi_{bb} = V_g - V_{fb} - V_{ox} \approx V_g - V_{fb} - \alpha V_g = (1 - \alpha)$
$V_g - V_{fb}$。同樣的，在上述(4)的空乏區也假設 $V_{ox} \approx \alpha V_g$，則能帶
彎曲 $\varphi_{bb} = V_g - V_{fb} - V_{ox} \approx (1 - \alpha) V_g - V_{fb}$。因此在空乏區及次臨界
區 (也即 $V_{st} - \varphi_{if} < V_g < V_{st} + \varphi_{if}$)，電子的濃度 n_p：

$$n_p = (n_i^2/N_A)\, e^{\, q\varphi_{bb}/kT} \approx (n_i^2/N_A)\, e^{\, q((1-\alpha)V_g - V_{fb})/kT}$$

　　上面的公式很清楚的指出，在空乏區及次臨界區，電子的數目隨電壓 V_g 成指數型增加，這是我花了一點巧思，利用近似方法 (approximation)，導出一個我想要的公式，並利用這個公式來明白的揭露電晶體的電流隨外加電壓成指數型增加。事實上，在半導體物理中，只有少數載子的濃度，才會隨著電壓成指數型增加。因為在(4)空乏區時，電子是少數載子；而在(5)次臨界區時，電子濃度還很小 ($<N_A$)，因此在空乏區及次臨界區呈現出少數載子的特徵－指數型關係。等到電子濃度$>N_A$ (下面(6)強反轉區) 時，電子成為多數載子，此指數型關係也就消失了。那這些隨著電壓成指數型增加的少數載子電子又從裡跑出來的呢？一般的電子吸收熱能，會從價電能帶 (valance band) 被激發到導電能帶 (conduction band)。因為能帶彎曲 φ_{bb} 的電壓位能 ($q\varphi_{bb}$) 及費米能階 (E_{fs}) 的熱力學概念，這些被激發到導電能帶的電子，達到熱平衡的電子濃度。以上的描述闡釋了半導體少數載子反轉成為多數載子的神奇真相。

MOS 電容在空乏區及次臨界區時的電子數目和電壓 V_g 之間形成指數型的關係，造成 MOSFET 的開關分明，毫無混淆，奠定了 0 和 1 數位時代的基礎

　　此指數型的關係是我認為電晶體物理原理的根本，巧妙的把電子原有的不確定性及概率分佈的自然特徵，強制轉成毫無混淆的 0 和 1 數位，造成今日人類的數位文明。q 是一個電子攜帶的電荷的絕對值 1.6×10^{-19} 庫倫，k 是波芝曼常數。在常溫 T = 300 K 時，kT 是 26 meV。也就是說，當 V_g 增加 26/(1-α) mV 時，

電子的數目即增加至 e 倍，e = 2.718；也即是 V_g 每增加 60 /(1-α) mV 時，電子的數目即增加至 10 倍，這也就是電晶體工程師耳熟能詳的次臨界擺幅 (subthreshold swing)，以 mv/decade 為單位。一般半導體工廠生產的電晶體，其次臨界擺幅在 65 - 85 mv/decade 之間。因為空乏區及次臨界區 (sub-threshold region) 的範圍相當於 $2\varphi_{if}$，也即 0.6V (600 mV)。若次臨界擺幅是 70 mv/decade，則在空乏區及次臨界區 (範圍 600 mV)，電子的數目增加 9 個次方 (10^9) 倍。因為 MOSFET (相關闡述請見第五節) 包含一個 MOS 電容，因此 MOS 電容在弱反轉時的電子數目和電壓 V_g 之間形成指數型的關係，使 MOSFET 電晶體成為一個可以用電的訊號 (electrical signal) 來控制的開關 (1 和 0)，開關分明，毫無混淆，奠定了 0 和 1 數位時代的基礎。

NMOS 電容的能帶圖 – III

當絕緣體／半導體接面附近少數載子濃度 n_p 和多數載子電洞的濃度 p_p 相等時 ($n_p = p_p = n_i$)，少數載子電子開始反轉成為多數載子，此時的外加電壓 V_g 稱作次臨界電壓 V_{st}

(5) $V_g > V_{fb} + V_{ox} + \varphi_{if}$
　　弱反轉 (weak inversion) 或
　　次臨界區 (sub-threshold region)

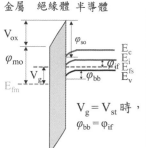

金屬　絕緣體　半導體

V_g：閘極電壓
V_{fb}：平帶電壓
E_c：導電能帶底部
E_v：價電能帶頂部
E_{fm}：金屬費米能階
E_{fs}：矽基板費米能階
V_{ox}：橫跨絕緣體的電壓降
φ_{bb}：能帶彎曲
$q\varphi_{mo}$：E_v 到絕緣體的導電能帶底部的位能障礙
$q\varphi_{so}$：E_c 到絕緣體的導電能帶底部的位能障礙

$V_g = V_{st}$ 時，
$\varphi_{bb} = \varphi_{if}$

• 次臨界點發生時：
 - 絕緣體／半導體接面附近少數載子電子濃度 n_p 等於多數載子電洞濃度 p_p，$n_p = p_p = n_i$；
 - $\varphi_{bb} = \varphi_{if}$；$-q\varphi_{if} = E_i - E_{fs}$；
 - 此時的電壓就稱作次臨界電壓 V_{st}，$V_{st} = V_{fb} + V_{ox} + \varphi_{if}$。

• $V_{st} - \varphi_{if} < V_g < V_t$ 時
 (空乏區及次臨界區)：
 - $n_p \approx (n_i^2/N_A) \, e^{\, q((1-\alpha)V_g - V_{fb})/kT}$
 即在空乏區及次臨界區時，電子的數目隨電壓 V_g 成指數型增加。

MOS電容在空乏區及次臨界區時的電子數目和電壓 V_g 之間的指數型關係，造成金屬氧化物半導體場效電晶體開關分明，毫無混淆，奠定了0和1數位時代的基礎。

當少數載子的電子濃度 n_p 達到原本多數載子的電洞濃度 N_A $(n_p = N_A)$ 時，形成強反轉點 (strong inversion point)，閘極電壓就稱作臨界電壓 Vt (threshold voltage)

(6)　　$V_g > V_{fb} + V_{ox} + 2\varphi_{if}$，強反轉 (strong inversion)

　　　　當外加電壓繼續往正電壓增加時，在絕緣體／矽基板接面附近反轉成 N 型半導體，當 P 型半導體矽基板內原本少數載子電子的濃度達到原本多數載子電洞的濃度 N_A $(n_p = N_A)$ 的電壓就稱作臨界電壓 V_t (threshold voltage)，$V_g = V_t = V_{fb} + V_{ox} + 2\varphi_{if} = V_{st} + \varphi_{if}$。如上面所舉的電容設計之例子，次臨界電壓 V_{st} 約在 0.2V 左右，φ_{if} 約在 0.3V 左右，因此臨界電壓 V_t 約在 0.5V 左右。在臨界電壓 V_t 時，導電帶 (E_c)、價電帶 (E_v) 和中點能階 E_i 三者都向下彎曲 φ_{bb}，此時 $\varphi_{bb} = 2\varphi_{if}$。當電壓 V_g 大於臨界電壓 V_t 時，在絕緣體／矽基板接面附近，P 型半導體矽基板內原本少數載子電子的濃度 n_p 超過原本多數載子電洞的濃度 (N_A)，就產生強反轉，亦即 P 型半導體反轉成 N 型半導體。此時，電子濃度很大，$n_p > N_A$，聚積於絕緣體／矽基板接面附近，形成強反轉層。此時的 MOS 電容就像一般的電容，矽基板和金屬成為電容的兩個電極 (electrodes)，其所帶電荷和 V_g - V_t 成正比；也即電子濃度 n_p 和 V_g 的關係從空乏區及次臨界區的指數關係變成線性關係。此時，電晶體的開關就打開，從 0 變成 1 了！(參考本章第五節)

NMOS 電容的能帶圖 – IV

當絕緣體／半導體接面附近原本少數載子電子濃度n_p達到原本多數載子電洞濃度N_A時($n_p = N_A$)，P型半導體反轉成為N型半導體，此時的外加電壓V_g稱作臨界電壓V_t

(6) $V_g > V_{fb} + V_{ox} + 2\varphi_{if}$
　　強反轉 (strong inversion)

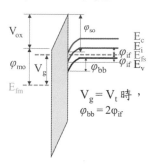

金屬　絕緣體　半導體

V_{ox}　φ_{so}　E_c

φ_{mo}　V_g　φ_{if} E^i E_{fs}　φ_{if} E_v

E_{fm}　φ_{bb}

$V_g = V_t$ 時，
$\varphi_{bb} = 2\varphi_{if}$

V_g：閘極電壓
V_{fb}：平帶電壓
V_{ox}：橫跨絕緣體的電壓降
E_c：導電能帶底部
E_v：價電能帶頂部
E_{fm}：金屬費米能階
E_{fs}：矽基板費米能階
φ_{bb}：能帶彎曲
$q\varphi_{mo}$：E_c到絕緣體的導電能帶底部的位能障礙
$q\varphi_{so}$：E_c到絕緣體的導電能帶底部的位能障礙

• 臨界點 (threshold) 發生時：
 - 絕緣體／半導體接面附近原本少數載子電子濃度達到原本多數載子電洞濃度 (N_A) 時， $n_p = N_A$；
 - $\varphi_{bb} = 2\varphi_{if}$；
 - 此時的電壓就稱作臨界電壓V_t (threshold voltage)，
   $V_t = V_{fb} + V_{ox} + 2\varphi_{if} = V_{st} + \varphi_{if}$

• $V_g > V_t$時 (強反轉)：
 - MOS電容就像一般的電容，矽基板和金屬成為電容的兩個電極；
 - 其所帶電荷和$V_g - V_t$成正比，也即電子的數目隨電壓V_g成線性增加。

　　電晶體從 1947 年發明迄今 75 年，雖然經過四度巨大的演化，仍然逃不出空乏層和反轉層的基本架構和原理。由量子力學催生，加上電動力學及熱力學的應用，對於空乏層和反轉層的透徹了解及闡釋，促成了雙載子電晶體及金氧半場效電晶體的發明，後續並立體化成為鰭式場效電晶體及閘極全環場效電晶體。

　　從 1926 年發表的費米-迪拉克分佈統計原理開始，布洛赫波、能帶和能隙、價電能帶和導電能帶的觀念在 1928 年開始陸續出現，再加上古典的電子擴散與漂流移動原理，半導體的物理理論在 1930 年可以說是齊備了。當時優秀的科學家和工程師開始致力於半導體物理的應用，尤其是集中精力，以發明新的半導體元件取代當時盛行的三極真空管為使命及志業。1947 年，電晶體就在這一波的研究發展熱潮中集其大成的誕生了！

電晶體不過是一場玩弄矽晶內不同的雜質濃度，利用外加
電壓調控界面位能障礙的高低，來控制電子和電洞移動的
神奇遊戲而已

　　電晶體的遊戲是把不同濃度的 N 型或 P 型雜質摻入矽晶，將矽晶劃分
成濃度不同的 N 型或 P 型區域，而不同區域的相鄰界面形成位能障礙；再
利用電壓調控位能障礙的高低，以控制操縱電子和電洞在矽晶不同區域的
移動。其中，雜質濃度是電晶體的重要參數，其範圍是 10^{15}~10^{20}/cm^3。

第五節　電晶體的發明及演化

如何加上第三個端點來控制 P/N 二極體的兩個端點是否導通？P/N 二極體空乏層的深度研究促成雙載子電晶體 (bipolar transistor) 的發明

　　前面提到，P/N 接面空乏層所形成的位能障礙高度，可以藉由外加的偏壓來進行調整，進而調控通過接面電流的開關、方向及大小。P/N 二極體調控電流的電壓是以手動的方式加到它的兩個端點；如果要達到自動控制，P/N 二極體需要再加上第三個端點，由第三個端點來主動控制 P/N 二極體的兩個端點是否導通。

　　這用來控制電壓的第三端點是什麼呢？又是如何加上去的呢？

　　這個問題在 1930-40 年代，很多的科學家，尤其是固態物理學家，都絞盡腦汁的在尋找答案。有趣的是，1947 年 12 月美國貝爾實驗室的沃爾特‧布拉頓和約翰‧巴定拔得頭籌，成功做出了第一個可以運作的電晶體。可是，這第一個可以運作的電晶體卻出乎意料的是一個點接觸電晶體 (point-contact transistor)。這個點接觸電晶體是在一塊 P 型半導體鍺 (germanium) 塊上，製作兩個金屬接點，以形成兩個金屬／半導體的蕭特基二極體 (Schottky diode)；其中一個蕭特基二極體提供一個位能障礙，做為射極 (emitter)，另一個蕭特基二極體提供另一個位能障礙，做為集極 (collector)，而 P 型鍺塊則是基極 (base)。

Brattain和Bardeen在1947年12月成功的示範了點接觸電晶體

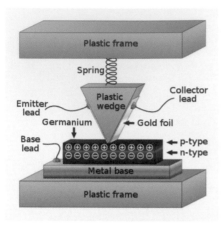

https://en.wikipedia.org/wiki/Point-contact_transistor

點接觸電晶體 (point contact transistor)

- 在一塊P型半導體鍺 (germanium) 塊上，製作兩個金屬接點，以形成兩個金屬/半導體的蕭特基二極體 (Schottky diode)。
- 其中一個蕭特基二極體提供一個位能障礙，做為射極 (emitter)，另一個蕭特基二極體提供另一個位能障礙，做為集極 (collector)。
- P型半導體鍺塊則是基極 (base)。

雖然這個點接觸電晶體可以運作，造成大轟動，但是巴定和布拉頓的主管蕭克立卻認為這不是他原先期待的電晶體。因此，蕭克立很快的於 1948 年發明了後來被廣泛使用的雙載子接面電晶體 (bipolar junction transistor)，真正的使用了兩個 P/N 接面二極體來形成 P/N/P 或 N/P/N 具有三個端點的雙載子接面電晶體，而不是兩個蕭特基二極體。以鍺塊當基材所形成的點接觸電晶體由於不穩定及很難製造，在 1953 年後就被以矽晶當基材所製作的雙載子接面電晶體完全取代。1958 年發明的積體電路就是在一個矽晶片上連結多個雙載子接面電晶體。從此，雙載子接面電晶體主導了積體電路晶片，直到 1970 代末才逐漸被 MOSFET 所取代。

以 N/P/N 電晶體來說，中間的 P 型半導體是控制的基極，左邊 N 型半導體是發射電子的射極，而右邊 N 型半導體是收集電子的集極 (請參閱第二章第一節的圖示：電晶體結構的演化)。此 N/P/N 電晶體包含射極和基極的 N/P 接面及基極和集極的 P/N 接面，因而形成兩個接面空乏區及相對應

的位能差。如果射極和基極之間加上正偏壓 (V_{be})，且在基極和集極之間加上負偏壓 (V_{bc})，依據前述的 P/N 界面原理，射極的電流 (I_E) 由電子和電洞兩種載子的移動形成。因爲基極和集極之間加上負偏壓 (V_{bc})，射極的多數載子電子由射極移動到基極，因基極的厚度很薄，射極發射移動到基極的電子被集極的正電壓吸引並收集，形成的集極電流 (I_c)。依據前述的 P/N 界面原理，射極和集極之間的電流大小由施加在基極的電壓 V_{be} 及 V_{ce} 大小而定，並且隨 V_{be} 成指數型增加，$e^{(qVbe/kT)}$。如前所述，此指數型的電流增加，使電晶體的開關分明，沒有混淆，是整個 0 和 1 數位世界的基礎。N/P/N 電晶體的電流同時由電子和電洞兩種載子的移動而形成，因此稱爲雙載子電晶體 (bipolar transistor)。

　　雙載子電晶體由基極電壓 V_{base} 的大小來控制射極到集極電流的開關和大小，乃是因爲基極和射極的偏壓 (V_{be}) 可以調控射極 (N 型) 和基極 (P 型) 間的位能障礙，就像水庫閘門一樣，可以控制水庫是否放水。當 V_{be} 控制射極打開放行電子，電子宣洩而下。另外，射極和集極的偏壓 V_{ce} 則決定射極放行的電子是否可以被集極收集到的，因此電流也隨 V_{ce} 的增加而增加。

如何使 MOS 電容產生可以控制的電流呢？MOS 電容反轉層的深度研究促成金氧半電晶體 (MOSFET) 的發明

　　前面提到，MOS 電容可以用外加的閘極電壓調整控制絕緣體／半導體接面的電子電洞濃度，甚至形成反轉層；但是，因爲絕緣體的存在，導致沒有電流通過 MOS 電容。

　　如何讓反轉層的電子流通，形成電流呢？

　　1957 年積體電路發明時，所用的電晶體是雙載子電晶體。兩年後的 1959 年，美國貝爾實驗室的阿塔拉 (Mohamed M. Atalla) 和姜大元

(Dawon Kahng) 才發明了金氧半場效電晶體 (MOSFET) (請參閱第二章第一節的圖示：電晶體結構的演化)。簡單的說，如果 MOS 電容的矽基板是 P 型，則 N 型 MOSFET 的結構就是在 P 型 MOS 電容的反轉層的水平兩端加上兩個 N 型區域，形成源極 (source) 和汲極 (drain) 兩個端點，用來導通反轉層的電子，形成電流。因爲兩個 N 型區域和 P 型矽基板形成 N/P 和 P/N 二極體，上述的空乏層及反轉層的兩個基本物理原理就可以用來闡釋 MOSFET 的運作原理。

　　少爲人知的是，早在 1926 年 10 月 8 日，發明家 Julius Lilienfeld 就申請了場效電晶體 (Field Effective Transistor，FET) 概念的美國專利 (US Patent No. 1,745,175，Method and apparatus for controlling electric currents)。Lilienfeld 發明的三極元件，在玻璃基板上形成薄膜場效電晶體，以硫化銅薄膜 (CuS_2 thin film) 當半導體，在硫化銅薄膜的左右兩端下方，各接一個金屬接點；在玻璃基板中央有一裂縫，用來夾住一鋁箔，鋁箔上端接觸硫化銅薄膜的中點，下端連接到電壓 (electrostatic potential)。施加在鋁箔的電壓可以調控硫化銅薄膜的電阻，也就可以調控兩個金屬接點之間的電流。因爲當時還沒有高品質的半導體材料以及薄膜製程，因此 Lilienfeld 並沒有做出專利中揭露的場效電晶體樣品。

　　硫化銅 CuS_2 半導體是由過渡金屬 (transition metal) 銅和硫族元素 (chalcogenide) 硫組成的化合物，硫族元素乃週期表 VIA 氧族元素除了氧以外的元素。有趣的是，Lilienfeld 發明 CuS_2 場效電晶體約 100 年後，現在熱門的 2D 半導體材料 - 過渡金屬二硫族化合物 (Transition-Metal Dichalcogenides，TMDs) MX_2，也由過渡金屬 M (例如鉬 Mo (molybdenum) 或鎢 W (tungsten)) 和硫族元素 X (例如硫 S (sulfur)、硒 Se (selenium) 或碲 Te (tellurium)) 組成的化合物，例如 MoS_2、$MoSe_2$、WSe_2 或 WTe_2 等。這些 2D TMD 化合物形成單層結構 (mono-layer)，或數個單層堆疊，電子只

能在二度空間移動，使摩爾旅程進入新的境界。

事實上，早在1926年10月8日，發明家Julius Lilienfeld 就申請了場效電晶體概念的美國專利

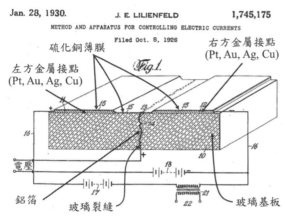

Jan. 28, 1930.　　　J. E. LILIENFELD　　　1,745,175
METHOD AND APPARATUS FOR CONTROLLING ELECTRIC CURRENTS
Filed Oct. 8, 1926

硫化銅薄膜　　　　　右方金屬接點
　　　　　　　　　　(Pt, Au, Ag, Cu)
左方金屬接點
(Pt, Au, Ag, Cu)

電壓

鋁箔　　玻璃裂縫　　玻璃基板

https://zh.wikipedia.org/zh-tw/%E5%9C%BA%E6%95%88%E5%BA%94%E7%AE%A1

Lilienfeld發明的三極元件：
- 在玻璃基板上形成薄膜場效電晶體。
- 以硫化銅薄膜 (CuS$_2$ thin film) 當半導體。
- 在硫化銅薄膜左右兩端的下方各接一個金屬接點。
- 在玻璃基板中央有一裂縫，用來夾住一鋁箔。鋁箔上端接觸硫化銅薄膜的中點，下端連接到電壓 (electrostatic potential)。
- 施加在鋁箔的電壓可以調控硫化銅薄膜的電阻，也就可以調控兩個金屬接點之間的電流。

那麼 2D TMD 材料是否會取代摩爾定律的矽晶圓呢？不會。本書第一章第一節提到：矽晶的固態晶體結構是最堅固的鑽石立方結構 (diamond cubic lattice)，人類可以用便宜的方法長晶 (silicon crystal growth) 去量產製造矽晶圓。2D TMD 材料是一層一層的平面結構 (layered structure)，無法長晶形成堅固的晶圓，只能將其 layered structure 長在矽晶圓上，做為電晶體的 2D 電子通道 (electron channel)。

1953 年，Walter Brown 發表了 Brown-Shockley 報告，針對表面通道提出詳細的分析，建立了反轉層的理論

有趣的是，在二戰後，貝爾實驗室組成一個由蕭克立領導的研究團

隊，專門研發固態半導體開關元件 (switch) 用來取代眞空管 (vacuum tube)。當時的研究方向是如同 Lilienfeld 在 1926 年揭露的利用場效 (field effective) 來控制開關，但布拉頓和巴定在 1947 年卻出乎意料的發明了點接觸電接電晶體，緊接著蕭克立 1948 年發明了 P/N/P (或 N/P/N) 雙載子接面電晶體。但是蕭克立並沒有忘懷場效電晶體，在 1950 年組織了一個團隊，針對電晶體的運作原理進行深度研究。1953 年，團隊裡的研究員 Walter Brown 發表了 Brown-Shockley 報告，針對表面通道 (surface conduction channel) 提出詳細的分析，也包括了反轉層的理論。至此，MOSFET 已經呼之欲出！但是矽晶體表面的表面能階 (surface state) 會捕捉 (trap) 很多的自由電子，因此無法得到有效的場效 (field effective) 結果。直到 1955 年，貝爾實驗室的 Carl Frosch 和 L. Derick 在矽晶圓上長出高品質的二氧化矽 (SiO_2) 氧化層，那時也在貝爾實驗室的 Mohamed Attalla 很快的就利用這高品質的二氧化矽氧化層來去除表面能階的陷阱，並和 Dawon Kahng 在 1959 年發明 MOSFET。

　　在 2000 以前，高品質的二氧化矽 (SiO_2) 氧化層可以說是半導體工廠生產 MOSFET 良率 (yield) 和可靠度 (reliability) 的關鍵因素。在矽晶上長出的氧化層，其內的針孔缺陷 (pinhole defect) 以及在氧化層和矽晶接面的界面缺陷 (dangling bond) 都要非常低，晶片的良率和可靠度才會高。1992 年，台積電 2 廠曾經出現二氧化矽氧化層不穩定的情況，無法通過可靠度測試，這是半導體工廠最恐懼的事情。解決氧化層的問題，曠日廢時，因爲每改一個生產氧化層的製程參數，就必須做一次氧化層的可靠度測試，而做一次可靠度測試，動輒耗費幾個星期或一個月以上。如果能夠在兩、三個月內解決 MOSFET 氧化層的問題，就算是非常的幸運。這事件之後，台積電痛定思痛，很榮幸的邀請到電晶體元件大師加州大學柏克萊分校的胡正明教授到台積電開課，講授氧化層的可靠度理論模型及測試方法。自

此，台積電對氧化層才有了大躍進的了解。前面提到，無法做出高品質的氧化層，延誤了 MOSFET 的發明；MOSFET 量產後，氧化層的品質決定一個 FAB 生產出來晶片的良率和可靠度。因此可以說：氧化層是 MOSFET 的心臟！

　　1959 年發明的 MOSFET 是先用光罩在矽基板上定義出源極和汲極的區域，再摻入雜質，形成源極和汲極；然後長出一層氧化層；接著沉積一層閘極物質，再用光罩定義出閘極區域，然後蝕刻形成閘極。早期這種先形成源極和汲極，後續製作閘極時再去對準源極和汲極的方式，造成很大的閘極和源極／汲極兩層之間的對準偏移 (alignment shift)，且很難控制，因此，閘極和源極／汲極的重疊面積很大，形成無法降低的寄生電容 (parasitic capacitance)，使電晶體無法高速運作。因此，早期製程所形成的電晶體無法快速的進行微縮！

1966 年，Robert Bower 發明自我對準閘極，使電晶體可以微縮，是摩爾定律的關鍵推手

　　1966 年，Robert Bower 發明自我對準閘極 (self-align gate)。先用光罩定義閘極區域，然後蝕刻形成閘極；再用已形成的閘極當摻入雜質時的阻罩，定義出源極和汲極區域，在摻入雜質到矽基板的過程中自我對準，形成源極和汲極；閘極擋住雜質，使雜質無法摻入被閘極覆蓋的矽基板，矽基板被閘極覆蓋的區域就成爲電晶體的電流通道 (current channel)。1966 年 Robert Bower 發明自我對準閘極後，因爲雜質摻入的製程溫度高，已經形成的鋁閘極會被熔掉。直到 1970 年代末期，可耐高溫的複晶矽閘極 (polysilicon gate) 興起後，自我對準閘極技術才逐漸普及。使用複晶矽閘極後，被閘極擋下的雜質同時會增加複晶矽的雜質濃度，因而增加複晶矽的導電度，使其更像金屬，眞是神來之作！採用自我對準閘極的技術來將高

濃度雜質摻入源極／汲極的區域，是電晶體演化歷史的一個重大里程碑，因爲它是電晶體能夠隨摩爾定律微縮非常關鍵的因素。自我對準閘極的技術，天生麗質，乾淨俐落，渾然天成，令人讚嘆不已！

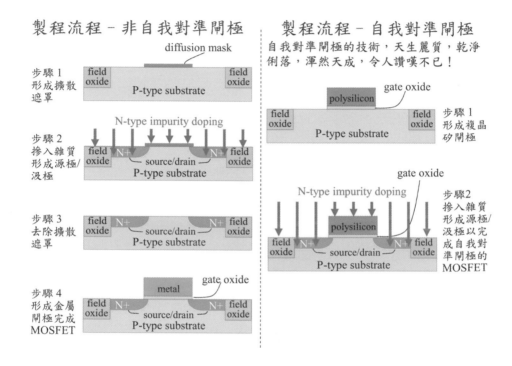

製程流程 – 非自我對準閘極

diffusion mask

步驟 1
形成擴散
遮罩

field oxide　　P-type substrate　　field oxide

N-type impurity doping

步驟 2
摻入雜質
形成源極/
汲極

field oxide　N+　source/drain　N+　field oxide
P-type substrate

步驟 3
去除擴散
遮罩

field oxide　N+　source/drain　N+　field oxide
P-type substrate

步驟 4
形成金屬
閘極完成
MOSFET

metal　gate oxide
field oxide　N+　source/drain　N+　field oxide
P-type substrate

製程流程 – 自我對準閘極

自我對準閘極的技術，天生麗質，乾淨俐落，渾然天成，令人讚嘆不已！

gate oxide

polysilicon

field oxide　　field oxide
P-type substrate

步驟 1
形成複晶
矽閘極

gate oxide

N-type impurity doping

polysilicon

field oxide　N+　source/drain　N+　field oxide
P-type substrate

步驟2
摻入雜質
形成源極/
汲極以完
成自我對
準閘極的
MOSFET

此指數型的電流增加，使電晶體的開關分明，沒有混淆，是整個 0 和 1 數位世界的基礎

　　N 型 MOSFET 中的源極 (N) ／矽基板 (P) ／汲極 (N) 水平結構和 N/P 或 P/N 二極體一樣，在 N/P 及 P/N 兩個接面都具有空泛層及位能障礙；而其閘極/氧化層／矽基垂直結構則和 MOS 電容一樣具有反轉層。依據前述的 P/N 二極體和 MOS 電容的原理，可以很容易的了解 MOSFET 的運作原理。當閘極加上正電壓時，在氧化層／矽基板接面形成含有電子的反轉

層；同時，閘極/源極之間是正偏壓 (V_{gs})，電子就由源極移動到反轉層；當汲極/源極加上正偏壓 (V_{ds})，從源極移動到反轉層的電子就被吸引到汲極。電子從源極移動到汲極所形成的電流隨 V_{gs} 增加而成指數型增加，$e^{(qVgs/kT)}$。此 N 型 MOSFET 的電流由於是由單獨一種載子 (電子) 的移動而形成，因此也稱爲單載子電晶體 (unipolar transistor)。

MOSFET 由閘極電壓 V_{gate} 的大小來控制電流通道的開關和電流大小。閘極和源極的偏壓 (V_{gs}) 調控源極 (N 型) 和矽基板 (P 型) 間的位能障礙，就像水庫閘門一樣，控制水庫是否放水；因爲 V_{gs} 從源極打開放行電子，電子宣洩而下衝進反轉層，因此當 MOSFET 開啟時，電流隨 V_{gs} 成指數增加，$e^{(Vgs/kT)}$。kT 在常溫 T = 300 K 時，等於 26 meV；也卽當 V_{gs} 增加爲 26 mV 時，源極和汲極間的電流 (I_{ds}) 增加爲 $e^{(2.718)}$ 倍；也卽當源極和汲極間的電流 (I_{ds}) 要增加爲 10 倍時，理論上 V_{gs} 需要增加 60 mV；實務上量產的電晶體 V_{gs} 需要增加 65~100 mV，I_{ds} 才會增加 10 倍。此 MOSFET 開啟時，電流隨著電壓成指數型增加的特徵，使電晶體的開關分明，只要 V_{gs} 增加 500 mV，開關的電流就會有 10^5 倍以上的差異，如前所述，此指數型的電流增加，使電晶體的開關分明，沒有混淆，是整個 0 和 1 數位世界的基礎。

在 V_{gs} 逐漸增加時，閘極和汲極的偏壓 V_{gd} 逐漸減少，當 V_{gd} 小到一定程度時，電流通道在靠近汲極的區域的反轉層就消失了，因此從源極湧入通道的電子只能靠動力 p (momentum) 衝入汲極，形成飽合電流，其中 p = mv，m 和 v 分別是電子的質量和速度。飽合電流不再隨 V_{gs} 成指數型成長，只隨 V_{gs} 的平方增加。自然和人爲的事件大部分只能在短期時間內成指數型成長，而不能長期持續的成指數型成長，因爲抑制因素 (inhibitor) 會相對的產生。達到飽合電流後，電流通道的反轉層在靠近汲極的區域消失，電流通道的反轉層中斷，飽合電流也就不隨著 V_{ds} 的增加而增加。電晶體

的電流雖然達到飽和，但因為電晶體開啟時電流成指數增加，因此飽和電流也是電晶體關閉時的 10^5 倍以上。如上所述，此指數型的電流增加，使電晶體的開關分明，沒有混淆，是整個 0 和 1 數位世界的基礎。在早年，因為 MOSFET 的閘極到源極和汲極的寄生電容較大，且電流通道較長，導致 MOSFET 的運算速度比雙載子電晶體慢。因此，MOSFET 雖然在1970、80 年代就開始逐漸取代雙載子電晶體，但一直到 1990 年代半導體的製程技術進入次微米技術節點，MOSFET 的通道變短，電流變大，運算速度才比雙載子電晶體快且省電，也才全面取代雙載子電晶體。1980 年代我在 IBM 工作時，IBM 的主力晶片還是雙載子電晶體，用於 IBM 中央電腦主機，而 MOSFET 只能用在周邊機器 (peripheral machine)，例如記憶儲存器、印表機等。

第六節　平面金氧半場效電晶體──主導了 1970-2010 年代的摩爾定律

每一代平面 MOSFET 電晶體電流通道的長度 (L) 定義為摩爾定律的技術節點

1959 年阿塔拉和姜大元發明的 MOSFET，其電流通道是在一個平面上，也就是通稱的平面 MOSFET (planar MOSFET)。電晶體的大小也就依摩爾定律在此平面的二度空間進行微縮：每個世代的技術節點，單位面積所含的電晶體數目加倍，也就是每個電晶體的面積減半，因此其長和寬縮減成上一代技術節點的 70%。每一個 MOSFET 的功能由其所能產生的電流大小而定，而電流的大小和電流通道的長度 (channel length，L) 成反比。因為自我對準閘極製程的特性，電流通道的長度 (即源極和汲極間的距離) 就由閘極的尺寸決定。由摩爾定律主導平面 MOSFET 的 60 多年漫長歲月裡，每個世代的技術節點就由電流通道長度來定義。電流通道長度是 0.5 微米，該世代的技術節點就稱為 0.5 微米技術節點；電流通道長度是 28 奈米，則稱為 28 奈米技術節點。

另外，電流的大小也和電流通道的寬度 (W) 成正比，同時和氧化層的厚度 (T_{ox}) 成反比，$I \propto W/LT_{ox}$。這就像是兩個地點之間如果道路寬敞且距離短，不僅車流量大且可以快速通過這兩個地點。另外，電晶體的電流和外加的電壓 (power supply voltage，V_{supply}) 也有深切的關係，$I \propto (V_{supply})^2$。每一世代技術節點的電晶體，其 W、L、T_{ox} 及 V_{supply} 的設計都具有彈性。舉例來說，每一世代技術節點的電晶體，W、L、T_{ox} 及 V_{supply} 各縮小 70%，單位面積所含的電晶體數目加倍，電流成為 0.7 倍，而消耗的電能

(P＝IV) 也就減少一半；這樣微縮的技術節點是節能版本。每一世代的技術節點也可以設計成高效能版本。高效能版的 W 和 V_{supply} 不縮小，因此電晶體的密度增加成 1.43 倍，但電流增加成 2 倍，而消耗的電能增加 1 倍。

電晶體的演化：平面電晶體半導體技術節點定義

2014年 (20 奈米) 以前，使用平面電晶體 MOSFET時，有效電流通道長度 (effective channel length，L_{eff}) 就定義為技術節點。

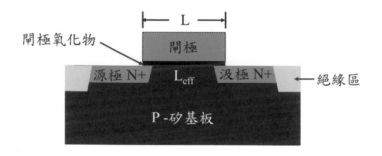

鰭式場效電晶體 (FinFET，Fin Field-Effect Transistor)：將電晶體立體化，延長摩爾定律

　　1998 年，加州大學伯克來分校胡正明教授發明鰭式場效電晶體，把 MOSFET 立體化；其電晶體原理和平面 MOSFET 一模一樣，仍然建立在 P/N 接面空乏層和 MOS 電容反轉層的基礎上。在形成鰭式場效電晶體時，先把矽基板的表面蝕割形成像魚鰭 (fin) 一樣的矽突出物，然後在突出的鰭型矽晶上形成閘極氧化層，接著在閘極氧化層上形成閘極，此閘極覆蓋突出鰭的左右兩個側面及上面，並以此閘極自我對準形成源極及汲極。這

就是把電流通道立體化，形成 3D 的 MOSFET。

5 奈米鰭式場效電晶體(FINFET)結構

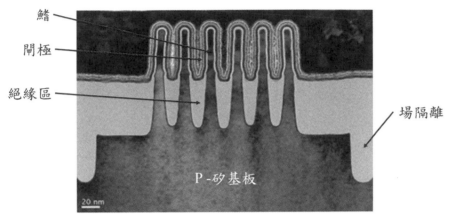

此穿透式電子顯微鏡照片是Apple iPhone 12處理器A14晶片
上5 nm 技術節點的鰭式場效電晶體，含有6個鰭
Source: 成真股份有限公司

電流通道的有效寬度 (effective channel width，Weff) 主導了 FINFET 及 GAAFET 世代技術節點的定義

　　電晶體立體化後，電晶體的密度 (每單位面積的電晶體數目) 增加了，因此 FINFET 的技術節點就不需要和平面 MOSFET 一樣的由電晶體的長度和寬度每代微縮成 70%來定義。那麼 FINFET 每個世代的技術節點如何定義呢？各半導體廠商在 14、10、7、5 奈米技術節點的命名定義方式不同，造成業界的困擾；有所謂 Intel 10 奈米技術節點的電晶體密度相當於台積電 7 奈米技術節點的電晶體密度；Intel 7 奈米技術節點的電晶體密度相當於台積電 5 奈米技術節點的電晶體密度。後來 Intel 乾脆把 Intel 10 奈米

技術節點直接命名爲 Intel 7 技術節點，而把 Intel 7 奈米技術節點直接命名爲 Intel 4 技術節點。比較合理的命名方法，應該是沿用摩爾定律在平面 MOFET 的命名精神：當 X 技術節點進入下一代 0.7X 技術節點時，其電晶體密度應該增加成 2 倍。2017 年 3 月 28 日，Intel 的技術專家 Mark Bohr 在 Intel 的新聞網站發表文章，提出 Intel 計算電晶體密度的公式，試圖釐清技術節點命名的混淆。文中說：「產業眞正需要的是定義一定面積 (每平方毫米) 內的電晶體絕對數量」。Mark Bohr 的公式以邏輯運算電路中的小邏輯細胞 (small logic cell) 2-input-NAND (NAND2，含 4 個電晶體) 和大邏輯細胞 (large logic cell) 掃描正反器 (scan flip-flop)，加上權重來算出單位面積中邏輯電晶體的密度，MTr/mm^2 (每平方毫米的電晶體數量，以百萬爲單位)。Mark Bohr 提出的的公式如下：

電晶體密度 ＝ 0.6 × (NAND2 所含電晶體數目 ／ NAND2 所佔面積) + 0.4 × (scan flip-flop 所含電晶體數目 ／ scan flip-flop 所佔面積)

　　由於 FINFET 的電流通道立體化，電流通道的有效寬度 (W_{eff}) 就大大的加寬了，除了鰭上方的水平面 (寬度 W) 外，還加上鰭的兩個側面 (高度 h)，$W_{eff} = W + 2h$。舉個實例： 7 nm 技術節點的 FINFET 電晶體，其中 L = 7 nm，W = 6 nm，h = 52 nm，所以有效電流通道寬度 W_{eff} = 110 nm，相當於平面 MOSFET 在寬度 W = 6 nm 時的 18 倍。再回到平面 MOSFET 的摩爾定律：每一世代平面 MOSFET 技術節點的邏輯電路設計，一般來說，電晶體的長度都是使用最小通道長度 (minimum channel length，L)，但電晶體的寬度則不使用最小通道寬度 (minimum channel width)，而經常使用好幾倍於最小通道寬度的寬度。電晶體立體化後，通過電流通道的單位電流增加 18 倍，可以讓每一代技術節點的電晶體寬度縮小一半，電晶體的密度加倍，但仍然能維持很高的電晶體通道電流。因此，每一世代

FINFET 電流的有效通道寬度 W_{eff} 主導了 FINFET 的技術節點的定義。

電晶體的演化：立體電晶體半導體技術節點定義

從 2014 年 20 奈米技術節點使用立體電晶體 FINFET 以後，單位面積電晶體數目加倍，則定義為下一個技術節點，以有效電流通道寬度 (W_{eff}) 為基準。

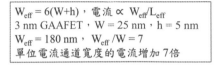

$W_{eff} = W + 2h$，電流 $\propto W_{eff}/L_{eff}$ 7 nm FINFET，W = 6 nm，h = 52 nm $W_{eff} = 110$ nm，$W_{eff}/W = 18$ 單位電流通道寬度的電流增加 18 倍	$W_{eff} = 6(W + h)$，電流 $\propto W_{eff}/L_{eff}$ 3 nm GAAFET，W = 25 nm，h = 5 nm $W_{eff} = 180$ nm，$W_{eff}/W = 7$ 單位電流通道寬度的電流增加 7 倍

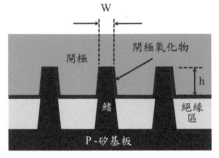

鰭式場效電晶體 (FINFET)

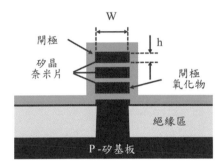

閘極全環電晶體 (GAAFET)

閘極全環電晶體 (GAAFET，Gate-All-Around Field-Effect Transistor)

閘極全環電晶體，或稱爲「環繞式結構 FET」，和 FINFET 有相同的概念，不同之處在於堆疊多層的矽晶奈米片 (nano-sheet)，並且閘極和閘極氧化層圍繞覆蓋在每層矽晶奈米片的上、下表面及相對的兩個側壁；載子通道也就包括每層晶矽奈米片的上、下表面及相對的兩個側壁。

如同 FINFET 一樣，因爲電流通道的立體化，GAAFET 的電流有效通道寬度就大大的加寬了。例如 GAAFET 堆疊 3 層等效閘極，則電流的有效通道寬度 W_{eff} 包括 3 層的矽晶奈米片的上、下表面及相對的兩個側壁：

$W_{eff} = 3 \times (2W + 2h)$，其中 W 是每層的矽晶奈米片水平寬度，h 是每層的矽晶奈米片的垂直高度。舉個例子：假設在 X 奈米技術節點，其中 GAAFET 的 W = 25 nm，h = 5 nm，所以電流的有效通道寬度 W_{eff} = 180 nm，相當於平面 MOSFET 寬度 W = 25 nm 時的 7 倍。GAAFET 的矽晶奈米片堆疊後，電晶體的電流增加 7 倍可以讓後續每一代技術節點的電晶體寬度縮小一半，電晶體的密度加倍，但仍能維持很高的電晶體通道電流。因此每一代 GAAFET 電流的有效通道寬度 W_{eff} 主導了 GAAFET 的技術節點的定義。

結語

電晶體的演化歷經了精彩神奇的摩爾旅程，在過去的 70 多年裡，循序漸近，步步精彩燦爛：由量子力學的固態物理催生，量子熱力學描述電子及電洞在能帶的分佈，以及古典電動力學和古典熱力學描述電子及電洞的移動，在旅程中屢屢出現天生麗質，令人拍案叫絕的製程技術，例如前面所介紹的自我對準閘極。在 FINFET，GAAFET 等技術將電晶體立體化後，摩爾定律持續前行，將對人類文明產生驚人的衝擊。

最近，2022 年的諾貝爾物理學獎頒給法國艾斯佩特 (Alain Aspect)、美國柯羅瑟 (John F. Clauser) 和奧地利吉林哲 (Anton Zeilinger) 3 位研究量子糾纏 (quantum entanglement) 的科學家，使得原本已是世界各國競相投入發展的量子霸權 (quantum supremacy)，更加甚囂塵上，沸沸揚揚，人們懷著神祕及憧憬的心情，熱烈的討論量子位元 (Qubit)。而這篇文章卻還在討論電晶體物理元件及 0 和 1 的二進位元 (binary bits)，是否已經過時呢？或許可以這麼說：電晶體及 0 和 1 的數位化是量子力學的 1.0 版，而 Qubit 是量子力學的 2.0 版。前面提到 1925-30 年代，量子力學的理論已經完成，但經過了 20 年，直到 1947 年，才發明電晶體，1958 年才發明後來通用的 MOSFET。此文所描述的電晶體的發展過程，或許可以做為量子電腦 (quantum computer) 未來發展的一個借鏡。

此文雖然也用量子力學的波動說來闡述電子，但文中一再強調神奇的電晶體把電子的量子布洛赫波 (Bloch wave) 的波動行為轉化成毫無混淆且可靠的 0 和 1 數位。而現今的量子電腦，就真正直接利用量子力學的粒子波動原理以及幽靈似的 (spooky) 海森堡測不準原理的自然本性來做運算。但是要用自然本性來做運算，那人又如何來和自然本性來做溝通呢？

這好比神是萬能的，可以解決任何複雜的問題；但人如何和神溝通呢？又如何從神那裡得到答案呢？

現階段開發中的 Qubit (Quantum bit，量子位元) 物理元件包括超導體振盪線路 (superconducting oscillating loop)、離子阱 (trapped ion) 等。這些 Qubit 物理元件的行為狀態無法確定是 0 或 1，因此有疊加效應 (superimposition)；而且各個 Qubit 之間互相有關係 (correlation)，存在著神奇的量子糾纏 (quantum entanglement)；疊加效應及量子糾纏建立了量子電腦的理論基礎。但是要像積體電路一樣形成有功能的線路或架構，則需考慮如何問這些幽靈似的 Qubits 問題以及如何獲得答案。這就是量子電腦理論基礎除了疊加效應及量子糾纏兩個要素外的第三個要素：觀察和偵測 (observation and detection)。所謂的觀察和偵測即是和這些幽靈似的 Qubits 的互動 (interaction)，也就是古典物理和量子物理之間的界面 (interface)。有趣的是，量子力學建立在測不準原理 (Uncertainty Principle) 近乎荒謬的基礎上：一個物質可以是波動 (wave)，也可以是粒子 (particle)，但經過人們觀察偵測後就變成我們所習知的粒子 (particle)。

那我們又如何和這些幽靈似的 Qubits 互動呢？如何操作及偵測 Qubits 呢？這就必須開發相當於積體電路用以連結各個電路的金屬連線，例如利用微波、或雷射等來和這些幽靈似的 Qubits 連結 (connection)。瞭解了電晶體的前世今生，可以預期的，量子電腦之路也應該是一條漫長崎嶇，但精彩動人的神奇旅程。

回想起來，美國貝爾實驗室在 1940 到 1960 年代，歷經 20 多年，可說是電晶體的孵化器、搖籃和聖殿。最後，我以當年蕭克立實驗室成員開玩笑唱的一首歌〈Hell's Bell Labs〉(地獄鐘聲實驗室) 來做為這個電晶體精彩動人旅程的結尾：

It's the Hell's bells and buckets of blood at the Hell's Bells Laboratory.

Our silicon's grown at low temperature,

The crystals resulting are not very pure,

We preserve all our lifetimes by using manure at the Hell's Bells Laboratory.

It's the Hell's bells and buckets of blood at the Hell's Bells Laboratory.

Publication of papers will help your career,

Promotions assured if you write twenty a year,

They are used in the washroom of the chief engineer at the Hell's Bells Laboratory.

It's the Hell's bells and buckets of blood at the Hell's Bells Laboratory.

The economy squeezes pinch more every day,

Coffee and tea breaks have been taken away,

They are hoping to make the transistor pay at the Hell's Bells Laboratory.

It's the Hell's bells and buckets of blood at the Hell's Bells Laboratory.

Our walls are all graced by the periodic chart,

Bill Shockley's picture is sewn over our hearts,

Bardeen and Brattain are our sweethearts at the Hell's Bells Laboratory.

It's the Hell's bells and buckets of blood at the Hell's Bells Laboratory.

Dislocations and traps are the bane of our life,

Imperfections can cause you trouble and strife,

But we pick them all out with our scout master's knife at the Hell's Bells
Laboratory.

It's the Hell's bells and buckets of blood at the Hell's Bells Laboratory.

(請參考 https://www.pbs.org/transistor/album1/addlbios/brown.html)

它是「地獄鐘聲實驗室」的地獄鐘聲和一桶一桶的鮮血，
我們在低溫長矽晶，
長出的矽晶純度不純，
在「地獄鐘聲實驗室」裡，我們投入生命用牛糞長矽晶。

它是「地獄鐘聲實驗室」的地獄鐘聲和一桶一桶的鮮血，
發表論文有助於你的職場生涯，
如果你一年寫 20 篇論文，保證你升官，
在「地獄鐘聲實驗室」裡，這些論文被用在主任工程師的洗手間。

它是「地獄鐘聲實驗室」的地獄鐘聲和一桶一桶的鮮血，
研究經費一天一天的緊縮，
咖啡和茶點休息時間被取消了，
在「地獄鐘聲實驗室」裡，他們希望電晶體能夠支付這些開銷。

它是「地獄鐘聲實驗室」的地獄鐘聲和一桶一桶的鮮血，
我們的牆壁貼滿了週期圖表，

Bill Shockley 的照片烙印在我們的心臟，
在「地獄鐘聲實驗室」裡，Bardeen 和 Brattain 是我們的甜心。

它是「地獄鐘聲實驗室」的地獄鐘聲和一桶一桶的鮮血，
矽晶的錯位和陷阱是我們生命的禍根，
矽晶的缺陷給你帶來麻煩和衝突，
但是，在「地獄鐘聲實驗室」裡，我們用偵查大師的小刀，把它們一一挑出來。

它是「地獄鐘聲實驗室」的地獄鐘聲和一桶一桶的鮮血。

這首戲謔的歌，道盡了摩爾旅程中史詩般的燦爛輝煌，天才洋溢和興奮飛揚背後的血淚辛酸及激烈競爭的氛圍，如詩篇，如美景，如樂曲，歷歷在目，如歌如訴，餘音繞樑……

第三章

千絲萬縷的金屬連線——
積體電路因此而誕生

前言

　　1958 年德州儀器 (Texas Instruments，TI) 的 Jack Kilby 和 Fairchild 的 Robert Noyce 發明了積體電路，實際上是發明了如何把兩個電晶體連接起來的金屬連線。電晶體在 1947 年發明後，體積雖然比真空管小很多，但如何把數千數萬個離散 (discrete) 的電晶體連接起來，成爲有功能的元器件 (component) 呢？很自然直接的答案就是晶片上的金屬連線。金屬連線連接晶片上的各個電晶體，提供電晶體間溝通的訊號 (signal)，及各個電晶體運作所需的電能 (electrical power)；就像人類大腦神經網絡 (nerve network) 一樣，連結大腦中 10^{11} 個神經元 (neuron)。

　　因爲晶片上金屬連線的發展演化，使得一個晶片上的電晶體數目從 1959 年的 2 個增加到現在的 10^{11} 個，造成半導體產業擁有獨一無二的摩爾定律。那又如何讓晶片上的數萬數億個電晶體和外界互相溝通，提供所需的電能及輸入或輸出訊號呢？答案就是晶片封裝 (chip package)，讓封裝中的金屬連線連接到晶片上的金屬連線。有趣的是，晶片封裝一直以來被歸類爲非摩爾定律 (non-Moore's)，但現在的先進晶片封裝技術也可預期的將呈現晶片封裝的摩爾定律 (Moore's law of chip package)，尤其是多晶片封裝 (multi-chip package)，其封裝的體積和其中金屬連線的尺寸隨著時間不斷的進行微縮。本章將對晶片上及晶片封裝內的金屬連線的前世今生加以敍述。

第一節　積體電路的發明──把「數目暴力」轉變成「數大便是美」

　　如何把數千數萬個離散 (discrete) 的電晶體連接起來，成為有功能的元器件 (component) 呢？答案就是晶片上的金屬連線。雖然和電晶體同列為積體電路的二大要素，但金屬連線導電的物理原理簡單易懂，而且在西元 1800 年前後就開始發展，現在已經成為一般人具備的常識，不像主動元件電晶體一樣的神祕艱深難懂。

金屬連線如何導電？電壓以伏特 (volt) 為單位，電流以安培 (ampere) 為單位，電阻以歐姆 (Ohm) 為單位

　　在這裡先簡單的敘述金屬導線的物理原理，以及在歷史上幾個重要的發展事件：

(1) 電壓以伏特 (volt) 為單位，乃因為義大利的伏特 (Alessandra Volta) 於 1800 年發明電池：電池的 2 個電極產生電壓，使得電流通過連接 2 個電極的金屬連線。

(2) 電流以安培 (ampere) 為單位，乃因為法國的安培 (Andre-Marie Ampere) 於 1820 年實驗證明金屬導線的電流會產生磁場，確定了在幾個星期前丹麥的 Hans Christian Ørsted 發現金屬導線的電流會轉動羅盤指針的現象；之後安培更採用數學解釋了電流和磁場的關係，亦即電磁學中著名的安培定律 (Ampere's law)。

(3) 德國的歐姆 (Georg Ohm) 於 1827 年發表大家耳熟能詳的歐姆定律，用數學公式描述金屬連線的電流和電壓的關係：電壓等於電

流乘上電阻，$V = IR$，電阻以歐姆 (Ohm) 爲單位。

(4) 德國的 Paul Drude 於 1900 年發表 Drude model，用金屬連線中的
自由電子和帶電荷原子 (即離子，ion) 碰撞 (scattering) 的原理
解釋歐姆定律。

(5) 1900 年時，英國的馬克士威爾 (James Maxwell) 綜合電、磁和
光，完成著名的 Maxwell's equations。

金屬連線導電的古老故事：電流與電壓

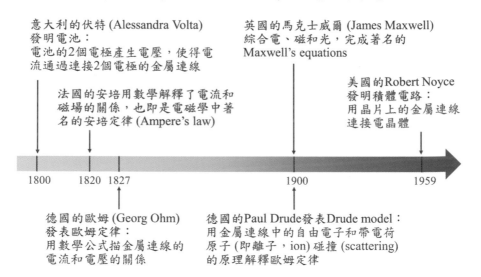

意大利的伏特 (Alessandra Volta)
發明電池：
電池的2個電極產生電壓，使得電
流通過連接2個電極的金屬連線

英國的馬克士威爾 (James Maxwell)
綜合電、磁和光，完成著名的
Maxwell's equations

美國的 Robert Noyce
發明積體電路：
用晶片上的金屬連線
連接電晶體

法國的安培用數學解釋了電流和
磁場的關係，也即是電磁學中著
名的安培定律 (Ampere's law)

1800　1820 1827　　　　　　　　　　1900　　　　　　1959

德國的歐姆 (Georg Ohm)
發表歐姆定律：
用數學公式描金屬連線的
電流和電壓的關係

德國的 Paul Drude 發表 Drude model：
用金屬連線中的自由電子和帶電荷
原子 (即離子，ion) 碰撞 (scattering)
的原理解釋歐姆定律

　　至此，金屬連線的物理理論已經非常完整了。1958 年，美國的 Jack
Kilby 和 Robert Noyce 分別發明積體電路。Jack Kilby 在晶片上用金打線
(gold bonding wires) 連接電晶體，而 Robert Noyce 則眞正的在晶片上形成
金屬連線，用來連接電晶體。當時，電子如何在晶片上的金屬連線移動的
原理，可以說是一淸二楚。

　　1950 代初期，蕭克立發明的 N/P/N 或 P/N/P 雙載子矽電晶體 (bipolar

transistor) 普及後，由於其體積比當時電路設計所使用的三極真空管小很多，很快的就取代了電子產品裡面的真空管，例如電話的設備和系統或是收音機等。可是，很快就遇到了瓶頸。理論上，電路設計者可以設計一個包含成千上萬個雙載子電晶體的系統，可是工廠卻無法把此系統製造出來。在那個年代所採用的技術，是用焊槍將電晶體的三支接腳用焊錫焊接到印刷電路板上，而要把成千上萬個含有三支接腳的電晶體成功的連結起來，是相當困難工作。當時，貝爾實驗室的 Jack Morton 就說電子業面臨了「數目暴力」(The Tyranny of Numbers) 的困境。

我在 1970 年代讀大學時，也經歷了那時台灣的電子學教科書內容從真空管轉變成固態電晶體的年代。當年，電子學是台大物理系大三的必修課程。我記得上學期修的是真空管電路，下學期則換成固態電晶體電路，用的教科書是剛出版一年的 Milkman 和 Halkias 所寫的電晶體電路電子學："Integrated Electronics : analog and digital circuits and systems"。更讓我難忘的，是大二升大三暑假的電子學實驗課，我們戲稱它為「電子魔鬼營」。每個學生必須用鄭伯昆教授發下來的 2 顆電晶體，幾個電容，電阻及小燈泡在「麵包板」上做出一個可以數出由原子核加速器所發射出來的阿爾發粒子 (α particle) 數量的計數器，事實上就是一個雙穩複振盪器 (bistable multi-vibrator) 或正反器 (flip-flop)。在焊接過程中，如果不小心把電晶體燒壞，那可就慘了。因為沒地方買電晶體，只得到中華商場碰碰運氣，尋找是否有高雄港美軍軍艦拆下來的廢棄零件。交上成品給鄭教授時，他就拿起來在桌上敲一敲，如果不能計數，就只好等明年重修。這是我們那個年代台大物理系學生難忘的一門課。

Jack Kilby 在 1958 年發明積體電路，解決了「數目暴力」的困境，並在 1959 年 2 月 6 日申請了專利：Miniaturized Electronic Circuits (US Pat. 3,138,743)。此第一個積體電路是個複振盪器 (multi-vibrator)，包含 2 個電

晶體，8 個電阻及 2 個電容，以金打線連接 2 個電晶體及各個元件。

金屬飛線 (flying wire)

Jack Kilby 在1959年2月6日申請的積體電路專利 (US Pat. 3,138,743)

利用金屬飛線來連接元件

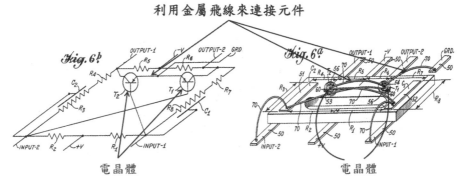

複振盪器 (multi-vibrator)
2個電晶體，8個電阻，2個電容

　　那時，快捷半導體 (Fairchild Semiconductor) 的 Jean Hoerni 提出用氧化層覆蓋在電晶體上面當做保護層 (passivation layer) 的方法，並在 1959 年 5 月 1 日申請美國專利：Method of Manufacturing Semiconductor Devices (US Pat. 3,025,589)。Hoerni 可以說是半導體平面製程 (planar process) 的發明者。他的上司 Robert Noyce 進一步想到在 Hoerni 發明的氧化層上沉積一層金屬層，連結矽晶圓上的多個元件；這就是單石積體電路 (monolithic integrated circuits) 的起源。同年的 7 月 30 日，Robert Noyce 申請了單石平面積體電路的專利：Semiconductor Device-and-Lead Structure (US Pat. 2,981,877)。此電路是一個整流放大器 (rectified amplifier)，包含 1 個電晶體，1 個二極體，3 個電阻及 2 個電容。各元件以平貼在氧化層上的鋁金屬層所形成的金屬連線進行連結。

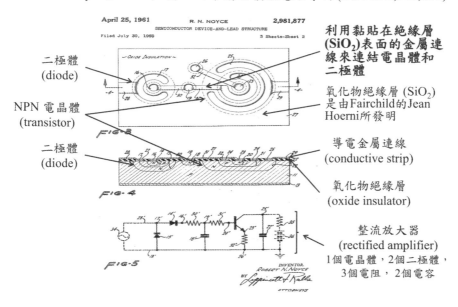

金屬貼線 (adhering wire)

Robert Noyce在1959年7月30日申請的積體電路專利 (US Pat. 2,981,877)

利用黏貼在絕緣層 (SiO₂)表面的金屬連線來連結電晶體和二極體

氧化物絕緣層 (SiO₂) 是由Fairchild的Jean Hoerni所發明

二極體 (diode)

NPN 電晶體 (transistor)

二極體 (diode)

導電金屬連線 (conductive strip)

氧化物絕緣層 (oxide insulator)

整流放大器 (rectified amplifier)
1個電晶體，2個二極體，3個電阻，2個電容

TI 和 Fairchild 持續在法庭上進行訴訟，爭辯誰是積體電路的發明人

在 1959 年後的 10 年間，TI 和 Fairchild 持續在法庭上進行訴訟，爭辯誰是積體電路的發明人，過程曲折漫長，高潮迭起，雙方有時輸、有時贏。1965 年，法庭認為 Kilby 是第一個想到把一個包含多個半導體元件且有完整功能的電路做在一個晶片上的人，因此判定 Kilby 是積體電路的發明人。但是 Fairchild 不服氣，提出上訴，爭論 Kilby 揭露的連結方法是飛線 (flying wire)，而不是像 Noyce 提出有實用性的平貼在晶片上的導線 (adhering wire)。延宕了 10 年之後，法庭最終裁定 Noyce 是積體電路的發明人。現在，大家幾乎都承認 Kilby 和 Noyce 是積體電路的共同發明人。鑑於積體電路對人類生活和文明的深遠影響，Kilby 獲頒 2000 年的諾貝爾

物理學獎 (可惜的是，Noyce 在 1990 年過世)。這是一個曲折蜿蜒的故事，一段美麗動人的史詩。這個故事說明了人類對智慧財產的重視是文明的進步的重要基石。這段解決智慧財產權糾紛的歷史，紮紮實實的彰顯了人類文明制度的可貴，以及人類之所以有別於其他動物之處。更難能可貴的是，當法律制度有所極限時，人類用善與愛解決了困境。美國之所以是科技創新的天堂，符合人性、完善的專利制度和執行程序也可以說是一個重要因素 (請參考 T. R. Reid 的著作"The CHIP"，Random House 出版)。

　　積體電路的發明，也即矽晶上金屬連線的發明，解決了當年「數目暴力」的困境，使得一個晶片所含的電晶體數目，可以遵循著摩爾定律，達到百億個；將「數目暴力」(The Tyranny of Numbers) 轉變成「數大便是美」(The Beauty of Big Numbers) 的美麗境界。

第二節　晶片上金屬連線的演化

　　和電晶體的微縮一樣，晶片上的金屬連線的寬度 (width) 及金屬連線之間的間隔 (space) 也隨著每代製程節點進行微縮，和電晶體一起主導著摩爾定律的進程。自從積體電路發明到現在已經 60 多年，金屬連線也經過幾次的演化。金屬連線的演化包含金屬材料的改變及製程的創新，促成了金屬連線的微縮以及金屬連線層數的增加，可以分成 4 個主要時期：

(1) 1959-1978 年：蒸鍍鋁金屬線與導通孔 (evaporating aluminum)，2 微米以上的技術節點，1 到 2 層金屬。

(2) 1978-1994 年：濺鍍鋁金屬線與導通孔 (sputtering aluminum)，1.5-0.6 微米的技術節點，1 到 3 層金屬。

(3) 1994-2003 年：濺鍍鋁金屬線與鎢塞導通孔 (tungsten plug)，0.5-0.13 微米的技術節點，4 到 6 層金屬。

(4) 2003-現在：鑲入式電鍍銅 (damascene electroplating copper)，90 奈米以下的技術節點，4 到 15 層金屬。

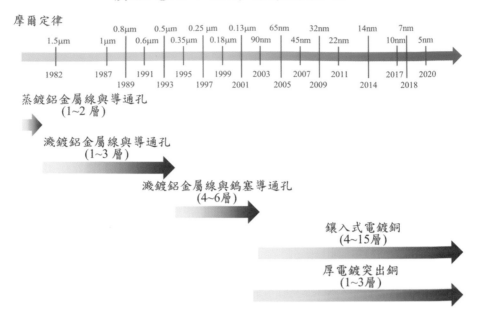

積體電路中金屬連線的演進

在一個物體 (金屬或絕緣體) 表面鍍上一層金屬做為裝飾品或防止生鏽是歷史相當悠久的技術，包括蒸鍍 (evaporation)、電鍍 (electroplating) 及濺鍍 (sputtering) 等沉積技術。Noyce 在 1959 年發明積體電路時，是使用蒸鍍鋁的技術來形成金屬連線：用電子槍 (e-gun) 把鋁加熱成蒸氣 (vapor)，然後沉積在晶圓上面。此蒸鍍鋁的方法一直到 1970 年代末期都還主導著晶片上金屬連線的技術，提供 1 到 2 層的金屬連線。

之後，濺鍍鋁逐漸成為主流的金屬連線技術。濺鍍鋁是用氬氣離子去轟擊鋁靶，被轟擊出來鋁原子沉積在晶圓上氧化層的表面及其中的通孔內，然後經過曝光、顯影和蝕刻等製程形成金屬連線及通孔。這種鋁金屬連線及通孔的技術應用在 1993 年以前 0.6 微米以上的技術節點，可以提供 1 到 3 層的金屬連線。

CMP 製程是摩爾定律推進過程中的重要里程碑

隨著摩爾定律的推進，金屬連線的技術成了晶片繼續微縮的主要瓶頸。要提升單位面積內金屬連線的密度，除了線寬及線距愈做愈小外，還可以像蓋樓房一樣的往上發展，多建幾層。可是要往上蓋，地基不平，蓋在上面的樓房不穩，如果繼續往上多蓋幾層，就容易歪斜倒塌。怎麼辦呢？我 1983 年在 IBM 工作的時候，IBM 的金屬連線已經做到 3 層，可是歪歪斜斜的，晶片良率低，更不要說要做第 4 層。有一天在實驗室的走廊上，一群人聚在一起，吱吱喳喳，好像發生了什麼大事。原來，IBM 有人提出一個破天荒的想法：先把不平的晶圓表面磨平，再繼續往上加金屬層！積體電路的晶圓製程最怕污染 (contamination) 及刮傷 (scratch)，晶圓表面連碰都不能碰，更不要說用機械的方式去研磨！因此，IBM 的同仁們議論紛紛，甚至傳言提出晶圓研磨想法的研發人員受到他上司的責備。幸運的是，IBM 長久以來一直都鼓勵創新，這個當時具有爭議性和突破性想法的最終結局是，IBM 在 1980 年代末期成功的開發出化學機械研磨技術。

在 1990 年代初期，提供高速運算晶片的廠商，如 IBM、Intel 及 AMD 率先使用 CMP 形成鎢塞的技術來生產晶片。用 CMP 形成的鎢塞當導通孔及用濺鍍鋁當導線主導了 1990 年代初期 0.6 微米到 2003 年 0.18 微米技術節點的金屬連線技術。在 1993 年，AMD 為了得到台積電的產能支援來生產自己的 486 CPU 晶片，還將 CMP/鎢塞的製程技術無償的移轉給台積電。

在製作電晶體時，因為電晶體的閘極突出，因此覆蓋整個電晶體的介電絕緣層高低不平，上方連接電晶體的鋁金屬連線就會跟著起伏。可以說，整個鋁金屬連線是建構在凹凸不平的地基上。因此整個金屬連線歪歪斜斜，局部區域厚度不均，晶片的良率及可靠度都低，更沒有辦法建立更多層的金屬連線。

CMP/鎢塞的製程如何解決這個問題呢？CMP/鎢塞的製程是：

(1) 先在覆蓋電晶體的絕緣層挖洞，暴露出電晶體的閘極、源極及汲極的接觸點 (contact)；

(2) 然後用化學氣相沉積法 (chemical vapor deposition，CVD) 形成鎢金屬層，沉積在絕緣層的表面並填滿絕緣層的孔洞；

(3) 再用 CMP 去除絕緣層表面的鎢，只留下洞裡的鎢；最重要的是把凹凸不平的絕緣層表面平坦化。

如此就形成了一個平坦的地基，後續要架構多層金屬連線就輕鬆容易多了！當要形成第 2 層的鋁金屬線時，同樣的會遇到覆蓋第 1 層鋁金屬線的絕緣層表面凹凸不平的問題 (因為鋁金屬線的突出)。此時，可以繼續用 CMP/鎢塞的製程技術來解決。重複同樣的製程步驟，就能製造出堅固的多層金屬連線。

有了 CMP/鎢塞平坦化製程技術後，金屬連線就可以做到 6、7 層。但是，摩爾旅程繼續往前走，金屬連線越來越窄越薄，導致電阻不斷的增加，晶片的速度也就變慢了。改變金屬連線的材質，採用導電性較好的金屬是一個可能的解決方法 (鋁的電阻係數是 2.8 微歐姆公分 (μ ohm-cm))。因此在 1990 年代，半導體研發工程師就開始尋找適合在晶圓上製作金屬連線的低電阻係數的金屬及製程，以取代鋁導線。銅的電阻係數是 1.7 微歐姆公分，又是便宜普遍的金屬，因此就成為最佳的選項。電鍍銅比濺鍍銅的電阻係數低而且填洞的能力強，因此被選為銅製程的方法。

電鍍銅濕式製程取代了濺鍍鋁乾式製程，使晶片金屬連線臻致完美

IBM 和 Motorola 在 1998 年宣布成功開發使用銅導線的 0.2 微米技術節點的晶片。IBM 的銅製程簡述如下：

(1) 先旋轉塗佈 (spin-on) 一層低介電常數的絕緣層 (SiLK)，並在

SiLK 上形成槽溝。

(2) 然後在 SiLK 上表面及槽溝中，用濺鍍方法沉積一薄層的金屬黏著層 (adhesion layer，例如鈦) 及電鍍銅種子層 (seed layer for Cu electroplating)。

(3) 然後以金屬黏著層/電鍍銅種子層當負極進行電鍍，形成一層電鍍銅覆蓋整片晶圓表面，並填滿槽溝。

(4) 然後用 CMP 去除溝槽以外的電鍍銅及其底下的金屬黏著層/電鍍銅種子層。留下來在溝槽裡的金屬黏著層/電鍍銅種子層/電鍍銅就成為金屬連線。

因為這個銅製程的銅連線是鑲入絕緣層中，因此被稱為鑲入式銅 (damascene copper)。Damascene 此字起源於敍利亞首都大馬士革 (Damascus) 把珠寶鑲入箭中的古老工藝。

在鑲入式銅製程開發的初期，SiLK 的可靠度不穩定，商用的電鍍機還不夠穩定成熟。直到 2003 年台積電採用美國應用材料公司 (Applied Materials) 的機台，用化學氣相沉積法 (CVD) 方式沉積黑鑽石介電絕緣層，再加上逐漸成熟穩定的電鍍機，才成功量產 0.13 微米的鑲入式銅製程。此鑲入式銅製程以電鍍銅當金屬層，CVD 沉積的黑鑽石絕緣層當金屬之間的介電層，再加以用 CMP 將每一層介電層平坦化，是 IC 金屬連線技術演進的一個歷史性里程碑。從此，晶圓上金屬連線的製程回歸到古老的電鍍銅濕式製程；製作金屬連線時的地基平坦穩固，良率及可靠度大增；金屬連線的電阻係數降低 40%；層數超過 10 層，甚至可達到 15 層。

米輯科技提出後護層金屬連線 (Post-Passivation Interconnection) 技術

米輯科技在 2000 年提出後護層金屬連線 (Post-Passivation

Interconnection) 技術，在晶片護層 (passivation layer) 上，形成寬且厚的低電阻凸出電鍍銅 (emboss electroplated copper)，及厚的介電絕緣層聚醯亞胺 (polyimide)，提供低電阻及低電容的金屬連線，主要用來做高速信號傳輸金屬連線及電力配送網路。

此凸出電鍍銅用光阻來定義銅的連線，製程如下：

(1) 在護層上，形成介電絕緣層聚醯亞胺。

(2) 在介電絕緣層聚醯亞胺表面，用濺鍍方法依序形成薄薄的金屬黏著層及電鍍銅種子層。

(3) 塗佈一層厚光阻，經曝光顯影形成溝槽。

(4) 以金屬黏著層/電鍍銅種子層當負極進行電鍍，將電鍍銅沉積在光阻的溝槽中。

(5) 去除光阻，再以蝕刻去除沒有被電鍍銅覆蓋的金屬黏著層/電鍍種子層，留下來的金屬黏著層/電鍍銅種子層/電鍍銅就成為金屬連線。

相對於鑲入銅 (damascene copper) 金屬連線是由黑鑽石介電絕緣層的槽溝所定義，凸出銅 (emboss copper) 金屬連線則由光阻所定義。鑲入銅金屬連線埋在介電絕緣層裡面，而凸出銅金屬連線則突出於介電絕緣層表面，因此米輯科技就稱其為「凸出銅」(emboss copper)，並在台灣及美國申請「Emboss Cu」為註冊商標。

另外，如後面第五節所述，米輯科技在 2000 年 10 月很意外的發明了銅柱 (copper pillar)。當年米輯科技基於自己所發明的後護層金屬連線及銅柱，於是就提出一個完整的晶片金屬連線架構，包括：

(a) 位於保護層 (passivation layer) 下面的鑲入式電鍍薄銅 (damascene copper) 的高密度金屬連線；

(b) 位於保護層 (passivation layer) 上面的凸出式電鍍厚銅 (emboss

copper) 的高速金屬連線 (Freeway)；

(c) 位於凸出式電鍍厚銅上面的高密度及高可靠度銅柱 (copper pillar)，和晶片的外部電路連結。

有了這個完整的晶片金屬連線架構，晶片設計者就可以如虎添翼，更能揮灑自如的發揮創意，不受拘束。

矽晶圓上形成金屬連線的方法

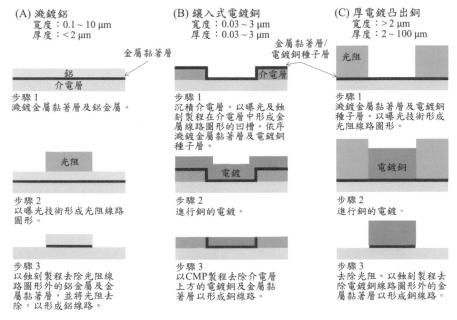

(A) 濺鍍鋁
寬度：0.1～10 μm
厚度：<2 μm

步驟 1
濺鍍金屬黏著層及鋁金屬。

步驟 2
以曝光技術形成光阻線路圖形。

步驟 3
以蝕刻製程去除光阻線路圖形外的鋁金屬及金屬黏著層，並將光阻去除，以形成鋁線路。

(B) 鑲入式電鍍銅
寬度：0.03～3 μm
厚度：0.03～3 μm

步驟 1
沉積介電層。以曝光及蝕刻製程在介電層中形成金屬線路圖形的凹槽。依序濺鍍金屬黏著層及電鍍銅種子層。

步驟 2
進行銅的電鍍。

步驟 3
以CMP製程去除介電層上方的電鍍銅及金屬黏著層以形成銅線路。

(C) 厚電鍍凸出銅
寬度：>2 μm
厚度：2～100 μm

步驟 1
濺鍍金屬黏著層及電鍍銅種子層。以曝光技術形成光阻線路圖形。

步驟 2
進行銅的電鍍。

步驟 3
去除光阻。以蝕刻製程去除電鍍銅線路圖形外的金屬黏著層以形成銅線路。

金屬連線 (metal interconnection) 的結構

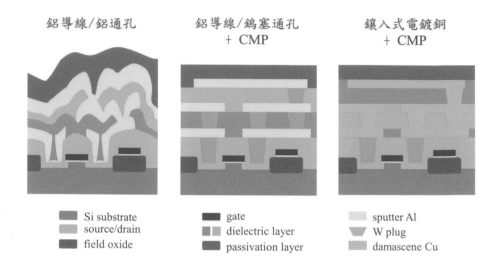

鋁導線/鋁通孔　　　　鋁導線/鎢塞通孔　　　　鑲入式電鍍銅
　　　　　　　　　　　　+ CMP　　　　　　　　　+ CMP

- Si substrate
- source/drain
- field oxide
- gate
- dielectric layer
- passivation layer
- sputter Al
- W plug
- damascene Cu

當年米輯公司構想中晶片上金屬連線的理想方案

Damascene Cu (fine line interconnection) + Emboss Cu (Freeway + Cu bump)

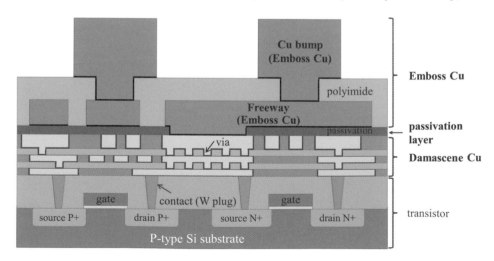

第三節 晶片封裝承擔保護晶片及信號輸入輸出的重責大任

　　早期晶片封裝處理的尺寸都是在釐米或數十密耳 (mil，1 mil = 25.4 微米) 大小，製程也包含比較多的機械組裝，因此一直被視爲傳統產業。可是，晶片封裝從一開始就身負保護晶片，免於受到外界碰撞及環境腐蝕的重任，同時提供晶片和外界的信號溝通及電源供給 (power supply) 的途徑。

　　晶片的封裝類型隨其所使用的金屬連線的不同而演進：

(1) 1970 年代，導線架/打線/塑料成型封裝：將晶片置於導線架 (lead frame) 上，用金線連接晶片的輸入/輸出金屬墊 (input/output metal pad) 和導線架的接腳 (lead)，然後用塑料 (molding compound) 把晶片及導線架藉由模具包覆起來封裝成型，只露出接腳。

(2) 1980 年代，球柵陣列基板/打線/塑料成型封裝：將晶片利用黏膠薄膜固定於球柵陣列 (Ball Grid Array，BGA) 基板上，用金線連接晶片的輸入/輸出金屬墊和 BGA 基板上的金屬墊 (metal pad)，然後用塑料把晶片及金線藉由模具包覆在 BGA 基板上封裝成型，只露出 BGA 基板底部矩陣排列的金屬墊，最後在金屬墊上植上錫球。

(3) 1996 年後，球柵陣列基板/覆晶錫球焊接/塑料成型封裝：和 (2) 相同，只是晶片和 BGA 基板接合的方法不同。晶片上的輸入/輸出金屬墊成矩陣排列，並長出錫球，組裝時將晶片反轉，即所謂

的覆晶 (flip-chip)，將其錫球焊接到 BGA 基板上相對應的矩陣排列的金屬墊。1996 年，Intel 開始使用此種 BGA 覆晶封裝的技術量產 Pentium CPU 產品。當時，Intel 開發並量產在晶圓上高密度電鍍錫球的技術，並且和日本的新光電氣公司 (Shinko Electric) 合作開發並量產高密度金屬連線的球柵陣列基板 (fine-pitch BGA substrate)，可以說是一手建立了覆晶封裝 (flip-chip packaging) 的產業生態。

(4) 2007 年後，球柵陣列基板/銅柱焊接/塑料成型封裝：和 (3) 相同，只是晶片和 BGA 基板接合是用銅柱。晶片上的輸入/輸出金屬墊成矩陣排列，並長出銅柱。組裝時將晶片反轉，將其銅柱焊接到 BGA 基板上相對應的矩陣排列的金屬墊。2007 年，Intel 開始使用此種 BGA 覆晶封裝的技術量產 iCore5 CPU 產品。當時，Intel 開發並量產在晶圓上電鍍高密度銅柱，以取代電鍍錫球，使晶片上輸入/輸出口的密度增加，並提升了覆晶封裝對熱應力 (thermal stress) 的可靠度。

晶片封裝的演進－I

晶片內的金屬連線和晶片封裝的金屬連線如何粘合 (bonding)？

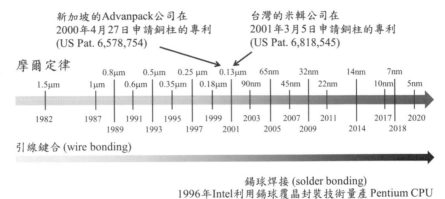

新加坡的Advanpack公司在
2000年4月27日申請銅柱的專利
(US Pat. 6,578,754)

台灣的米輯公司在
2001年3月5日申請銅柱的專利
(US Pat. 6,818,545)

引線鍵合 (wire bonding)

錫球焊接 (solder bonding)
1996年Intel利用錫球覆晶封裝技術量產 Pentium CPU

銅柱焊接 (copper pillar bonding)
2007年Intel利用銅柱覆晶封裝技術量產 iCore5 CPU

晶片封裝的演進－II

過去被視為傳統產業，卻是承擔保護晶片及信號輸入輸出的重要技術

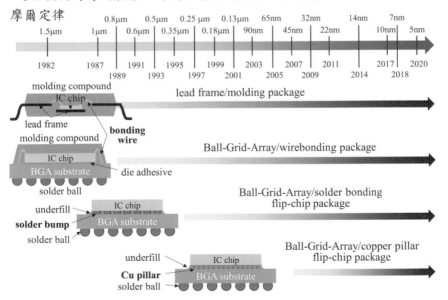

lead frame/molding package

Ball-Grid-Array/wirebonding package

Ball-Grid-Array/solder bonding
flip-chip package

Ball-Grid-Array/copper pillar
flip-chip package

　　上述的 4 種晶片的封裝類型的演進是依據：(a) 封裝基板：從導線架到球柵陣列基板，(b) 晶片到基板的連接方式：從金打線、錫球到銅柱。現在的先進封裝技術不同於上述的 4 種晶片的封裝技術，已經成為延續摩爾定律的法寶，半導體公司爭相投入開發技術、投資設廠生產。

　　第一章第四節提到 1985-1990 年期間，我因預測曝光技術將在 0.1-0.2 微米時達到光波解析度的物理極限，加入了 AT&T Bell Labs 開發矽基板上的多晶片模組 (Multi-Chip module based on silicon substrate，MCM) 技術，希望用來延長延摩爾定律；而後於 1999-2011 期間創辦了米輯科技 (Megic) 和米輯電子 (Megica)，希望能實現並改進 AT&T Bell Labs MCM 的先進封裝技術。

　　台積電原來只做晶圓代工，2000 年開始提供晶圓電鍍錫球的製造服務；2010 年開始積極介入先進封裝技術的開發及量產，進而取代 Intel，主導先進封裝的技術及產業生態。2013 年，台積電的 CoWoS (Chip-on-Wafer-on-Substrate) 利用矽中介層 (silicon interposer) 當作金屬連線的基板，幫 Xilinx 生產在一個封裝中包含多顆現場可程式化邏輯閘陣列 (Field Programmable Gate Array，FPGA) 晶片的產品，工藝超強，難能可貴，實現了 30 年前 AT&T 貝爾實驗室多晶片模組 (Multi-Chip Module，MCM) 的夢想 (參考本章第四節)。2016 年，台積電的 InFO (Integrated Fan-Out) 在晶片的封裝塑料上形成扇出金屬連線 (fan-out metal interconnection) 幫 Apple 代工量產 iPhone 7 的應用處理器晶片 (Application Processor Unit)，實現了卡西歐 (Casio Computer) 及米輯 (Megic) 等公司在 2000-2010 年間熱烈開發及申請專利的塑料扇出封裝 (fan-out molding package) (參考本章第五節)。

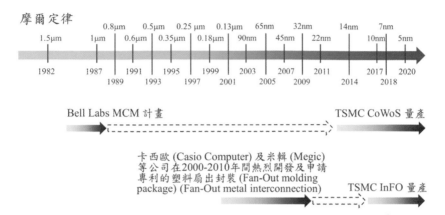

晶片封裝的摩爾定律 (Moore's law of chip package)：未來每隔 X 個月，晶片封裝單位體積內所含的電晶體數目加倍

　　晶片的演進遵循著摩爾定律，每隔 N (18-24) 個月，單位面積所含的電晶體數目加倍；而現在的先進晶片封裝技術，尤其是多晶片封裝，也展現了晶片封裝的摩爾定律。可以預期的是：若不考慮所包含的晶片的電晶體數目遵循摩爾定律成長，未來每隔 X 個月，晶片封裝中單位體積所含的電晶體數目將加倍！

　　若是同時考慮所包含的晶片遵循摩爾定律發展，則整個晶片封裝的摩爾定律會加速：未來每隔 Y 個月，晶片封裝中單位體積所含的電晶體數目將加倍！其中 $Y = NX / (N+X)$。當 $N = X$，理論上，整個晶片封裝摩爾定律(考慮所包含的晶片遵循摩爾定律的情況下) 的 $Y = N/2$，也卽單位體積的電晶體數目加倍所需的時間就會縮短爲 9-12 個月。

晶片封裝的摩爾定律
(Moore's law of chip package)
每隔X個月，晶片封裝單位體積內所含的電晶體數目將加倍

- 晶片的演進遵循著摩爾定律，每隔N(18-24)個月，單位面積所含的電晶體數目加倍。
- 而現在的先進晶片封裝技術，尤其是多晶片封裝，也展現了晶片封裝的摩爾定律，可以預期的是：若不考慮所包含的晶片的電晶體數目遵循摩爾定律成長，未來每隔X個月，晶片封裝中單位體積所含的電晶體數目將加倍！
- 若是同時考慮所包含的晶片遵循摩爾定律發展，則整個晶片封裝的摩爾定律會加速：未來每隔Y個月，晶片封裝中單位體積所含的電晶體數目將加倍！其中$Y = NX/(N+X)$。
- 現在，晶片的摩爾定律面臨物理極限及成本的挑戰，N逐漸增大，很難維持18-24個月的發展速度；產業界期待晶片封裝技術的發展可以延續晶片的摩爾定律，也就是，整個晶片封裝中單位體積所含的電晶體數目加倍所需的時間Y，依然可以維持在18-24個月。
- 未來，當N >>X時，$Y = NX/(N+X) \sim X$，亦卽晶片摩爾定律發展的挑戰越來越大時，摩爾定律將逐漸由晶片封裝來主導！

　　現在，晶片的摩爾定律面臨物理極限及成本的挑戰，N 逐漸增大，很難維持 18-24 個月的發展速度；產業界期待晶片封裝技術的發展可以延續晶片的摩爾定律，也就是，整個晶片封裝中單位體積所含的電晶體數目加倍所需的時間 Y，依然可以維持在 18-24 個月。未來，當 N >>X 時，$Y = NX / (N+X) \sim X$，亦卽晶片摩爾定律發展的挑戰越來越大時，摩爾定律將逐漸由晶片封裝來主導！

第四節　貝爾實驗室在 1980 年代開發多晶片模組技術，期望延續摩爾定律

　　1982 年到 1984 年間，我參與了 IBM 第一代 (1.2 微米) 及第二代 (1.0 微米) CMOS 技術的開發，到了要開發第三代 CMOS 技術 0.8 微米時，我心中產生一個疑問：0.8 微米已經很接近光的波長 (0.4 微米到 0.7 微米) 了，還能再繼續縮小下去嗎？摩爾定律真的不會遇到瓶頸嗎？

　　當時，很多人與我有類似的懷疑，其中不乏半導體大師級的人物。後來，IBM 和 AT&T 貝爾實驗室都投入 X 光照相平版印刷 (X-ray photolithography) 研究，及開發電子束掃描 (e-beam scanning) 光阻形成圖案的技術。那時，我不相信用 X 光及電子束的技術可以量產，倒是比較相信 AT&T 貝爾實驗室剛剛開始研發的多晶片模組 (Multi-Chip Module，簡稱 MCM) 技術，可以延續半導體晶片的摩爾定律。於是，我就加入了貝爾實驗室的多晶片模組計畫。

　　AT&T 貝爾實驗室在 30 多年前開發的多晶片模組就是現在盛行的 2.5D 矽中介層 (silicon interposer) 晶片封裝，亦即現在台積電的 CoWoS (Chip-on-Wafer-on-Substrate)。其中最重要的，是在矽基板上建構多層的電鍍銅金屬連線。AT&T 貝爾實驗室可以說是矽晶圓上電鍍銅金屬連線的先驅。直到 1995 年，IBM 等公司才開始開發 IC 矽晶圓上的電鍍銅製程。當年 AT&T 貝爾實驗室開發多晶片模組時，其矽晶圓上的電鍍銅是用凸出銅 (embossing copper) 製程形成的，並以金打線 (gold wirebond) 和外界連結；現在台積電 CoWoS 矽晶圓上的電鍍銅則是用嵌入銅 (damascene copper) 製程形成的，並經由矽通孔 (Through-Silicon-Via，TSV)，利用底

部的錫凸塊 (solder bump) 和外界連結。

貝爾實驗室在多晶片模組矽基板上的電鍍銅技術是矽晶圓電鍍技術發展的先驅

　　利用電鍍銅的技術形成導線是印刷電路板產業中的成熟製程，但是在矽晶圓用電鍍銅形成金屬連線則是一波三折！

　　說起在矽晶圓上形成電鍍銅，我個人有切身難忘的經歷。我在 1984 年底加入了 AT&T 貝爾實驗室，開發矽基板上的多晶片模組技術；其中的重頭戲就是在矽基板上建構多層的電鍍銅的金屬連線。當時，要在晶圓上進行電鍍，最大的挑戰就是電鍍機。我們的團隊千辛萬苦的設計製造了一台電鍍機，包括正電極 (銅板)、電鍍液的攪拌系統，以及負電極 (承載四吋晶圓的治具)。還記得當時進行電鍍作業時，操作員要先把晶圓放進治具，夾好鎖好，放入電鍍槽中，再用金屬夾子夾住正負極，才開始電鍍。這台電鍍機是當時 MCM 實驗室的寶貝和重心，一旦當機，就好幾天不能跑製程。除了電鍍機以外，另外一個要解決的問題是銅的氧化腐蝕。為了這個問題，我們還用無電極電鍍 (electroless plating) 的方法形成在電鍍銅表面一層薄薄的鎳層，把電鍍銅完全的包覆起來以隔絕水氣，增加了不少製程的複雜度。

　　那為什麼在 1980 年代，技術專家不開發電鍍銅的技術來製作積體電路晶片上的金屬連線呢？因為當時摩爾定律已經進入 1.0 微米的技術節點，而電鍍銅的技術被認為只能做印刷電路板上 100 微米線寬的金屬連線，不可能做到 1 微米線寬的金屬連線。然而，當時我們 MCM 矽基板上的金屬連線寬度只要 10 微米就可以，因此貝爾實驗室在 MCM 矽基板上的電鍍銅技術就成為矽晶圓上電鍍銅技術發展的先驅。

　　相對於後來晶片上的鑲入銅技術，當年貝爾實驗室的電鍍銅連線是用

光阻定義的凸出銅技術。如前面第二節所述，米輯科技的後護層技術就是
利用貝爾實驗室光阻定義的凸出銅，來做高速信號傳輸金屬連線及電力配
送網路。

金屬導線在介質中的電力及電訊傳輸是電磁學教科書裡的教材

　　金屬導線在介質中的電力及電訊傳輸是電磁學教科書裡的教材。電訊
在金屬導線的傳輸可以用動態的 (dynamical) 歐姆定律來描述：$I = V/Z$，
其中 I 是電流，V 是電壓，Z 是阻抗 (impedance)，I、V 和 Z 可以用複數
$(X+jY)$ 表述。金屬導線在介質中的傳輸行為可以用集總元件模型
(lumped element model) 來計算，也就是利用金屬導線在介質中的 R (電阻
Resistance)、C (電容 Capacitance) 和 L (電感 Inductance) 3 個元件來計
算。若金屬導線傳輸訊號頻率是 f，則 $Z = ((R+j\omega L)/j\omega C)^{1/2}$，其中 $\omega =
2\pi f$。

　　集總元件模型適用於短距離 (d) 或低頻 (f) 傳輸的金屬導線的電性
計算。但是如是長距離 (d) 或高頻 (f) 傳輸的金屬導線的電性，就必須
用分佈元件模型 (distributed element model) 來計算。理論上來說，如果訊
號傳輸的距離小於波長 (λ)，則集總元件模型適用；如果訊號傳輸的距離
大於波長，則必須用分佈元件模型，也就是傳輸線模型 (transmission line
model)。波長 $\lambda = v/f$，v 是信號傳輸速度，$v = c/(f \varepsilon_r^{1/2})$，c 是光速 3×10^{10}
cm/s，ε_r 是相對介電常數 (relative dielectric constant)。晶片上的金屬導線
被 SiO_2 介電質包覆，而 SiO_2 的相對介電常數大約是 4；因此 $\lambda = 1.5\times10^{10}/f$
cm。若頻率 f 是 1 GHz，則波長是 15 cm，因此晶片或矽中介質 (silicon
interposer) 的金屬導線電性用集總元件模型計算即可。但是，若頻率 f 是
10 GHz，則波長是 1.5 cm，則晶片，尤其是矽中介質，的金屬導線電性就

必須考慮傳輸線模型。

　　印刷電路板 (Printed Circuit Board，PCB) 的金屬導線的直徑在釐米或幾十密耳 (mil) 大小，此大尺寸的金屬導線因為電阻 (R) 小，可被當成無耗損傳輸線 (lossless transmission line)；其傳輸速度為 $1/(LC)^{1/2}$ m/s，其阻抗 (impedance) 為 $(L/C)^{1/2}$ 歐姆，其中 L 是電感 Henry/m，C 是電容 Farad/m。MCM 矽基板上的微帶金屬線尺寸是在微米等級，電阻大；並且所用的介電絕緣層材料聚醯亞胺 (polyimide) 在高頻時會有明顯的散逸因數 (dissipation factor)，因此成為耗損傳輸線 (lossy transmission line)，那時貝爾實驗室 MCM 研究團隊覺得需要針對耗損傳輸線做一番的探討與研究。

貝爾實驗室是研究矽晶圓上微帶金屬線 (microstrip metal line) 的信號損耗傳輸 (lossy transmission) 及互擾雜訊 (crosstalk) 電性的先驅

　　我很榮幸的有機會和 MCM 團隊裡幾個頂尖的物理學家一同研究矽晶圓上的微帶金屬線 (microstrip metal line) 的訊號傳輸行為。當年 K. K. Thornber 和 Bob Frye 做電磁理論的探討，Jim S. Loos 和我則做實際的電性量測和開發訊號傳輸的電性模型。

　　團隊中 Jim S. Loos 是功力高強的高能物理 (基本粒子物理) 學家，那時已經 50 歲出頭，剛從芝加哥著名的阿貢國家實驗室 (Argonne National Laboratory) 加入我們 MCM 的團隊。他和我共用一間辦公室，我們都深愛物理。在位於紐澤西州 Murray Hill 古色古香的貝爾實驗室的辦公室裡，每天談論著用物理來解釋周遭的各種自然現象，嘗試著用數學公式及數字把各種自然現象量化，那真是一段愉悅美好的時光，也造就了我日後喜歡用數學公式及數字描述事物，追根究底的習慣。後來，我們發表了數篇論

文，報告矽晶圓上微帶金屬線的信號傳輸量測結果及解讀，包括：

(1) M. S. Lin, A. H. Engvik, J. S. Loos, "Measurements of Transient Response on Lossy Microstrips with Small Dimensions", IEEE Transactions on Circuits and Systems, Vol. 37, No. 11, November 1990。這篇論文主要是量測脈波 (pulse) 在矽晶圓上微帶金屬線的信號傳輸行為，並用理論計算及解釋；此篇論文的實驗中所量到脈波的上昇時間 (rise time) 快速到 40 皮秒 (pico-second)，可以說是當時信號損耗傳輸 (lossy transmission) 的記錄。

(2) Mou-Shiung Lin, "Measured Capacitance Coefficients of Multiconductor Microstrip Lines with Small Dimensions", IEEE Transactions on Components, Hybrids, and Manufacturing Technology, Vol. 13, No.4, December 1990。這篇論文主要是量測矽晶圓上微帶金屬線的電容，並將量測結果和用電腦軟體模擬計算出的電容數值做比對。

(3) M. S. Lin, A. H. Engvik, J. S. Loos, "Measurements of Crosstalk between Closely-Packed Lossy Microstrips on Silicon Substrates", Electronics Letters 24th May 1990, Vol. 26 No. 11 pp. 714-715。這篇論文主要是量測在矽晶圓上 2 條微帶金屬線的信號傳輸時的互擾雜訊 (crosstalk)。

(4) J. S. Loos, A. H. Engvik, M. S. Lin, C. G. Lin-Handel, "Measurements of Signal Transmission to 20 GHz and Crosstalk to 10 GHz on Small Copper Microstrips Embedded in Polyimide Dielectric", Microwave and Optical Technology Letters, Vol. 3, P. 229, 1990。這篇論文主要是量測在矽晶圓上微帶金屬線的信號傳輸行為及互擾雜訊，並用理論計算及解釋。量測時用的是正弦波 (sine wave) 的訊號，而不是上述 (1) 的脈波。上述 (1) 的脈波量測是針對時間，而正

　　　弦波的量測則是針對頻率。此篇論文中所量測到的頻率高達 20 GHz，可以說是當時信號損耗傳輸的記錄。

　　讀者可能注意到上列 4 篇論文都在 1990 年發表，此乃因當年 AT&T 貝爾實驗室把 MCM 計劃當成公司的最高機密，不准對外談起，更遑論發表論文。這在一向學術開放自由的貝爾實驗室，真的很不可思議！當時只有 MCM 實驗室主任和幾位經理於 1987 年分別在 ISSCC (1987 IEEE International Solid-State Circuits Conference) 及 ECTC (1987 IEEE Electronic Components and Technology Conference) 發表的 2 篇論文，非常可惜！(請參考 H. Livinstein, C.J. Bartlett and W. Bertram, "Multi-chip packaging technology for VLSI-based systems", 1987 IEEE International Solid-State Circuits Conference. Digest of Technical Papers)。1998 年年底 MCM 計畫宣布結束後，我們這些底下的研究員才趕緊日以繼夜的撰寫論文，送出發表，總希望能留給半導體業界一些東西。

　　AT&T 貝爾實驗室在 1984-1988 年間總共投資了 3 億美元開發 MCM 技術，可惜早了 30 多年。1988 年 12 月 7 日，AT&T 貝爾實驗室多晶片封裝計劃主任 Hyman Levinstein 召集所有同仁開會，毫無預警的宣布當日即刻結束 MCM 計劃。1980 年代，3 億美元是一筆很大的數目，以當時 1 美元兌換 40 元台幣計算，相當於台幣 120 億元。台積電從 1987 年創立到 1990 年我加入台積電時，總共募資也才實收現金 68 億元台幣。這 3 億美元巨額投資的 MCM 計劃，雖然失敗，但其延續摩爾定律的願景卻影響深遠。台積電現在紅遍半邊天的 CoWoS (Chip-on-Wafer-on-Substrate) 就類似當年 AT&T 貝爾實驗室的 MCM 技術，令當年參與貝爾實驗室 MCM 計劃，現在已經年老的我，感到無比的欣慰。

　　寫到當年在貝爾實驗室的經歷，不禁讓我懷念起當時一起參與 MCM 計劃的兩位老友：Dr. King L Tai 是我們當年 MCM 模組架構的靈魂人物，

林文權博士 (Albert W. Lin) 則致力於開發 MCM 模組所用的介電絕緣層材料聚醯亞胺 (polyimide) 及製程。他們兩人和我在貝爾實驗室時通力合作。離開貝爾實驗室後，我們還經常連絡，討論如何改進當年開發的 MCM 技術。這一段共同追求夢想的友誼，真是難得且難忘！

第五節　米輯的奇異旅程──MeGic 及 Freeway 兩個創新的願景及夢想

　　貝爾實驗室 MCM 計劃結束的 11 年後，1999 年，我創立了米輯科技 (Megic Corporation)。在公司成立之前，1998-99 年間，我就先申請了 4 個美國專利，揭露公司的願景，包括：晶圓級封裝 (wafer-level package，US Pat. 6,103,552，US Pat. 6,159,773)、晶片堆疊封裝 (chip-on-chip stacked package，US Pat. 6,180,426) 及晶片護層上電鍍厚銅高速傳輸導線 (post-passivation thick metal，US Pat. 6,383,916)。

　　因應市場上對於手提電腦及手持行動電話短小輕薄的需求，晶圓級封裝及晶片堆疊封裝成為一個可能的解決方案。當時，我認為把記憶晶片和邏輯晶片面對面的上下堆疊，讓兩顆晶片直接連結，不但可以減少體積，更可以加快邏輯線路和記憶體之間訊號的傳遞速度。因此，就以這個簡單而重要的概念，用 MEmory 和 loGIC 合成的 MEGIC 做為公司的名字，同時將記憶晶片疊在邏輯晶片之上的意象設計成圖案，做為公司的標誌 (logo)，並且做成立體模型掛在公司的入口。Logo 的圖案呈現出「M」和「L」兩個字母，分別代表 memory 和 logic，剛好是我英文名字「Mou-Shiung Lin」的縮寫「ML」，太巧合了！我當時非常得意能以晶片的兩大類別及人腦的兩大功能「記憶」和「邏輯」為自己創立的公司命名。雖然公司後來因為併購而消滅，一直到現在，對於「MEGIC」及「米輯」，我還是非常珍惜和懷念，就如同自己親生的小孩一樣。

米輯科技的名字及Logo

- 以晶片的兩大類別及人腦的兩大功能「記憶」和「邏輯」為公司命名，而用 MEmory和loGIC合成的MEGIC做為公司的英文名字。公司的中文名字「米輯」的「米」是指如稻米大宗商品一樣的記憶晶片，「輯」則是指邏輯晶片的輯。
- 將記憶晶片疊在邏輯晶片之上的意象設計成圖案，做為公司的標誌，並且做成立體模型掛在公司的入口。Logo的圖案呈現出「M」和「L」兩個字母，分別代表memory和logic。

　　至於在晶片最上層的護層 (passivation layer) 上方製作電鍍厚銅高速傳輸導線的構想，更加強我創業的熱情。當年，半導體晶片技術的演進遵循摩爾定律，金屬連線越做越窄越薄，雖然密度很高，可以連接到晶片上的每一個電晶體；但是又窄又薄的金屬連線的電阻、電容高，速度慢。我當時就想，為什麼不把當年在貝爾實驗室的 5 微米厚的電鍍銅連線技術直接做在晶圓最上層的保護層上面，提供低電阻的金屬連線呢？這就是米輯提倡的後護層技術 (Post-Passivation Technology)，並在美國及台灣申請「Freeway」為註冊商標。因為要做出厚的銅連線 (例如 5 微米甚至 10 微米)，米輯就決定參照貝爾實驗室用光阻定義銅連線的製程來發展 Freeway 銅連線。

　　米輯提倡的後護層技術 (Post-Passivation Technology) 是在晶片的護層上面提供高速傳輸的厚金屬層，用來做長距離的訊號傳輸，而最大可能的

用途是晶片的電力配送 (power/ground distribution)。

要實現晶圓級封裝、晶片堆疊封裝或 Freeway，都需要在矽晶圓上電鍍錫球及電鍍厚銅的技術。但是，在 1999 年米輯科技成立時，矽晶圓的電鍍機還尚未成熟。當時在日本已經量產應用在 LCD 驅動 IC 晶片上的電鍍金凸塊，用以連接到 LCD 的玻璃面板。可是電鍍機的操作是人工模式，自動化不足。IBM 和 Motorola 雖然在 1998 年宣布成功開發含有電鍍銅線路技術的 IC 晶片，可是，可量產的銅電鍍機也還沒有商業化。因此，貝爾實驗室發展用光阻定義銅連線的製程之後，雖然經過了 15 年，米輯還是面對同樣的困境——不成熟的矽晶圓電鍍機。

雪泥留鴻爪：說到矽晶圓電鍍機，我有太多的深刻回憶，也許可以趁此機會敘述一些故事

1999 年我空手創業，什麼都沒有，如何達成 MeGic 及 Freeway 兩個創新的願景呢？第一章中已經介紹了米輯的 MeGic 及 Freeway 兩個創新的技術。MeGic 是把記憶體晶片和邏輯晶片封裝在一個先進的多晶片封裝。多晶片封裝在 1980 年代被稱為多晶片模組 (Multi-Chip Module，MCM)；2000 年被稱為單封裝系統 (System in a Package，SiP)，用於對比當時興起的單晶片系統 (System On a Chip，SOC)；之後又被稱為異質整合 (heterogeneous integration) 封裝。不論名稱為何，多晶片封裝中的覆晶封裝都需要在晶片上長出錫球。本章節所說的金屬連線除了用來連接晶片中的眾多電晶體，事實上，晶片還需要和外部的電路和電源連接的金屬接點，才能運作。此對外的金屬連接 (metal interconnect)，早期是利用金打線 (gold wire bonding)，後來發展的覆晶封裝 (flip-chip package) 則改用錫球。1980 年代初期，我在 IBM 時是用蒸鍍錫 (evaporating solder) 的方法在晶片上形成錫球；1980 年代中後期，我在貝爾實驗室時也是用蒸鍍錫在晶片上

形成錫球；1999 年我創立米輯，當時的日月光和矽品等大的封裝公司是用網印錫 (screen printing solder) 在晶片上形成錫球。而我，則決定發展當時 Intel 已經在量產的電鍍錫。

米輯技轉新光電氣電鍍錫球的技術做為晶圓上電鍍銅導線及電鍍錫球的基礎產線 (base line)

米輯成立時，首先要考慮的就是要建立一條矽晶圓電鍍錫和電鍍銅的基礎產線 (base line)。但憑空跑出一條基礎產線曠日費時，談何容易？米輯在此技術屬於新進者，縱使能夠自己開發出晶圓電鍍錫和電鍍銅的技術，也很可能會遭遇到專利智財侵權的糾紛。當時，我就決定尋找技術移轉的可能。

1996 年，Intel 的 Pentium CPU 率先量產用電鍍錫球的覆晶封裝。當時的 Intel 日正當中，攜手供應商獨力主導整個電鍍錫球覆晶封裝的產業架構和生態。其中很重要的是，Intel 和日本新光電氣 (Shinko Electric) 合作開發覆晶封裝所需要的球柵陣列 (Ball Grid Array，BGA) 基板。為了開發 BGA 基板，新光電氣的研發部門同時也建立一條在矽晶圓上電鍍錫球的研發產線。可是，Intel 又培養日本另一家 BGA 基板供應商揖斐電公司 (Ibiden)，並把一大部分的生意移轉給揖斐電。因此日本新光電氣公司在 1998 年財務狀況不好，考慮裁撤這條矽晶圓電鍍研發產線。或許是老天的安排，很巧的，米輯找到新光電氣，談成了技轉電鍍錫和電鍍銅的技術，給了一筆技術授權及移轉費用，也讓新光電氣這條矽晶圓電鍍研發產線可以存活下來以及研發人員可以留下來繼續開發技術。

在米輯成立時，雖有 MeGic 和 Freeway 的願景，但我預估要靠此二技術讓米輯有營業收入需要很長的時間。但是，增強我創立米輯信心的是 Altera 的電鍍錫球生意。當時美國 Altera 公司的營運副總 Denis Berlan 告訴

我，Altera 的 FPGA 晶片和外界的接腳已經接近 1,000 個，迫切需要高密度的電鍍錫球。當時覆晶封裝已經逐漸普及，封裝的代工廠商所提供晶圓上的覆晶封裝錫球都是用網印形成的，比較屬於機械性 (mechanical) 製程，而不像積體電路的物理或化學製程。Denis 還告訴我，他曾經要求台積電幫 Altera 做高密度的電鍍錫球，但當時的台積電認為這不是台積電的業務範圍，因而拒絕。Denis 還因此抱怨台積電只顧自己的晶圓製造 (wafer manufacturing) 業務，而忽視有產品的客戶所需要的產品製造 (product manufacturing) 全盤解決方案 (total solution)。既然台積電不做，我很高興的告訴 Denis，就由我新創的公司來幫他做。Denis 很開心找到了電鍍錫球的解決方案。

　　Denis 是我 1990 年代初期帶領台積電研發團隊時就密切合作的客戶伙伴，當時我們就把 Altera 的 FPGA 晶片設計當成是台積電邏輯製程的開發載具。FPGA 晶片對金屬連線的需求強烈。1991 年，台積電 0.8 微米世代僅有 2 層鋁金屬連線時，Denis 就告訴我，Altera 幾乎無法設計 FPGA 晶片，他們需要第 3 層金屬連線。因此台積電就加緊開發 0.8 微米世代 3 層金屬連線製程。1992 年，當第一片使用 3 層金屬連線製程的 Altera FPGA 晶片驗證成功時，Denis 還高興的把我抱起來！

張董事長在決定世界先進投資米輯 15%前，還向台積電高層部屬確認台積電不進入米輯的產業

　　事實上，在 1998 年，我曾向張忠謀董事長建議台積電應該考慮進入多晶片模組 (Multi-Chip Module，MCM)，尤其是矽基板 (現在稱為矽中介層 silicon interposer)。1997 年張忠謀董事長從台積電指派我去當台灣慧智股份有限公司 (WYSE) 代理總經理；1998 年完成階段性任務，張董事長希望我回台積電。那時曾經有 2 次，在新竹科學園區園區三路台積電二廠張董

事長的辦公室，我花了很大功夫向張董事長解釋 MCM 技術，建議台積電考慮進入這產業，尤其是替客戶在晶圓上長錫球，因為 Intel 已經在 1996 年用電鍍錫球生產覆晶 BGA 的 Pentium CPU 晶片。我向張董事長表示，如果台積電不做，我就想創業來做。後來我決定創立米輯，張董事長那時也同時擔任世界先進股份有限公司 (Vanguard) 的董事長，在決定世界先進投資米輯 15% 前，還向台積電高層部屬確認台積電不進入此產業。

新光電氣的電鍍錫球，不僅可以幫 Altera 生產，讓新創的米輯很快有營收，同時也可以用來開發 MeGic 堆疊技術。更有甚者，電鍍錫球的底部有一層 5 微米厚的電鍍銅，業界稱此層電鍍銅為 Under-Bump-Metallization (UBM)。此 5 微米厚的電鍍銅 UBM，剛好用來開發 Freeway 技術，真是太完美了！另外，當時 LCD 驅動 IC 晶片所需的金凸塊，需求大增；鑑於大部分電鍍錫球的製程設備，都可以用來生產 LCD 驅動 IC 晶片所需的金凸塊，我就規劃同時也進入 LCD 驅動 IC 晶片所需的金凸塊產業，讓公司除了 Altera 電鍍錫球生產營收外，還多加金凸塊生產營收。

除了規劃新公司的技術研發和生產營收外，我也組成了堅強的經營團隊，包括延攬曾任合泰半導體總經理陳領當總經理，主導公司設廠、生產及營運；前台積電同仁李進源主管技術；我的中學同學鄧益芳主管人事行政；及彭協如主管財務會計；當時我覺得創立米輯的規劃完美無缺，心滿意得，意氣風發，一切準備就序，實現 MeGic 和 Freeway 的大夢指日可待。我何德何能，竟有如此境遇，感謝天，感謝神！

在米輯的幫助下，台積電也技轉新光電氣電鍍錫球的技術，進入電鍍錫球領域

可是，天不從人願，在短短不到一年的時間，台積電改變主意，決定自己進入電鍍錫球的技術。

　　1999 年 11 月，台積電告知我，他們也想進入電鍍錫球的代工產業；他們已經找過了新光電氣，希望能夠技轉新光電氣電鍍錫球的技術；但新光電氣說他們已經技轉給米輯了。因此台積電希望我幫忙，同意新光電氣也將電鍍錫球的技術技轉給台積電。雖然台積電副總魏哲家在 e-mail 裡面告訴我，台積電主要目的是要建立電鍍錫球的基本技術，以後每個月生產的晶圓限制在一萬片以下，超出的量由米輯生產。但以我對台積電量產的效率、良率和品質的切身經歷，客戶不可能把量產放在剛成立不久的小公司米輯。這訊息對我來說，簡直是晴天霹靂，美夢破滅！如何面對公司員工及出錢的股東，尤其是那些情義相挺的親朋好友小股東呢？我還擔心股東告我詐騙，讓他們出錢投資米輯。有很長一段時間，晚上躺下來，眼睛望著天花板，久久不能闔眼，除了開始懷疑自己當初創立米輯是否不自量力，作白日夢，幼稚可笑，不了解商場的遊戲及產業的生態外，還埋怨的問：神在那裡呢？台積電爲什麼在短短的一年內就做出 180 度反轉的決定呢？多年後回想，猜測可能是 Altera 在知道米輯技轉新光電氣電鍍錫球後，強力要求台積電提供此製造服務；另外，也有可能是米輯四處宣揚，讓台積電知道我們從日本技轉了電鍍錫球的技術。而台積電過去認爲網印製程不是台積電晶圓製造的範圍，在 Altera 要求下，改變看法，認定電鍍製程是台積電晶圓製造的範圍。這樣的解讀，純屬我個人的臆測，無法從台積電及 Altera 得到驗證。

　　我知道台積電一旦決定要做的事，我絕對沒有能力改變。台積電是我的老東家，我有幸參與台積電帶領早期研發處的技術的開發；1994 年台積電股票上市奠定了我財務自主的能力，心存感恩；而且台積電認爲，只要台積電宣佈進入電鍍錫球的領域，優秀的米輯工程師就會被吸引過去；再加上我可以預見米輯 MeGic 及 Freeway 的願景，假以時日，台積電必將這些技術和願景發揚光大。雖然無可奈何，我還是答應幫忙介紹牽線，讓台

積電技轉新光電氣電鍍錫球的技術。

　　1999 年 12 月初，我帶著台積電魏哲家副總到日本長野 (Nagano) 簽署台積電和新光電氣的技轉合約。2000 年初，米輯和台積電共組一支技轉團隊到長野，技轉電鍍錫球和電鍍銅的技術。技轉回來後，米輯在新竹科學園區研發一路的廠房，而台積電就在工研院一廠的廠房，各自設立產線。後來米輯跟台積電在新光電氣的幫助下，找來日本荏原公司 (Ebara) 開發自動化整合型電鍍機，可以依照產品金屬凸塊結構的需求，以程式控制機械手臂，自動傳送晶圓到銅、鎳、錫的電鍍槽進行電鍍，形成銅/鎳/錫金屬凸塊。米輯的工程師利用這台整合型電鍍機做了很多實驗，也申請了不少專利，我到現在都還記得這台自動化整合型電鍍機的樣子。

台積電進入電鍍錫球產業後，我認為米輯要靠電鍍錫球量產而營收獲利是不可能的，因為客戶一定會逼著台積電幫他們量產

　　知道台積電要進入電鍍錫球產業後，我認為米輯要需要改變策略，才能存活。因此不到一年的時間，米輯就調整公司策略，把花了台幣數億元的銅、鎳、錫電鍍設備用來全力開發 MeGic 和 Freeway 技術，嘗試尋找可能應用這個創新技術的客戶，並同時申請這個技術的相關專利，企盼至少留下痕跡，以免到頭來兩手空空，什麼都沒有。另外，米輯把生意重點改成放在提供當時正在台灣萌芽的 LCD 驅動 IC 晶片所需的金凸塊，希望藉由金凸塊的營運，能夠有財務收入，以維持公司的生存。很幸運的，當時購買的設備，有一大部分可以用來同時生產金凸塊及錫凸塊。

　　拜當年台灣的 LCD 面板廠（如友達、奇美光電、群創等）不斷的擴廠所賜，LCD 驅動 IC 晶片需求大增，在其晶片上長金凸塊的需求也隨之大增。在 2005 年的時候，米輯一個月可以在 3、4 萬片晶圓上長金凸塊，員

工五、六百人，成為全世界第二大金凸塊生產廠商 (僅次於頎邦)。當年，米輯公司股票已上了台灣興櫃，一股賺約新台幣一塊錢。當時光在台灣就有四、五家以上的金凸塊廠商在競爭產值這麼小的產業，每天就是殺價錢，擠效率。我雖然很感激金凸塊讓米輯在創業環境改變時活了下來，但終究不是我的專長或是喜歡的領域。因此，我就決定把公司和同業合併 (Mergers and Acquisitions，M&A)，開始尋找合併對象。很快的，米輯科技在 2005 年底和飛信半導體公司達成合併協議；而飛信又在 2009 年和頎邦合併。這是台灣在 LCD 驅動 IC 金凸塊及封測產業一個很徹底、很成功的整頓合併的典範。

說起米輯科技的金凸塊事業，我就想起當初一個讓我在倫理和營利之間的煎熬決定

說起米輯科技的金凸塊事業，我就想起當初一個讓我在倫理和營利之間的煎熬決定。1999 年，米輯決定進入金凸塊產業時，大部分公司的金凸塊電鍍製程都是採用成熟穩定的氰化金鉀 (potassium gold cyanide，$KAu(CN)_2$) 的電鍍液。但是，採用含有氰化物的電鍍液生產時，如果操作失誤，添加了酸性化合物，會產生致命的氰化氫 (HCN) 氣體，將危及現場人員的安全，而且氰化物電鍍液的廢液若是處理不當可能會污染環境。基於環保及工安的考量，當時已經有人提出應該改用非氰化物 (non-cyanide) 的電鍍液來鍍金，例如亞硫酸金鈉 (sodium gold sulfite，$Na_3Au(SO_3)_2$) 的電鍍液。但是亞硫酸金鈉電鍍液不是很穩定，電鍍液的壽命短，需要經常更換，會增加生產成本。這可讓我的內心陷入兩難抉擇的掙扎。最後，我內心的倫理觀戰勝了營利的誘惑，選擇了亞硫酸金鈉電鍍液，但這個決定卻也讓米輯吃盡了苦頭！

亞硫酸金鈉電鍍液很不穩定，壽命短且難以預測。在導入生產的初

期，金凸塊良率的不穩定、昂貴的晶圓報廢，以及昂貴的製造成本等種種
不良的後果，大大的超出了當初做決定時的預期。金凸塊的製造代工業者
是在晶圓廠已經製造完成的晶圓上，長出金凸塊。一片晶圓的金凸塊製造
代工價錢不到一百美元；但如果金凸塊做壞了，就要賠償客戶整片晶圓上
千美元的價值。我當時常說，我們這行業是在太歲頭上動土，做不好是要
殺頭的，因此晶圓上長金凸塊的良率必須達到 99.5%以上才行。米輯最慘
的一段時間，經常換了新的電鍍液後，只電鍍了幾片晶圓，就因爲鍍出來
金凸塊品質有問題而無法再繼續使用，需要再次更換電鍍液，成本非常
高。那段時間，我這個董事長急到一天到晚待在無塵室內，趴在電鍍機旁
邊，和設備工程師一起清洗電鍍機的電鍍槽及管路。經過長時間的折磨，
米輯終於在 2005 年將金凸塊晶圓的月產能提升到 4 萬多片，成爲全球最大
的非氰化物金凸塊製造代工廠！雖然，非氰化物金凸塊製造的良率和成本
終究難以和氰化物金凸塊競爭，但我還是不後悔當初因爲倫理而選擇非氰
化物電鍍液的決定。

　　上述這一個涉及倫理和營利的關鍵抉擇的小故事，正好呼應了在第一
章結語所說的：在做生死存亡或關鍵抉擇時，憑藉的是心中的道德倫理觀
及宗教信仰，而不在於在學校所學習的知識。如今，ESG (Environmental
環境，Social 社會責任，Governance 公司治理) 已成爲政府的公共政策及公
司企業的經營準則，而不只是公司經理人的倫理觀而已。當初的決定，反
而更讓我感到非常榮耀！

ADI 利用米輯電鍍厚金屬設計具有高品質因素 (quality factor) 及耐高電壓的電感

　　至於 MeGic 和 Freeway 技術的發展，則相當崎嶇難行。我當時找了以
前在台積電的合作伙伴客戶美國公司亞德諾 (Analog Devices Inc.，ADI)

的外包主管 Ken Lisiak，看看 ADI 這個長年靠創新成長茁壯的公司是否可能應用 MeGic 或 Freeway 的技術。Ken 非常幫忙，安排我們在 2002 年 3 月 27 日到 ADI 位於美國波士頓附近的 Wilmington 總部拜訪。拜訪的第一天早上，一走進會議室，看到三十多人在大會議室裡，旁邊還擺了一長桌的豐盛美式早點和咖啡，感動不已！Ken 真是我的真心好朋友！像 Ken 一樣的半導體業界真心好朋友們，陪伴我走過 40 年愉悅、溫馨的摩爾旅程。這場大型會議完後，我們花了兩天的時間，和 ADI 的產品設計工程師展開面對面的腦力激盪會議，看看 ADI 是否有機會應用米輯的新技術。經過兩天的努力，最後找到一個可以應用米輯厚電鍍銅的產品：ADI 提供給日本電漿電視顯示器的高電壓隔離 (high voltage isolator) 晶片。此晶片需要高品質因素 (Quality factor，Q factor) 及耐高電壓的電感 (inductor)。事實上，米輯早在拜訪 ADI 之前就申請了後護層電感 (post-passivation inductor) 的專利 (US Pat. 6,303,423，申請日 2000 年 11 月 27 日；US Pat. 6,455,885，

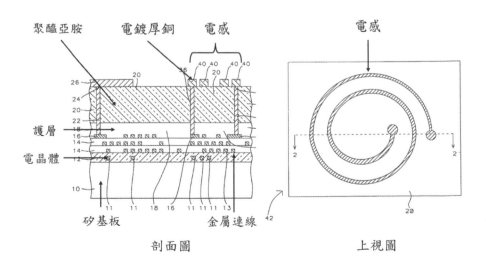

米輯的後護層電感Post-Passivation Inductor專利
(filing date: Nov. 27, 2000. US Pat. 6,303,423)

申請日 2001 年 10 月 3 日；其中 US Pat. 6,455,885 的標題就是"Inductor Structure for High Performance System-on-Chip using Post Passivation Process")，揭露在晶片護層上面，用厚電鍍銅及厚的介電絕緣層聚醯亞胺 (polyimide) 形成電感，此時剛好可以派上用場。可是，如果採用厚電鍍銅的技術，當時米輯只有一台銅電鍍機，一定很難準時交貨，因此就改用已經在量產的厚電鍍金來做電感 (那時米輯有 10 多台做金凸塊的金電鍍機台)。ADI 的鍍金電感晶片單價高，毛利高，對剛起步的米輯財務，不無小補。可是需求不夠大，每個月最多 500 多片晶圓，不足以藉此帶動 MeGic 和 Freeway 所需的產業架構。

　　我當時認為需要 Freeway 技術的是高速運算的晶片，例如 Intel 的 CPU。透過米輯最大股東華登國際創投代表的董事許賜華博士的介紹，在 2002 年 1 月 20 日米輯去拜訪 Intel 在加州 Santa Clara 的總部，1 月 25 日轉往拜訪 Intel 在 Arizona 州 Chandler 的封裝廠。Intel 經過評估後，告訴米輯，他們不需要在 CPU 晶片上加上厚的電鍍銅，因為他們已經有先進的高密度金屬連線球柵陣列基板 (High Density Interconnection BGA，HDI BGA) 提供高速厚銅連線，把 CPU 晶片覆晶封裝在 HDI BGA 基板上就能解決高速運算的問題。收到 Intel 的信息，我認為如果連 CPU 都不用 Freeway，那 Freeway 的技術可能真的找不到用途。

但我不甘心就此放棄，因此在與飛信合併前，採用兄弟分割 (sisters-split) 的方式，把 MeGic 及 Freeway 有關的專利技術分割成立一個新的公司，米輯電子 (Megica)

　　當時，米輯大部分股東及員工都認為 MeGic 及 Freeway 技術不可能被大量應用，替公司帶來營收獲利，也認為這些專利不會有什麼價值。2005 年，米輯和飛信談合併時，飛信也對這些專利沒有興趣。但我不甘心就此

放棄，因此在與飛信合併前，採用兄弟分割 (sisters-split) 的方式，把 MeGic 及 Freeway 有關的專利技術分割成立一個新的公司，米輯電子 (Megica)。Megica 在 Megic 後面加上的「a」，代表晶片中除了邏輯線路及記憶體外的另一種重要線路：類比線路 (analog)。Megic 是男性，Megica 是女性；Megic 是哥哥，Megica 是妹妹。每位米輯科技股東原來持有的 100 股股份轉換成 98 股分割後的米輯科技股票及 2 股新成立的米輯電子股票。當時米輯科技已經掛牌興櫃股票市場，這種兄弟分割的方式當時在台灣如果不是首創，也是少見。幸虧有哈佛法學院畢業的陳寬仁律師和米輯財務長彭協如的操盤，才能順利完成。這 98 股的米輯科技股票在與飛信合併時，再依換股比例換成飛信的股票。分割時，大部分股東不看好米輯電子且希望多換一些飛信的上市股票，因此米輯電子在分割時盡量降低分割比率，只分到2%分割前米輯科技的總價值，也就是說米輯電子幾乎沒有分到現金。因此公司分割之後，米輯電子很快的就需按股東分割時分到的持股比率增資新台幣一億多元，以維持公司的營運。

　　現在回想起米輯科技的技術專利分割這件事，還直冒冷汗。當時的董事會成員和承辦米輯科技股務代理的證券公司都建議我洽定特定人士把米輯電子的股份買下來。因為他們認為既然有很多股東都認為這些專利技術不可能有金錢回收，甚至有些股東長久以來就反對我投入資源開發技術專利，而希望我專注在 LCD 驅動 IC 晶片的事業。可是我一想，這些無形的技術專利，如何公平估價呢？而更可怕的是，萬一這些專利技術後來變得很值錢，那我豈不背負「圖利特定人」的嫌疑或罪名？我自己也投資過一些公司，最厭惡的就是主事者把公司最有價值的部分分割出去，洽定特定人買走，圖利私人。

　　因此，我堅持不怕辛苦麻煩，選擇「兄弟分割」的方式把米輯科技的技術專利分割出來，成立米輯電子。幸好當時做了這個明智的決定，否則，

後來米輯電子成立不到 4 年，就以將近股本的 20 倍的價格賣給美國最大的手機晶片公司，後果可能不堪設想！走上當時台灣少有的「兄弟分割」的路，艱辛麻煩。尤其當時米輯科技已經是一家興櫃公司，因為股市交易，而有 4 百多位股東，大部分的小股東都只分到數十股米輯電子的股票而已，處理起來，耗時費力。美國的公司收購台灣的米輯電子時，沒有採取公開收購的方式，而是私底下一個一個去收購米輯電子 400 多位股東手中的持股。那個過程，猶如登天，我一向沒有高血壓的毛病，但是在收購的過程中，我吃了一年的高血壓藥！現在回想起來，當時再怎麼辛苦，都值得了！

2007 年 Intel CPU 晶片應用了 5 微米厚的電鍍銅金屬連線及 50 微米高的銅柱；2009 年米輯電子被當時世界最大的手機晶片公司同時也是當時台積電最大客戶購買

世事多變難料！本節前面提到 2002 年 1 月米輯科技去拜訪 Intel，推銷後護層高速厚銅連線技術，當時 Intel 說他們不需要這樣的技術。出乎意料的是，2008 年初，米輯電子在一篇 Chipworks 公司發表的逆向工程報告 (reverse engineering report) 中，看到一張電子顯微鏡照片，發現 2007 年 Intel 出產的 iCore5 CPU 晶片的最上層居然有 5 微米厚的電鍍銅金屬連線及 50 微米高的銅柱。Chipworks 公司是一家加拿大公司，專門對剛上市的重要晶片做逆向工程分析。讓我們百思不解的是：Intel 為何在 6 年間改變主意？不論如何，有了 Intel 應用厚電鍍銅的例子，米輯電子的專利開始變的有價值。如第一章第三節所述，很快的，一家世界最大的通訊晶片公司因為進入 iPhone 的應用計算晶片，為了防止被現有的 CPU 計算晶片公司控告侵權，就買下了米輯電子。

米輯有 2 個重要專利，建構了 5 微米厚的電鍍銅 Freeway 金屬連線及

50 微米高的銅柱：

(1) US Pat. 6,383,916，1999 年 2 月 17 日申請，揭露在晶片護層上厚且寬 (電阻小) 的 Freeway 金屬連線，並用厚的聚醯亞胺 (polyimide) 當介電層 (電容小)，經由多個小於 3 微米的護層通孔 (vias through the passivation layer)，連接到護層下薄且細的金屬連線。這和當時的重佈線層 (Re-Distribution Layer，RDL) 不同，當時的重佈線層主要目的是把連接到外部線路的金屬墊從晶片周邊 (periphery)，重新排列成佈滿晶片表面的陣列 (grid array)。

(2) US Pat. 6,495,442，2000 年 10 月 18 日申請，揭露保護層上厚且寬的 Freeway 金屬連線的電鍍銅金屬連線的製程，用厚光阻定義金屬連線圖形，形成凸出式電鍍厚銅 (emboss copper) 的 Freeway 金屬連線，連接到保護層下薄且細的鑲入式電鍍薄銅 (damascene copper) 的金屬連線。

米輯的5微米厚的電鍍銅Freeway金屬連線的專利

Freeway凸出銅的金屬連線經由多個護層通孔 (< 3μm)
連接到護層下面的鑲入銅金屬連線

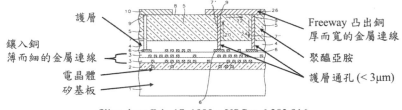

filing date: Feb. 17, 1999，US Pat. 6,383,916

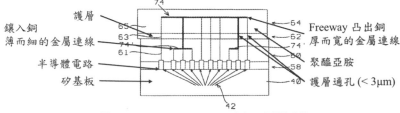

filing date: Oct. 18, 2000，US Pat. 6,495,442

2007 年米輯的 Freeway 把電力配送網路從在晶片的護層下面搬到晶片的護層上面；最近 Intel 18A 技術節點將電力配送網路搬到矽晶基板的背面

如上所述，米輯提倡的後護層技術 (Post-Passivation Technology) 最大的用途是晶片的電力配送 (power/ground distribution)。在米輯的 Freeway 之前，電力配送網路都設計在晶片的護層下面，米輯的 Freeway 把電力配送網路從在晶片的護層下面搬到晶片的護層上面，而且用凸出銅當做 power/ground buses，穿越多個小於 3 微米的護層通孔，送到位於護層下方的電晶體。米輯電子很高興的發現 Intel 在 2007 年出產的 iCore5 CPU 用了 Freeway 的技術。有趣的是，Intel 最近宣布其 Intel 18A 技術節點將使用晶背電力配送網路 (Backside Power Delivery Network，BSPDN)，將電力配送網路搬到矽晶基板的背面，穿越矽晶基板的電力通孔 (Power Vias)，把電力從晶片背面的 BSPDN，送到位於晶片正面的電晶體。

1998 年米輯發明 Freeway 的技術，把電力配送網路設計在晶片的護層上面；事隔 25 年，現在 Intel 電力配送網路的位置，再度改變，把電力配送網路設計在晶片的背面。科技的進展，沒完沒了，永無止境！

我和團隊在購買米輯電子的公司服務二年半後，於 2011 年年底離開，結束我 1999 年創立米輯以來一段歷經 12 年半的旅程。2000 年台積電進入米輯創立時計畫的電鍍錫球領域，讓我意外驚慌，問神在那裡；2002 年 Intel 說他們的 CPU 不需要 Freeway 厚銅連線技術，讓我失望沮喪，沈入谷底；2008 年驚奇的發現 Intel 的 CPU 用到 Freeway 厚銅連線技術，雖然讓我百思不解，但卻欣喜若狂；2009 年米輯電子被當時世界最大的手機晶片公司，同時也是當時台積電最大客戶購買，讓我喜出望外，感謝神的恩典。

這段歷經 12 年半的奇異旅程，米輯就像一條出港捕魚的小漁船，黑夜

中行經兩艘巨無霸大船 (台積電和 Intel) 旁邊，在這兩個龐然大物行進時所掀起的驚濤駭浪中，惶恐的摸黑求生；後來幸運的遇到第三艘巨無霸大船 (當時世界最大的手機晶片公司) 拖救，才得以安全靠港。是神，是天，或是命運？真是一場意外人生，充滿驚慌驚奇，血淚交織、悲苦歡欣、曲折神奇的一段人生旅程。

米輯意外的發明了銅柱

　　另外值得一提的是，米輯在 2000 年 10 月意外的發明了銅柱 (copper pillar)！那時米輯已經把從 Shinko 技轉回來的銅鎳錫電鍍機台的試產線 (pilot line) 安裝完成，正在試產。一般晶圓製程所用的光阻都是濕式光阻 (liquid photoresist)，而我們從 Shinko 技轉回來的電鍍錫凸塊技術，卻獨特的使用乾膜光阻 (dry film photoresist)，乾膜光阻的厚度是 100 微米；經過曝光顯影，在這層乾膜光阻裡形成 100 微米深的孔洞；之後，在此孔洞中，先電鍍 5 微米厚的銅，做為在錫凸塊下方的金屬墊層 (Under-Bump-Metal，UBM)，然後在 UBM 上面，電鍍 70 微米高的錫。因為乾膜孔洞夠深，因此電鍍錫的時候，不會溢出孔洞，也就不會形成像一般厚度較薄的濕式光阻電鍍所形成的菇狀錫凸塊 (mushroom bump)。

　　有天，我突然接到生產線經理的電話說，電鍍機操作員不小心鍵入錯誤的製程參數，把原本在錫凸塊下方的薄 UBM 銅墊層 (原來應該 5 微米厚) 鍍成 30 幾微米，寶貴的 2 片客戶晶圓需要報廢。我想，這還得了，這 2 片晶圓是好不容易跟客戶 Altera 討到，用來驗證米輯產線的，每片晶圓價值數千美元，而且客戶驗證米輯產線的機會也就此報銷了。我直接衝到產線，見到頭低低的操作員，就開始破口大罵。罵完後，轉頭看看顯微鏡機台的螢幕上顯示 30 多微米厚的銅層。不知怎的，我突然一轉念，為什麼不直接就用這麼厚的銅層當凸塊，取代錫凸塊？我馬上請來當時米輯的技

術長李進源，他很快的覺得這是一個突破性的發明。錫凸塊在覆晶封裝的高溫過程中，會融化成錫球，因此兩個錫凸塊的間距不能太小，否則兩個錫球會碰觸在一起造成短路。而銅凸塊在封裝的高溫過程不會變形，沒有這個問題，因此可以提供間距更小、密度更高的凸塊，很適合給高腳數的 SOC 使用。而且錫凸塊在覆晶封裝的高溫過程中，因融化而崩潰變矮，導致晶片與封裝基板的距離變小，對熱應力 (thermal stress) 的可靠度 (reliability) 變低；而銅柱在封裝後則不會崩潰變矮，可以增加晶片封裝的熱應力可靠度。此幸運的意外發明之後，米輯緊接著就全力發明有關使用銅柱的覆晶組裝方法以及覆晶基板的設計 (layout)。

　　米輯的銅柱竟然是由操作員的錯誤操作而發明！銅柱並沒有在我創立米輯科技時的技術藍圖裡，當時只想到 MeGic 及 Freeway。銅柱的發明，對於我一直想要用 MeGic 解決系統的理想，提供了一個強而有力的工具。後來，Intel 在銅柱及厚銅高速金屬連線的技術投入相當大的資源，建立了厚銅高速金屬連線和銅柱的電鍍產業、以及高密度的 BGA 基板產業及銅柱覆晶封裝產業，終於在 2007 年量產 5 微米厚的電鍍銅金屬連線及 50 微米高的銅柱，Intel 對產業的貢獻令人可欽可佩。2007 年以後，厚銅高速金屬連線及銅柱都成了半導體封裝產業的主流技術。

　　米輯在 2000 年 10 月發明銅柱，申請美國專利的日期是 2001 年 3 月 5 日 (US Pat. 6,818,545)。在申請銅柱相關的專利一段時間後，我們才發現新加坡的 Advanpack 公司在 2000 年 4 月 27 日就已經申請了銅柱的專利 (US Pat. 6,578,754)。Advanpack 的專利揭露了銅柱的高度大於 50 微米，同時揭露了銅柱連接到基板的結構，但並沒有揭露銅柱連接晶片的詳細結構。而米輯的專利不僅揭露了銅柱的高度是 10 到 100 微米，同時揭露銅柱連接晶片的詳細結構，更重要的是揭露了在銅柱和晶片的金屬接觸墊 (metal contact pad) 之間有一層厚的介電絕緣層聚醯亞胺 (polyimide)。後

來量產的銅柱大部分都做在這一層厚的介電絕緣層聚醯亞胺的上面，以降低在覆晶封裝後晶片和 BGA 基板之間所產生的應力 (stress)。

米輯公司意外的對銅柱(Cu pillar)的專利發明有所貢獻

米輯的發明在銅柱 (Cu pillar) 和金屬墊 (contact pad) 之間有一層具有彈性的polyimide，可以降低覆晶封裝後晶片與BGA基板之間的應力。

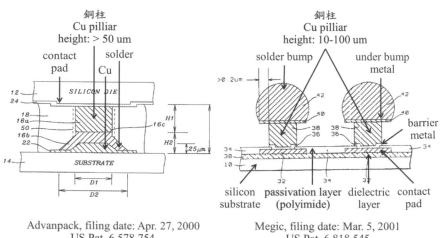

Advanpack, filing date: Apr. 27, 2000
US Pat. 6,578,754

Megic, filing date: Mar. 5, 2001
US Pat. 6,818,545

摩爾旅程中，有一些資源不足、名不見經傳的個人或小公司，熱情洋溢，努力不懈的發明創新，對半導體晶片技術做出貢獻

更有趣的是，後來才發現米輯和 Advanpack 居然雇用同一家專利代理人事務所 George Saile and Steve Ackerman 申請銅柱的專利。這是一家位於美國紐約州的小事務所，專門幫財力不足的個人發明家或新創小公司申請專利。當時米輯和 Advanpack 都是新創的小公司，找上這家專利代理人事務所也就不足為奇。說起這個故事，是為了讓大家了解半導體精彩神奇的摩爾旅程中，有不少熱情洋溢，努力不懈，名不見經傳的一群小傢伙，形

成一個名不見經傳的小生態。對於這些財力不足的個人發明家或新創小公司，雖然申請專利還是一個沉重的財力負擔，但至少保有一個言論自由、爭取發言權的管道，尤其是美國完善且具人性的專利制度，值得珍惜利用。我經常對人開玩笑的說，我申請專利是在花錢買言論自由，雖然螳臂擋車，杯水車薪，但總希望藉由專利平台，提出個人對於半導體發展的創新和主張，使其不至於被少數幾家半導體大廠壟斷，或甚至獨佔。

我經常對人開玩笑的說，我申請專利是在花錢買言論自由

說到專利是言論自由的管道，就讓我想起了 2007 年米輯電子專利團隊的一段驚險歷程。

2007 年年初，我們接到專利代理人 Ackerman 的通知，美國專利局 (USPTO) 在 2006 年 1 月所提議的專利法的修訂，將限制一個母案 (parent patent application) 只准許申請 2 個延續案 (continuation patent application)。按照原來的美國專利法規則，只要在母案的專利說明書中有揭露的發明，而且該母案的專利家族 (patent family) 還有專利案件在申請中 (pending patent application)，則專利申請人可以無次數限制的申請延續案；也就是說，母案的專利申請人有權力 (entitled to) 去持續申請他原案中所揭露的發明。這是很有人性化的法規，承認人不是神，認為發明人要把所擁有權利的發明，一次就說清楚講明白是很不容易的一件事，因此給予發明人充分的機會去把他所擁有的權利做完整的闡釋。2007 年 5 月 Ackerman 告知我們，USPTO 提出的修法可能會實施。為了維護自己發明的權利，米輯團隊就開始日以繼夜的撰寫米輯所有申請中的專利案 (pending patent applications) 的延續案。2007 年 8 月 21 日，USPTO 正式發佈修法的條文，而且預定從 2007 年 11 月 1 日開始實施。得到這個訊息之後，米輯的專利團隊就更加緊腳步，快馬加鞭的撰寫及提出延續案。最終在 11 月 1 日前，

僅僅不到 6 個月的期間內，總共申請了 40 多個延續案！忙到最後，整個團隊都累倒了，包括我自己和過程中最辛苦的專利工程師羅心榮及楊秉榮。

美國法院對連續案修法的最終判決，也讓我對美國專利法的人性化印象深刻

　　11 月 1 日一早，我打電話詢問秉榮所有的延續案是否都已經送進 USPTO？他給了我肯定的答案。更令我訝異的是，秉榮告訴我美國維吉尼亞州東區的地方法院 (District Court) 禁止 USPTO 實行針對延續案的修法 (preliminary injunction)！原來葛蘭素大藥廠 (GlaxoSmithKline) 於 10 月 9 日向該法院提出臨時禁制令 (preliminary injunction)，禁止 USPTO 實行延續案修法，而此臨時禁制令在 10 月 31 日獲准成立。

　　這一段假警報 (false-alarm) 所造成的辛苦驚奇的歷程，讓我難忘；美國法院對連續案修法的最終判決，也讓我對美國專利法的人性化印象深刻。

　　2009 年到 2011 年期間，我很榮幸在高通 (Qualcomm) 的策略智財部門 (Strategic IP) 擔任技術副總 (VP of Technology)。此部門一半員工是法律人員（大部分有律師執照），一半是技術人員。這兩年半的經歷，讓我深切體會到專利制度的博大精深，是人類之所以爲萬物之靈的一個非常重要的制度。專利的申請 (prosecution)，審核 (examination)，執法 (enforcement) 及訴訟 (litigation) 挑戰了人類對技術 (technology)、科學 (science)、邏輯 (logic)、語文與詞彙 (language and vocabulary)、產業 (industry) 及人性 (humanity) 的綜合能力。發明的申請者對其所申請發明的製作方法 (method) 和結構 (structure) 都必須用文字／句子 (word/sentence) 或圖 (figure) 精準的說清楚講明白，才符合專利法規的要求。

　　專利制度是一個生意交換的概念：政府授予發明者 20 年獨佔 (exclusive) 的權利，但要求發明者必須清楚揭露他的發明，其揭露的清晰程度，必須達到讓其他人能夠完全理解，而能夠在該發明上繼續改善，產生更新的發明；更重要的是，在該發明的20年專利權屆滿後 (expired)，社會大眾可以根據其揭露的說明，自由免費的使用該專利去製造量產。這是多麼有智慧的制度，一方面可以保障發明者的權利，一方面又可以促進文明的進步。

我曾經多次向哈佛大學工程及應用科學學院 (SEAS) 院長 Frank Doyle 建議 SEAS 的研究生都應該選修專利法及專利訴訟案例課程

　　由於對專利的著迷，我在 2010 年，以將近 60 歲的高齡到交通大學科技法律研究所去選修「專利訴訟與策略」的課程。我原本只打算旁聽，可是校方告訴我該課程不允許旁聽，必須正式修學分課。於是，我便硬著頭皮去修正式學分。雖然我已經在專利的發明、申請及應用方面，實際運作多年，但這學期的課，讓我真正了解美國專利法條；尤其是訴訟案例的探討，更讓我深深的體會到美國專利制度的精髓。我非常喜歡老師所用的教科書 "Patent Litigation and Strategy" (K.A. Moore，P. R. Michel 和 T. R. Holbrook 合著，由 American Case Series 出版)。對一個已經多年不曾拿筆考試的老學生而言，該課程的期末考著實是一大考驗。期末考共有四大申論題，學生可以選擇其中的三題做答，考試時間為 3 小時。由於長期沒有拿筆寫字，我現在還清晰的記得當時在考場中寫字時，手不斷的發抖，答完考卷後，整隻手酸痛不已。結果，我考了90分！這應該是我人生最後一次的上課考試，奇特的經驗。我曾經多次向哈佛大學工程及應用科學學院 (SEAS) 院長 Frank Doyle 建議該學院的研究生都應該選修專利法及專利訴

訟案例課程，如此才會知道如何發明創新。

形成銅凸塊後，用機械化學研磨製程建立平坦的基礎，然後在塑料封裝的平坦表面形成扇出金屬連線

　　這裡再回頭解釋一下前面提到米輯對塑料扇出封裝技術的貢獻。卡西歐 (Casio Computer) 在 2003 年 2 月 3 日所申請的塑料扇出封裝技術的專利 (US Pat. 7,190,064)，是直接將含有下凹的輸入/輸出金屬墊 (input/output contact pad) 的晶片用塑料封裝後，在凹凸不平的表面形成扇出金屬連線。而米輯的發明則是先在晶片的輸入/輸出金屬墊上面形成銅凸塊後，再覆蓋一層聚合物，用機械化學研磨製程 (Chemical Mechanical Polishing，CMP) 磨平，建立平坦的基礎，然後在塑料封裝的平坦表面形成扇出金屬連線。加上銅凸塊，就使得塑料扇出封裝的扇出金屬連線密度和可靠性都增加了！

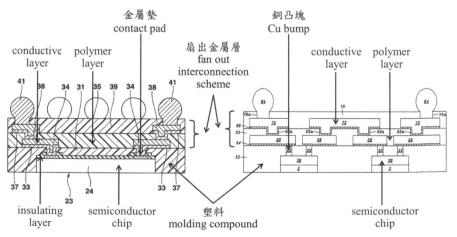

塑料扇出封裝的專利

米輯的發明在晶片上有銅凸塊，可以提供平坦的表面以形成扇出金屬層，
以增加扇出金屬連線的密度及可靠度。

金屬墊 contact pad
銅凸塊 Cu bump

conductive layer　polymer layer
扇出金屬層 fan out interconnection scheme
conductive layer　polymer layer

insulating layer　semiconductor chip　塑料 molding compound　semiconductor chip

Casio, filing date: Feb. 3, 2003
US Pat. 7,190,064

Megic, filing date: Aug. 10, 2007
US Pat. 7,569,422

結語

　　寫完我在貝爾實驗室和米輯親身參與及見證的故事，不禁想起比爾蓋茲定律 (Gate's law)：

　　「大眾往往高估了他們在一年內可以達成的目標，卻低估他們在五或十年內可以達到的成果 (People tend to overestimate what can be done in one year and to underestimate what can be done in five or ten years.)」

　　(請參考 https://quoteinvestigator.com/2019/01/03/estimate/?amp=1)。

　　事實上，早在比爾蓋茲之前，就有這樣類似的說法。史丹福大學的科學家 Roy Amara 就曾經說過：

　　「我們經常高估了一個新技術短期的影響，卻低估它的長期效益 (We tend to overestimate the effect of a technology in the short run and underestimate the effect in the long run.)」

　　(請參考 https://en.wikipedia.org/wiki/Roy_Amara)。

　　蓋茲定律和摩爾定律都在描述時間的長期神奇效應，尤其摩爾定律和時間的指數型關係，更是超越人們的想像和估計。貝爾實驗室和米輯雖然沒有在當年短期內實現構想中的技術，但長期下來，那些構想中的技術都成了現在半導體產業的主流技術。

　　我年輕時誤以為摩爾定律將盡，希望用多晶片封裝來延續摩爾定律。世事難料！晶片封裝一直以來被歸類為非摩爾定律 (non-Moore's)，但現在的晶片封裝，尤其是多晶片封裝 (multi-chip package)，其封裝的體積和其中金屬連線的尺寸也產生類似晶片的摩爾定律，隨著時間，不斷的微縮。

在此，再次重述第三節中提到的晶片封裝的摩爾定律 (Moore's law of chip package)，做為我沉浮在半導體產業 40 年後對未來技術的預估：

「晶片的演進遵循著摩爾定律，每隔 N (18-24) 個月，單位面積所含的電晶體數目加倍；而現在的先進晶片封裝技術，尤其是多晶片封裝，也展現了晶片封裝的摩爾定律，可以預期的是：若不考慮所包含的晶片的電晶體數目遵循摩爾定律成長，未來每隔 X 個月，晶片封裝中單位體積所含的電晶體數目將加倍！

若是同時考慮所包含的晶片遵循摩爾定律發展，則整個晶片封裝的摩爾定律會加速：未來每隔 Y 個月，晶片封裝中單位體積所含的電晶體數目將加倍！其中 $Y = NX/(N+X)$。現在，晶片的摩爾定律面臨物理極限及成本的挑戰，N 逐漸增大，產業界期待晶片封裝技術的發展可以延續晶片的摩爾定律，也就是，整個晶片封裝中單位體積所含的電晶體數目加倍所需的時間 Y，依然可以維持在 18-24 個月。未來，當 $N \gg X$ 時，$Y = NX/(N+X) \sim X$，亦即晶片摩爾定律發展的挑戰越來越大時，摩爾定律將逐漸由晶片封裝來主導！」

在寫金屬連線這章節時，情不自禁的講到我親身經歷、參與及見證的一些沒上檯面的花絮故事 (gossip story) 或頁尾註腳 (footnote)，思緒泉湧，不能自已；就像物理學家觀察描述萬事萬物一樣，其實他們自己也是包含在萬事萬物之中，也由構成萬事萬物一樣的基本粒子所構成，也一樣的遵循著萬事萬物所遵循的物理定律，終究無法跳出萬事萬物來觀察描述萬事萬物 (請參考 Carlo Rovelli 的著作 "Seven Brief Lessons on Physics"，Penguin Random House UK 出版)。

回首前塵，不禁想起明代楊慎的《臨江仙》：

是非成敗轉頭空，青山依舊在，幾度夕陽紅。

……

古今多少事，都付笑談中。

第四章

類似人腦的 FPGA 晶片——
具有可塑性（plasticity）
及整合性（integrality）

前言

　　類似人腦的 FPGA (Field Programmable Gate Array，現場可程式化邏輯閘陣列) 晶片，具有可塑性及整合性，在所有的半導體積體電路晶片中獨樹一格。

　　半導體積體電路晶片包羅萬象，各有所用，從大家所熟悉的中央處理器晶片 CPU，繪圖處理器晶片 GPU，手機應用處理晶片 APU (Application Process Unit)，電源管理晶片 PMIC (Power Management IC)，LCD 驅動晶片……到新的 Google 張量處理晶片 TPU (Tensor Process Unit)，NVIDIA 的數據處理晶片 DPU (Data Process Unit)，Intel 的 VPU (Visual Process Unit)，以及如雨後春筍般冒出來的各種應用在機器學習及人工智慧的晶片。上述這些固定用途的晶片一般稱為客戶自擁工具 (Customer Owned Tooling，COT) 晶片或特殊用途 (Application-Specific IC，ASIC) 晶片。但這些 COT 或 ASIC 晶片在從半導體工廠製成晶片後，其硬體線路就固定不變，無法更改了；只有 FPGA 晶片出廠後，還可以利用軟體改變其硬體線路，成為各式各樣不同功能及應用的晶片。這些 CPU、GPU、APU 晶片就好比是文藝復興時期的名人在特定的領域發光發熱，例如在雕刻領域的米開朗基羅，在繪畫領域的拉斐爾；而 FPGA 晶片就像文藝復興時期義大利多才多藝的李納奧多達文西 (Leonardo Da Vinci)，是繪畫音樂藝術家，也是解剖生理學家；是幾何數學家，也是土木工程建築家；是精通天文、氣象、地質、光學、力學的科學家，也是諳熟動物、植物的生物學家，在許多領域都有重大的成就。

　　我在 40 年的摩爾旅程上，和 FPGA 頗有緣分，而且對於 FPGA 具有類似人腦的可塑性及整合性，深為著迷，情有所鍾。

第一節　用軟體改變記憶體內的數據資料來改變電路的功能及連結方式

FPGA 建立在三個基本電路上：

(1) 現場可程式化邏輯細胞 (field programmable logic cell)

(2) 現場可程式化金屬連結開關 (field programmable interconnection switch)

(3) 現場可程式化多工器 (field programmable multiplexer)

FPGA 的第一個基本電路是現場可程式化邏輯細胞。一般現場可程式化邏輯細胞包含重要的基本元素——查找表 (Look-Up Table，LUT)，而查找表是由記憶體 (一般是使用 SRAM) 所組成。把各個問題的可能答案預先儲存在 FPGA 查找表的記憶體中，等問題來時，就利用多工器 (multiplexer)，根據問題來選取預先儲存於記憶體中的該問題的答案。運用 LUT 的好處，大家在當學生時都親身經歷體會過。當遇到選擇題時，如果考題的答案你剛好有背起來，馬上就可以選對答案，不需要經過層層的推理和計算，又快又準。

一個查找表包含數個 SRAM cells，用來儲存數據資料。電路設計工程師使用組態軟體工具 (configuration software tool) 的硬體描述語言 (Hardware Description Language，HDL)，將電路設計轉譯成數據資訊填入查找表中的 SRAM cells 以形成邏輯線路。下面舉一個簡單的硬體線路來說明查找表的運作原理：

(1) 一個硬體線路包含一個有 4 個 SRAM cells 的查找表及一個 4 選 1 的多工器，這個硬體線路可以用來解答 4 種可能的問題。

(2) 在 0 和 1 的數位邏輯運算中，這 4 種可能的問題可以用 (0,0)、(0,1)、(1,0) 及 (1,1) 來代表。預先把這 4 種可能問題所相對應的 4 個答案儲存在查找表的 4 個 SRAM cells 中而形成資料庫。

(3) 多工器則根據輸入的問題 (4 種可能問題中的某 1 種)，從儲存在 4 個 SRAM cells 中所含的數據資料，選出對應於該問題的數據資料，輸出做為該問題的答案。

　　現場可程式化邏輯細胞的邏輯運算可以利用改變儲存在 4 個 SRAM cells 資料庫的數據資料來改變。在上述例子中，如果 4 個 SRAM cells 資料庫依序存入 (0,0,0,1)，此現場可程式化邏輯細胞就成為 AND 邏輯運算子 (AND logic operator)；如果資料庫依序存入 (1,1,1,0)，此現場可程式化邏輯細胞則成為 OR 邏輯運算子 (OR logic operator)。此種改變「記憶」而改變「想法」的機制，很像人類的行為模式，使得 FPGA 很適合用在機器學習和推論 (machine learning and inference)，尤其是推論；因此 FPGA 在人工智慧 (Artificial Intelligence，AI) 的領域，充滿了令人想像的空間。

　　FPGA 的第二個基本電路是現場可程式化金屬連結開關。一般的開關線路是由外加的訊號來控制開關 (switch)，以決定兩條金屬連線是否相連；而 FPGA 的現場可程式化金屬連結開關則是利用預先儲存在 SRAM cells 的數據資料來控制開關，以決定兩條金屬連線是否相連。因此，改變儲存在 SRAM cells 資料庫的數據資料可以決定硬體的兩條金屬連線是否連結，進而改變電路內各個電晶體的連結方式，也就改變了硬體電路的設計。

　　FPGA 的第三個基本電路是現場可程式化多工器。一般的多工器是由外加的訊號來控制多工器的選擇 (selection)，在多條資料輸入 (data input) 金屬連線中選擇某一條，連接到一條特定的資料輸出 (data output) 金屬連線；而 FPGA 的現場可程式化多工器則是利用預先儲存在 SRAM cells 的數

據資料來選擇多條資料輸入金屬連線中的某一條，以連接到一條特定的資料輸出金屬連線。因此，硬體的多條金屬連線和另外一條特定的金屬連線如何連結，可以利用改變儲存在 SRAM cells 資料庫的數據資料來改變，進而改變電路內金屬連線的連結方式，也就改變了硬體電路的設計。

FPGA的基本電路－I
現場可程式化邏輯細胞：查找表＋多工器

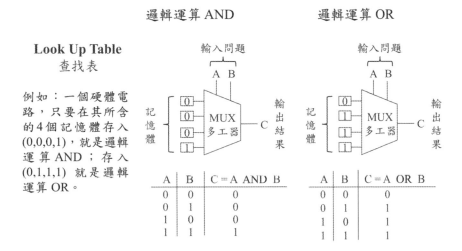

FPGA的基本電路－II 和 III
現場可程式化金屬連結開關和現場可程式化多工器

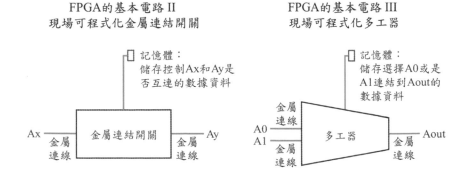

　　FPGA 具備現場可程式化邏輯細胞和現場可程式化金屬連結開關 (switch) 及選擇 (selection) 的特質，可以用軟體將數據資料存入 FPGA 晶片的 SRAM cells 內，把 FPGA 組態 (configure) 成各種不同的特定用途。由於 FPGA 晶片的價格比較貴，因此大部分應用於量少或週期短的產品，或者被用來驗證新的 COT 或 ASIC 晶片的設計 (FPGA 開發板)。COT 或 ASIC 晶片的設計透過 FPGA 開發板驗證成功，電路固定後，再訂製光罩，交由晶圓廠量產 COT 或 ASIC 晶片。但是，當摩爾旅程開始進入 10 奈米技術節點或更先進的技術領域，再加上日新月異的先進封裝技術，FPGA 晶片就更具有吸引力，不再侷限於上述的傳統用途了！

第二節　我和 FPGA 頗有緣分

　　1984 年，我加入 AT&T 貝爾實驗室參與多晶片模組 (Multi-Chip Module，MCM) 的開發。當時，我們以 AT&T 電話通訊所需的交換器 (cross-bar switching machine) 作為 MCM 模組開發的載具，並以 cross-point switching IC 晶片為基礎；實際上，cross-point switching IC 晶片就是 FPGA 晶片的前驅！

　　我們的主要目標是開發 1,024 × 1,024 交換器模組 (cross-bar switching module)。AT&T 是電話公司，電話交換機是公司賴以維生，最重要的硬體設備。在 1982 年，AT&T 推出轟動電信業界的模組化交換機 5ESS (Class 5 Telephone Electronic Switching System)，其中包含 512 × 512 交換器模組，從 512 條進來的電話線中任何一條線路進來的訊號 (電話) 可以連接到 512 條出去的電話線中的任何一條，而且有相當多種的連接方式 (routing)。此 5ESS 模組化交換機的尺寸已經比前幾代縮小很多，可是其長寬高都還是以公尺為單位。我們的 MCM 計劃是希望把 1,024 × 1,024 cross-point (1,024 條進來的電話線連接到 1,024 條出去的電話線) 的交換器做成像手掌般的大小，這是個野心勃勃的劃時代計劃！此交換器利用 3-步驟繞線網路 (3-stage routing network) 的架構，採用 24 顆 128 × 128 cross-point switching IC 晶片，分成 3 個步驟 (stage)，每個步驟使用 8 顆 128 × 128 cross-point switching IC 晶片來執行運作。MCM 的實際製作，是先在空白的矽晶圓上製造出 3 層電鍍銅的金屬連線，做為模組的基板；在 128×128 cross-point switching IC 晶片的晶圓上長出錫球；然後再把 24 顆含有錫球的 IC 晶片，用覆晶封裝的技術結合到矽基板上。貝爾實驗室當年把 MCM 計劃列為最高機密，不准研究人員對外發表論文。直到 1988 年 12 月 AT&T 宣佈取消

MCM 計劃，才有 MCM 團隊的研究員零星的發表一些相關的論文。因此，現在很難找到與此計劃有關的公開文件，相當可惜。

AT&T Bell Labs 1,024×1,024 cross-point 交換器
多晶片模組 (Multi-Chip Module，MCM)

- 此交換器利用3-步驟繞線網路 (3-stage routing network) 的架構，採用24顆 128 × 128 cross-point switching IC 晶片，分成3個步驟 (stage)，每個步驟 使用8顆 128 × 128 cross-point switching IC 晶片來執行運作。

- 多晶片模組
  - 矽基板：
    - 尺寸大小：6.5 cm × 2.9 cm
    - 3層電鍍銅的金屬連線
    - 金屬連線之間的介電層：聚醯亞胺 (polyimide)
  - 封裝：
    - 24顆含有錫球的cross-point switching IC晶片，用覆晶封裝的技術結 合到矽基板。

矽基板→
Bell Labs 製作
1987年

　　當時 AT&T 5ESS 交換機的研發製造重心是在芝加哥附近的 Naperville 小鎮，我還爲此計劃，跑了幾趟 Naperville。1980 年初期，FPGA 技術正在 萌芽，而當時我們做的 cross-point switching IC 晶片，實際上就是 FPGA 晶 片的前驅！看看現在 FPGA 晶片被大量的應用在網路 (network) 和繞線 (routing)，尤其是資料中心，再回想到開發 MCM 交換器模組的經歷，不覺 莞爾，居然在那麼早的時間點就已經與 FPGA 結緣！

Altera 和 Xilinx 在 FPGA 產業相互競爭纏鬥了 30 多年後，兩家公司的發展卻是殊途同歸：Altera 在 2016 年被 Intel 併購，而 Xilinx 也在 2021 年被 AMD 併購！

用改變記憶體所儲存的數據資料做現場可程式化的硬體線路和功能，即 FPGA 的技術，是由 1983 年創立的 Altera 和 1984 年創立的 Xilinx 所開展的。1983 年，Altera 的 FPGA 晶片用的記憶體是 EPROM (Erasable Programmable Read Only Memory，可抹除可程式唯讀記憶體)，可以用電的訊號來編程，將數據資料寫進並儲存在 EPROM cells；但是要洗掉 EPROM cells 儲存的數據資料，則需要用紫外光來照射 EPROM cells。因此，當時 Altera 推出的 FPGA 晶片，在封裝的外觀都看的到一個可以讓紫外光通過的石英玻璃窗口，就是用來消除 EPROM cells 儲存的數據資料。1985 年，Xilinx 的創辦人 Ross Freeman 和 Bernard Vonderschmitt 發明了現場可程式化金屬連結開關及現場可程式化查找表，所採用的記憶體則是 SRAM，真正開展了 FPGA 產業。令人訝異的是，Altera 和 Xilinx 在 FPGA 產業的瑜亮情結，相互競爭纏鬥了 30 多年後，兩家公司的發展卻是殊途同歸：Altera 在 2016 年被 Intel 併購，而 Xilinx 也在 2021 年被 AMD 併購！Intel 和 AMD 兩家公司幾乎壟斷了中央處理器 (CPU) 的市場，現在買了 FPGA 的公司，CPU 的通用性 (general purpose) 結合 FPGA 的可變性 (versatility)，就可以成為各種不同特殊用途的半導體零組件了。

1990 到 1995 年間我帶領台積電研發處時，就以 Altera 的 FPGA 晶片做為每代邏輯製程的開發載具，因此和 Altera 有頗多的合作。那時 Altera 的 FPGA 晶片也已經改用 SRAM 來儲存組態用的數據資料。在第三章中提到，FPGA 對於金屬連線的需求很強。1992 年，台積電好不容易完成製程開發，提供 3 層的鋁金屬連線的製程技術，讓 Altera 終於可以開始設計比較像樣的 FPGA 晶片。Altera 的營運副總 Denis Berlan 在知道第一個採用 3

層鋁金屬連線的 FPGA 晶片驗證成功的當下，還高興的把我抱起來！另外，FPGA 晶片也需要數量很多的電晶體。我記得當時 Altera 曾經設計一個面積很大的 FPGA 晶片，一片 6 吋晶圓上只有兩個晶片。因為面積大，良率很低，10 幾片晶圓才能找到一個好的 FPGA 晶片；因此，提高電晶體密度也是 FPGA 晶片的一大挑戰。可以說，FPGA 在晶圓製程的開發中總是扮演著推動技術的引擎。

1990 年代初期，Xilinx 在 FPGA 的業界領先 Altera，當時是由聯電代工生產 FPGA 晶片。Altera 在 1990 年找到台積電代工，但台積電希望也能夠拉到 Xilinx 的生意，因此，每年台積電在美國聖荷西的市場行銷經理帶著我一起拉生意時，總是會去拜訪 Xilinx。直到 1995 年我離開研發處時，Xilinx 都沒有委託台積電進行代工，主要的原因是台積電已經幫他的競爭對手 Altera 進行代工了。然而，Altera 在台積電優越的生產良率和品質的幫助下，其營業額從 1995 年開始逐漸逼近 Xilinx，甚至在 1998 年超越了 Xilinx。後來，Xilinx 的晶片也開始到台積電代工，才又再度領先並拉大和 Altera 的差距。從這點也可以看出台積電生產良率和品質的神奇魔力。

再者，除了 FPGA 晶片本身的挑戰以外，FPGA 晶片和外面電路的連接點數目動不動就上千，對封裝的需求也超出當時的技術能力。這也是我在第三章提到的，1999 年米輯科技成立的時候，Altera 馬上希望新公司可以幫他們生產高密度的電鍍錫球，以便於 FPGA 晶片採用覆晶封裝的技術。當時，Altera 的營運副總 Denis Berlan 告訴我，Altera 的 FPGA 晶片和外界的接腳已經接近 1,000 個，需要高密度的電鍍錫球，而不是當時已經普及的網印技術所形成的錫球；可以說，在晶片封裝技術上，FPGA 也是扮演著推動技術的引擎。我還把 Altera 電鍍錫球的生意當成公司創立時的重要目標。後來因為台積電的介入，和 Altera 沒做成生意，但我總是和 FPGA 因緣不斷！

第三節　我提出了邏輯硬碟（Logic Drive）的構想

　　2011 年底，我從美國高通公司離職後，再次深沉的思考人生的意義，覺得在半導體世界沉浮的時間也夠久了，決定就此結束 30 多年的半導體生涯，尋找人生的下一個旅程。萬萬沒想到在 2012 年初，我被診斷出得了攝護腺癌。往後的兩三年，一邊治癌，一邊活在癌症的恐懼中 (fear of cancer)。我當時一直很困擾：人類科技這麼發達進步，可是周遭很多的親戚朋友和我自己還都活在癌症的恐懼中，有點不可思議。我覺得，人類應該有免於癌症恐懼的自由 (free from fear of cancer)！因此，當時剛成立的成員公司就進入了癌症領域的探索，我也就自然的離開了半導體的世界。

　　世事難料，2016 年，命運之神又把我召回半導體的世界！

　　那年的年中，我突然收到一封從美國來的快遞，是當年收購米輯電子的美國公司要申請我在 2006 年發明的專利 (US Pat. 7,569,422) 的連續案 (continuation application)，需要原發明人簽名。那時我已經有 5 年的時間沒有關注甚或接觸半導體，因此很好奇的想知道到底是怎麼回事。原來，我在 2006 年發明的專利中，揭露用塑料 (molding compound) 把一個上表面有銅凸塊的晶片封裝起來，然後在晶片上方的塑料表面形成扇出金屬連線 (fan-out interconnection) 與晶片上的銅凸塊連接 (請參閱第三章第五節)。仔細搜尋，才知道 2015 年上市的 Apple iPhone 7 是利用 TSMC 的整合扇出封裝技術 (INtegrated Fan-Out，InFO) 進行手機晶片的封裝；再進一步探索，得知 TSMC 也成功量產另一種矽基板多晶片封裝技術 CoWoS。當時覺得台積電的研發製造能力實在太強了，封裝業界夢想多年的技術，居然

可以在台積電這個專注在晶圓製程的工廠量產成功！一時之間，興奮不已，覺得我一直夢想的系統解決方案總算有地方可以製造實現了。於是，在睽違了 5 年之後，再回頭重續 FPGA 和多晶片封裝的前緣，我又回到了半導體的世界。

邏輯硬碟 (Logic Drive) 的構想

那時，我馬上想到對金屬連線及先進封裝有強烈需求的 FPGA 晶片。基於上述台積電已在量產的 InFO 和 CoWoS 先進封裝，再衡諸 IC 晶片製程已經進入 14 奈米，單一 IC 晶片可提供數十億個電晶體及 10 層以上的金屬連線，幾乎所有 FPGA 晶片所強烈需求的條件，都已經具備齊全了。於是，如第一章第三節所述，我就提出了邏輯硬碟 (Logic Drive) 的構想，並衍生出現場可程式化多晶片封裝 (Field-Programmable Multi-Chip Package，FPMCP) 的概念。一決定回到半導體世界後，我立即把已經退休，在屏東過著悠閒田園生活的李進源找回成真公司，進源是我在米輯時期大部分專利的共同發明人。

成真公司提出的邏輯硬碟是將一顆或數顆 10 奈米以下先進製程製造的 FPGA 小晶片 (chiplet)，用先進封裝技術連結在一起，同時在先進封裝內加入一顆非揮發性記憶體 (Non-Volatile Memory，NVM) 晶片 (例如快閃記憶體晶片 (flash memory chip))，非揮發性的儲存記住 FPGA 的組態數據資料 (configuration data)；也就是說，非揮發性的儲存記住已配置組態好的 (configured) 邏輯線路，使邏輯硬碟成為非揮發性元件。原來的組態數據資料存在 FPGA 晶片的 SRAM cells，如果關掉電源，組態數據資料就會消失；而成真公司的邏輯硬碟則把組態數據資料，備分儲存到封裝內的快閃記憶體晶片，如果關掉電源，組態數據資料也不會消失，因此成為非揮發性元件。如此，邏輯硬碟就可以當成 ASIC 晶片來販售。

為什麼其他人沒有類似的構想呢？

爲什麼其他人沒有類似的構想呢？因爲邏輯硬碟需要考慮到下列幾個重要因素：

(1)　遵從摩爾定律演進到 10 奈米以下先進製程製造的 FPGA 小晶片 (chiplet)

高效能的 FPGA 晶片需要大量的電晶體及金屬連線。現在 10 奈米以下的先進製程，單一 IC 晶片可提供數百億個電晶體及 10 層以上的金屬連線。更重要的是，電源可以降到 1 或 0.7 伏特以下，因此耗能低，可以解決 FPGA 一向棘手的散熱問題，而得到高效能低發熱的 FPGA 晶片。

(2)　在先進封裝內加入一顆非揮發性記憶體晶片

在先進封裝內加入一顆非揮發性記憶體晶片 (例如快閃記憶體晶片 (flash memory chip))，非揮發性的儲存記住 FPGA 的組態數據資料 (configuration data)；也就是說，非揮發性的儲存記住已配置組態好的 (configured) 邏輯線路，使邏輯硬碟成爲非揮發性元件。原來的組態數據資料存在 FPGA 晶片的 SRAM cells，如果關掉電源，組態數據資料就會消失；而成眞公司的邏輯硬碟則把組態數據資料，備分儲存到封裝內的快閃記憶體晶片，如果關掉電源，組態數據資料也不會消失，因此成爲非揮發性元件。如此，邏輯硬碟就可以當成 ASIC 晶片來販售。

(3)　降低 FPGA 晶片的成本

成眞公司提出標準化大宗 FPGA 小晶片 (Standard Commodity FPGA Chiplet) 的構想。採用 10 奈米以下的先進製程技術來生產 FPGA 小晶片，因爲電晶體密度大增，能以較小尺寸的晶片 (chiplet) 獲得夠多的電晶體 (一顆 FPGA 小晶片的電晶體數目可以

大至數百億)，也提升了生產良率及降低成本 (因爲晶片尺寸較小)；再者，將 FPGA 晶片標準化，例如將晶片尺寸，邏輯運算單元 (logic elements) 的線路及數量，I/O 的位置、數量、電性及功能 (包括驅動能力及阻抗，晶片間的傳輸介面 (inter-chip communication))，訂定共同標準規格，可以讓 FPGA 晶片成爲像 DRAM 一樣的大宗商品 (commodity)，如此晶片價格更可以大幅下降。另外，把一顆 FPGA 晶片分割 (partition) 成數顆小晶片 (chiplet)，再用先進封裝，把它們連接回來；因爲小晶片的尺寸變小，生產製造良率變高，降低 FPGA 晶片的製作成本；再加上標準化，讓使用量增加，量大後更進一步降低 FPGA 晶片的平均單價。

(4) 先進封裝

有了台積電的 InFO 和 CoWoS 先進封裝，才可以將數顆標準化大宗 FPGA 小晶片和一顆非揮發性記憶體包裝在一個封裝內。此先進封裝的體積小，並提供晶片之間的高速傳輸功能。

(5) 友善的 FPGA 組態界面

要讓邏輯硬碟普及化，必須開發友善的FPGA 組態界面 (user-friendly interface for FPGA configuration)，讓使用者可以用熟悉的程式語言，例如 Python、C++等，來組態 FPGA 晶片。

像固態硬碟改變及儲存數據記憶一樣，邏輯硬碟改變及儲存邏輯運算

有創意的 IC 設計者，買了邏輯硬碟就可以把他的創意，儲存在邏輯硬碟中的非揮發性記憶體晶片；當邏輯硬碟啟動時，儲存在邏輯硬碟中的非揮發性記憶體晶片的數據資料就寫進 FPGA 晶片的 SRAM cells，設定硬體

線路，實現他的理想。另外，邏輯硬碟也可以經由重新編程組態 (re-configuration) 硬體線路來改變邏輯運算，並將新的組態儲存在邏輯硬碟內的非揮發性記憶體晶片中，使其成爲像固態硬碟一樣，可以改變及儲存數據記憶；只是邏輯硬碟改變及儲存的是邏輯運算而已。

FPGA晶片組成邏輯硬碟示意圖

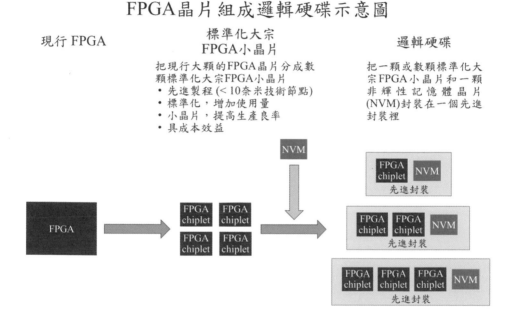

現行 FPGA

標準化大宗
FPGA小晶片

把現行大顆的FPGA晶片分成數顆標準化大宗FPGA小晶片
• 先進製程(＜10奈米技術節點)
• 標準化，增加使用量
• 小晶片，提高生產良率
• 具成本效益

邏輯硬碟

把一顆或數顆標準化大宗FPGA小晶片和一顆非輝性記憶體晶片(NVM)封裝在一個先進封裝裡

是 FPGA 晶片標準化的時候了！(It's time to standardize the FPGA chip!)

高階邏輯硬碟更進一步的將一顆控制晶片 (control chip) 及一顆或多顆 I/O (input/out，輸入/輸出) 晶片加入邏輯硬碟中。其中，控制晶片用來管理控制邏輯硬碟中 FPGA 晶片間的互連運作及 FPGA 晶片對 NVM 晶片內數據的讀寫，並且管理控制邏輯硬碟和外部線路的互連運作；I/O 晶片包括

小 I/O 電路負責邏輯硬碟內部 FPGA 晶片、控制晶片、NVM 晶片的連接，及大 I/O 電路負責邏輯硬碟與外部電路的連接。成眞公司提議將原來在 FPGA 晶片內的控制電路移到控制晶片中，並將原來在 FPGA 晶片的大 I/O 電路移到 I/O 晶片中，使 FPGA 晶片的大部分面積都成爲像 DRAM 晶片記憶方塊陣列 (memory block array) 一樣的規則邏輯方塊陣列 (logic block array)，使得 FPGA 晶片更容易標準化。再加上，FPGA 晶片用 10 奈米以下的先進製程設計製造，便可以得到低耗能低電壓的標準化大宗 FPGA 小晶片 (Standard Commodity FPGA Chiplet)，用來製作成眞公司推動的邏輯硬碟。

高階邏輯硬碟

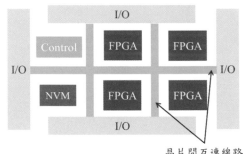

晶片間互連線路

FPGA: 標準化大宗FPGA小晶片
NVM: 非揮發性記憶體晶片
Control: 控制晶片
I/O: 輸入/輸出晶片 (包含大I/O電路及小
　　　I/O電路)

- 高階邏輯硬碟包含：
  - 標準化大宗FPGA小晶片
  - 非揮發性記憶體晶片
  - 控制晶片
  - I/O晶片
- FPGA晶片進一步標準化
  - 方法：
    □ 將原來在FPGA晶片內的控制電路移到控制晶片。
    □ 將原來在FPGA晶片內的大I/O電路移到I/O晶片。
    □ FPGA晶片的大部分面積都成為像DRAM晶片記憶體方塊陣列一樣的邏輯方塊陣列。
  - 成效：
    □ FPGA晶片就能更進一步標準化，得到低耗能低電壓的標準化大宗FPGA小晶片，以用來製作邏輯硬碟。

上述的高階邏輯硬碟可以採用如台積電 CoWoS 的矽中介層覆晶封裝 (Si interposer flip-chip package)，或 3D 堆疊封裝 (stacked package)。此兩種封裝結構的示意圖如下：

邏輯硬碟封裝結構示意圖

2D平面封裝 – 矽中介層覆晶封裝
將數顆FPGA晶片、一顆NVM晶片、一顆控制晶片及一顆I/O晶片
覆晶封裝到矽中介層上。

3D堆疊封裝 – 晶片堆疊在塑料成型的次封裝 (sub-package)
先將一顆NVM晶片、一顆控制晶片、一顆I/O晶片、數顆矽通孔連接器
(TSV connector) 及一顆矽橋 (Si bridge)，用塑料成型的方式形成次封裝
(sub-package)，再將數顆FPGA晶片覆晶封裝到次封裝上。

將 FPGA 晶片標準化成為像 DRAM 一樣的大宗商品

成真公司的夢想邏輯硬碟是否成真，要看 FPGA 晶片有沒有標準化。在晶片的摩爾旅程中，晶片標準化後往往造成摩爾旅程的高潮。例如，通訊協定的標準化，封裝規格的標準化，DRAM 的標準化，NAND Flash 的標準化，都讓晶片的使用普及化，成本銳減，產量及銷量大增，進而改變半導體產業的生態，產生對人類文明革命性的影響。團結力量大，是 FPGA 晶片標準化的時候了！

非揮發性現場可程式化多晶片封裝成為適用於各種不同特殊用途的多晶片封裝

　　當時，我還有另一個重要的構想：現場可程式化多晶片封裝 (Field-Programmable Multi-Chip Package，FPMCP)。此構想是在一個包含 CPU、GPU 或 ASIC 的多晶片封裝中，加入一顆 FPGA 晶片及一顆 NVM 晶片。其中的 FPGA 晶片可以用現場可程式化的方式，改變多晶片封裝的功能 (function) 或用來加速 CPU、GPU 或 ASIC 的運算速度 (accelerator)，而 NVM 晶片則是用來儲存編程組態的數據資料，使得此多晶片封裝變成非揮發性的現場可程式化多晶片封裝。如此，藉由 FPGA 的可變性 (versatility)，讓此 FPMCP 成為適用於各種不同特殊用途的多晶片封裝 (Application Specific Multi-Chip Package，ASMCP)。

現場可程式化多晶片封裝
(Field Programmable Multi-Chip Package, FPMCP)

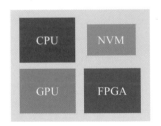

- 在一個包含CPU、GPU或ASIC/SOC的多晶片封裝中，加入一顆FPGA晶片及一顆非揮發性記憶體晶片。
- 其中的FPGA晶片可以用現場可程式化的方式，改變多晶片封裝的功能 (function) 或用來加速CPU、GPU或ASIC/SOC的運算速度 (accelerator)。
- 非揮發性記憶體則是用來儲存編程組態 (configuration) 的數據資料，使得此多晶片封裝變成非揮發性的現場可程式化多晶片封裝。

如此，藉由FPGA的可變性 (versatility)，讓此多晶片封裝成為適用於各種不同特殊用途的多晶片封裝 (Application Specific Multichip Package，ASMCP)。

FPGA 晶片的架構及演算法持續不斷的演進，推升了 FPGA 的智能

另外更值得興奮的是，FPGA 晶片的架構及演算法持續不斷的演進，推升了 FPGA 的智能。FPGA 晶片可以重新編程組態形成新的電路，類似人腦的可塑性及整合性，非常適合應用於人工智慧 (AI) 和機器學習 (ML)，用軟體語言去架構 AI/ML 演算邏輯的硬體電路；成眞公司的邏輯硬碟包含了 FPGA 晶片，因此，也就具備人腦可塑性及整合性的仿生 (bio-inspired) 技術。可以預見的，FPGA 晶片不斷的有新架構及演算法推出，例如粗顆粒重組態架構 (Coarse-Grained Reconfigurable Architecture，CGRA)，以可組態化功能區塊 (Configurable Function Block，CFB) 爲單位，此單位即爲粗顆粒。CFB 包含一個多輸出查找表 (multi-output Look-

Coarse-grained FPGA (CGFP)

粗顆粒重組態架構 (Coarse-Grained Reconfigurable Architecture，CGRA) － 以可組態化功能區塊 (Configurable Function Block，CFB) 為單位，此單位即為粗顆粒。

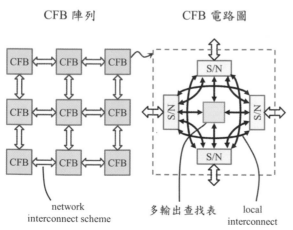

CFB 陣列　　　　CFB 電路圖

network interconnect scheme

多輸出查找表　　local interconnect

- CFB包含1個多輸出查找表及4個可程式化/可組態化開關及網絡電路 (S/N)。
- 多輸出查找表可以輸出多個數據資料，形成Coarse-Grained架構的基礎。
- 4個可程式化/可組態化開關及網絡S/N電路則是控制CFB內多輸出查找表的數據資料輸出和上下左右相鄰的4個CFB是否相連。
- 由CFB陣列組成的Coarse-Grained FPGA晶片，可以提供功能更強、速度更快、耗能更低的FPGA晶片，將在新領域如AI機器人和自動駕駛的應用嶄露頭角。

Up Table) 及 4 個可程式化/可組態化開關及網絡電路 (programmable configurable interconnection switch and network circuit)。一般的現場可程式化邏輯細胞只能輸出一個數據資料,而此多輸出查找表可以輸出多個數據資料,形成 Coarse-Grained 架構的基礎。而 CFB 所包含的 4 個可程式化/可組態化開關及網絡電路則是控制 CFB 內多輸出查找表的數據資料輸出和上下左右相鄰的 4 個 CFB 是否相連。由 CFB 陣列 (array) 組成的 Coarse-Grained FPGA 晶片,可以提供功能更強、速度更快、耗能更低的 FPGA 晶片,將在新領域如 AI 機器人和自動駕駛的應用嶄露頭角。

這獨樹一格的 FPGA 將來是否有機會和 CPU 或 GPU 平起平坐?

　　2016 年提出邏輯硬碟後,我就不斷的思索這獨樹一格的 FPGA 將來是否有機會和 CPU 或 GPU 平起平坐呢?CPU,GPU 和 FPGA 這三種晶片都被用來做邏輯運算:CPU 是通用運算處理器 (general computing processor),處理執行電腦作業系統和應用程式所需的邏輯運算;而 GPU 則是因應圖形處理需要而生,比 CPU 能更有效的處理大量平行的數學運算,因此被稱做運算加速器 (computing accelerator)。GPU 因為同時平行處理一個圖案大量的像素 (pixel),而像素可以被抽象化成矩陣的元素,因此可以用數學的矩陣代表 (matrix representation),而其運算就是矩陣運算。因為人工智慧或機器學習包含訓練 (training) 和推論 (inference),矩陣運算可以平行處理複雜的運算,剛好可以非常有效的用來做訓練,這也造成最近 ChatGPT 出現後,NVIDIA 的 GPU 晶片賣到嚴重缺貨的現象。

以運算能力而言，新近崛起的 "NVIDIA AI Platform" GPU 是否會取代長期稱霸的 "intel inside" CPU？

世人可能現在才恍然大悟，GPU 平行處理一個圖案大量的像素 (pixel)，正好是可以用來處理萬事萬物點點滴滴 (bits and dots) 的好方法。在此不得不佩服 NVIDIA 創辦人及執行長黃仁勳 (Jensen Huang) 的先知灼見，以及基於此先知灼見而開發出的 CUDA 架構 (Compute Unified Devices Architecture)。黃仁勳提出 2 個創新突破性的商業模式：第一個是 "NVIDIA AI Platform" 商業模式，創造一個友善的平台，讓 AI 開發者可以容易的創新開發出各種商業、研究及生活的 AI 應用。以運算能力而言，此強勢崛起的 "NVIDIA AI Platform" GPU 是否會取代長期稱霸的 "intel inside" CPU？第二個是 "NVIDIA AI Foundry" 的 AI 代工商業模式，學習台積電的 wafer foundry 晶圓代工商業模式，幫助 AI 開發者生產製造客製化 AI 軟硬體 (customized AI software and hardware)，讓他們可以容易的創新開發出各種商業、研究及生活的 AI 應用。此 AI Foundry 商業模式是否可以複製台積電 wafer foundry 在晶圓製造稱霸的盛況？

但是 GPU 適合做大量數據且固定演算法的訓練，對於不同的演算法或小量數據，則 ASIC 晶片可能更適合用來做訓練，例如現在 Google、Amazon、Open AI、Microsoft 等都紛紛用不同的演算法，推出自家的 ASIC 晶片；而許多新創公司則為使用小量數據做訓練的終端裝置 (edge device)，設計 ASIC 晶片。

例如 Google 的 TPU (Tensor Process Unit) 是設計來做特定的機器學習和矩陣運算的 ASIC 晶片，其人工智慧的機器學習以張量代表 (tensor representation) 做數學運算；張量在分類 (classification)，等級次元 (hierarchical order) 及分析 (analysis) 具有高強的能力，因此比 GPU 的矩陣

代表 (matrix representation) 較有具體性及針對性，容易做高效能的特定應用 (specific application)，例如應用在圍棋，打敗頂尖的圍棋高手。

這獨樹一格的FPGA將來是否有機會和CPU或GPU平起平坐？

名稱	CPU 中央處理器	GPU 圖形處理器	FPGA 現場可程式化 邏輯閘陣列晶片
本質功能 (intrinsic function)	處理執行電腦作業系統和應用程式所需的邏輯運算	平行處理一個圖案的大量像素 (pixel)	在組態編程後，事實上就是一顆ASIC晶片
特徵	通用運算處理(general purpose processing)	有效的處理大量平行的數學運算，因此被稱做運算加速器 (computing accelerator)。	現場可程式化：一個硬體晶片可以組態成各式各樣功能的ASIC晶片。
人工智慧及機器學習		• 像素可以被抽象化成矩陣的元素，因此可以用數學的矩陣代表(matrix representation)，而其運算就是矩陣運算，矩陣運算可以平行處理複雜的運算。 • 適合在雲端的伺服器，做大量數據且固定演算法的訓練。	• 不論在雲端的伺服器或終端裝置，FPGA都比GPU的推論能力更強。 • 適合在終端裝置，做小量數據或不同的演算法的訓練。

FPGA 優越的網路連結能力及 AI 推論能力可以在 AI 興起中，搶到一席之地嗎？還是永遠只能當作開發 ASIC 晶片的驗證工具？

至於 FPGA 晶片，和 GPU 一樣，也被稱做運算加速器。FPGA 優越的網路連結能力及 AI 推論能力可以在 AI 興起中，搶到一席之地嗎？FPGA 已經大量被用到雲端數據中心 (cloud data center) 的網路連結 (network)。FPGA 也非常適合用來做 AI 的推論，不論在雲端的伺服器或終端裝置，FPGA 都比 GPU 的推論能力更強。而事實上 FPGA 晶片在組態編程後，就是一顆 ASIC 晶片，可以用於小量數據或不同的演算法的訓練，例如終端

裝置的訓練。5 奈米或 3 奈米以下的 FPGA 晶片，如果真的標準化了，將來也許有機會可以和 GPU 晶片在人工智慧的應用爭得一席之地。

另外，在 2016 年提出邏輯硬碟後，我也不斷的思索 FPGA 可以當成 ASIC 晶片產品使用嗎？還是永遠只能當作開發 ASIC 晶片的驗證工具？5 奈米或 3 奈米以下的 FPGA 晶片，如果真的標準化了，而且有創新的 FPGA 演算法，將來也許有機會可以直接當成 ASIC 晶片產品使用。

我和人工智慧及機器學習的一段因緣

在此，我恰巧可以分享一段我和人工智慧及機器學習的因緣，藉以解釋機器學習的模型。成真公司成立於 2012 年，前 4 年大部分時間投入健康醫療領域的研發，尤其是癌症和幹細胞。因緣際會，讓我意外的涉獵到人工智慧及機器學習的領域。在 2014 年底，朋友介紹他們認識的 Moira Schieke 醫生，說她發明了用電腦判讀 MRI 影像 (Magnetic Resonance Imaging，磁振造影) 的新技術，因為她對電腦科學和數學不是很懂，正在尋求電腦科學家和數學家的協助，以完成整個演算法及判讀系統。我的二女兒 Erica 那時正在 MIT 唸博士班，我就推薦 Moira 去找她。兩人合作後，很快的就發展出整套演算法及判讀系統，並於 2015 年 8 月 8 日申請專利：Moira Schieke, Erica Lin, "Method and System for identifying Biomarkers using a Probability Map", US Patent 9,922,433。

Moira 和 Erica 提出利用 MRI 多個參數 (multiple parameters) 來診斷癌症。在 MRI 的成像中，因不同組織對外加磁場的物理反應的特性而產生不同影像，物理反應的特性就是參數，如 PD (Proton Density，質子密度)、T1 (transverse spin relaxation time constant，縱向自旋弛緩時間常數)、T2 (longitudinal spin relaxation time constant，橫向自旋弛緩時間常數) 或是 DI (Diffusion Imaging，擴散影像) 等。她們讀取 MRI 影像中每個 pixel 的 PD、

T1、T2 或是 DI 等參數的數據，再和切片病理報告的癌症判斷比對，如此收集足夠多的病人資料，建立貝氏分類器 (Bayes classifier)；然後對於一個新病人 MRI 的影像，只要讀取每個 pixel 的 PD、T1、T2 或是 DI 等參數的數據，依據貝氏分類器，就可以判斷是否有癌症腫瘤，不需要再做侵入性的切片檢驗。其中所用的貝氏分類器現在已經用 Self-adaptive connectivity 建立的模型取代。

　　我對於 Moira 和 Erica 的演算法非常有興趣，於是和李進源一起研究，把她們的演算法從 2D pixel 延伸到 3D 的 voxel，並且把此演算法推廣到 MRI 影像以外的應用。Erica 採用數值計算方法 (numerical calculation method)，利用電腦去解一大堆的線性方程式 (linear equation)，得到每個 2D pixel 的參數數值；我則利用張量理論 (tensor theory) 和演算法，得到每個 3D voxel 的參數數值。進源和我於 2019 年 4 月 19 日申請專利：Jin-Yuan Lee, Mou-Shiung Lin, "Method for Data Management and Machine Learning with Fine Resolution", US Patent 10,872,413。

第四節 數據記憶儲存的革命——固態硬碟及 USB 快閃隨身碟

　　如前一節所言，成真公司仿效固態硬碟及 USB 快閃隨身碟提出邏輯硬碟 (Logic Drive) 的概念，使其成為像固態硬碟或 USB 快閃隨身碟一樣，可以改變及儲存數據記憶；只是邏輯硬碟改變及儲存的是邏輯運算而已。固態硬碟或 USB 快閃隨身碟將一顆或數顆非揮發性記憶體晶片和一顆邏輯控制晶片 (logic control chip) 包裝在一個封裝內；而成真公司所提倡的邏輯硬碟，則反過來，將一顆或數顆 10 奈米以下先進製程製造的 FPGA 小晶片和一顆非揮發性記憶體晶片包裝在一個先進封裝內。固態硬碟或 USB 快閃隨身碟利用一顆邏輯控制晶片控制數顆非揮發性記憶體晶片的數據存取讀寫運作 (data write and read)；而邏輯硬碟利用一顆非揮發性記憶體晶片來儲存數顆 FPGA 小晶片的組態數據 (configuration data)。邏輯硬碟和固態硬碟，就像透過一面鏡子，兩相輝映。

邏輯硬碟和固態硬碟，就像透過一面鏡子，兩相輝映

　　記憶和邏輯是人類思考方式的兩大不同功能，但卻又相輔相成。人類的思考 (thinking) 是依據儲存在記憶裡的資訊 (memorized information) 來做邏輯思考 (logic thinking)；將思考的結果儲存在記憶裡；爾後，再依據儲存在記憶裡累積的資訊來做邏輯思考；如此不斷學習成長。如今在人工的世界裡，固態硬碟已經將原來製程不相容 (not compatible) 的邏輯晶片和記憶晶片配對組合，造成記憶世界的革命性改變；如果邏輯硬碟的美夢成真，也把原來製程不相容的邏輯晶片和記憶晶片配對組合，則也將造成

邏輯世界的革命性改變。將來你手中的硬碟，不止會記憶背誦，也會思考運算。亙古以來兩個絕然不同功能的邏輯與記憶，蛻變成兩個人工的模組元件：固態硬碟和邏輯硬碟，何等的自然且神奇！人工的思考能力將因此而突飛猛進！

在第一章第一節中寫到：

「積體電路的基本元件包含了可以存取資料的記憶體 (例如：靜態隨機存取記憶體 (SRAM))、進行數學運算的計算電路 (例如：加法器 (adder))、進行邏輯判斷的邏輯電路 (例如：AND、OR) 和計時的心跳線路 (例如：時鐘 (clock))。積體電路根據人們所寫的程式指令，按照其時間次序，進行資料的存取、數學運算及邏輯判斷。」

文中所提到存取資料的記憶體是以靜態隨機存取記憶體 (SRAM) 為例。事實上，現在主流的半導體記憶體還包括大家所熟悉的動態隨機存取記憶體 (DRAM) 及快閃記憶體 (flash memory)。其中，SRAM 和 DRAM 在關掉電源時，所儲存的數據就會消失，屬於揮發性記憶體 (volatile memory)；而快閃記憶體在關掉電源時，所儲存的數據不會消失，屬於非揮發性記憶體 (non-volatile memory)。

一個 SRAM 記憶體細胞 (cell) 由 6 個電晶體組成，數據以反相的 Data 和 $\overline{Data}$ 分別儲存在細胞線路中的 2 個鎖定節點 (latched nodes)；只要電源開著，2 個鎖定節點的電荷就由電源不斷的補充、調整並鎖定，因此 Data 和 $\overline{Data}$ 數據持續穩定，不會消失，因此被稱為「靜態」(static) 隨機存取記憶體。SRAM 記憶體細胞的數據儲存節點 (鎖定節點) 和電晶體的通道、源極或汲極有直接接觸，會有經由電晶體漏電的問題。因此，關掉電源後，2 個鎖定節點的電荷不再有電源不斷的補充，所儲存的數據就會消失，成為揮發性記憶體。

　　一個 DRAM 記憶體細胞 (cell) 由 1 個電晶體和 1 個電容組成，數據儲存在細胞線路中電晶體的源極 (source) 和電容的負極互相連結所形成的儲存節點 (storage node)。DRAM 記憶體細胞的數據儲存節點 (電容) 和細胞線路中的電晶體的通道、源極或汲極有直接接觸，會有經由電晶體漏電的問題。因為儲存節點的電荷會經由細胞線路中的電晶體不斷的漏電 (leakage) 而流失，導致數據減弱或消失。因此每隔一段時間，就必須把原本儲存的數據重新再寫進去 (refresh)；兩次 refresh 相隔的時間是 refresh time。由於所儲存的數據會減弱或消失，且需要 refresh，因此被稱為「動態」(dynamic) 隨機存取記憶體。但是在關掉電源後，不再有 refresh，所儲存的數據就會消失，和 SRAM 一樣，成為揮發性記憶體。

　　一個快閃記憶體細胞 (cell) 由 1 個含有浮動閘 (floating gate) 或電荷捕捉層 (charge trapping layer) 的電晶體所組成，數據儲存在浮動閘或電荷捕捉層。平面快閃記憶體 (2D Flash) 一般使用浮動閘 (floating gate)，由複晶矽 (poly silicon) 或金屬材質形成，儲存的電荷可以自由移動。立體快閃記憶體 (3D Flash) 一般使用電荷捕捉層，由氮化矽 (silicon nitride) 化合物形成，儲存的電荷不能自由移動。浮動閘或電荷捕捉層和電晶體通道 (channel) 之間，隔著穿隧層 (tunneling layer)；而和電晶體控制閘 (control gate) 之間，則隔著閘極氧化層 (gate oxide)。快閃記憶體細胞的數據儲存節點 (浮動閘或電荷捕捉層) 被絕緣體 (閘極氧化層及穿隧層) 包圍，和電晶體的通道、源極及汲極都沒有直接接觸，不會有經由電晶體漏電的問題。因此，縱使關掉電源，所儲存的數據也不會消失，成為非揮發性記憶體。

快閃記憶體細胞所儲存的數據會在一瞬間全部被刪除，就像閃電一般，因此稱為「快閃」記憶體

　　使用浮動閘的 2D 快閃記憶體，在寫進 (write) 數據時，利用通道中的熱電子 (hot electron)，穿過穿隧層，把電子 (數據) 儲存 (寫進) 至浮動閘；在刪除 (erase) 數據時，利用控制閘加大浮動閘和通道間旳電壓差，造成量子力學中的 Fowler-Nordheim 穿隧 (F-N tunneling)，浮動閘中所儲存的電子，經由穿隧層到達通道，因而消失。快閃記憶體晶片的設計架構是將快閃記憶體細胞排列成數個陣列 (array)，同時把一個陣列內的記憶體細胞串連在一起，所以在刪除數據時，在一個陣列內串連在一起的記憶體細胞所儲存的數據會在一瞬間全部被刪除，就像閃電一般，因此稱爲「快閃」記憶體。

記憶體的基本電路

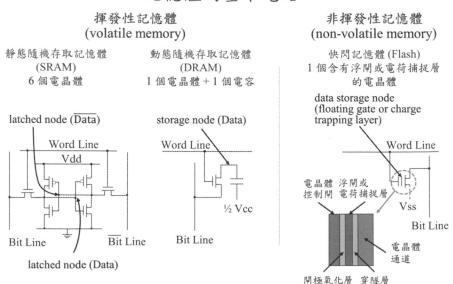

揮發性記憶體
(volatile memory)

非揮發性記憶體
(non-volatile memory)

静態隨機存取記憶體
(SRAM)
6 個電晶體

動態隨機存取記憶體
(DRAM)
1 個電晶體＋1 個電容

快閃記憶體 (Flash)
1 個含有浮閘或電荷捕捉層
的電晶體

data storage node
(floating gate or charge
trapping layer)

latched node ($\overline{\text{Data}}$)

Word Line
Vdd

Bit Line　　　$\overline{\text{Bit Line}}$

latched node (Data)

storage node (Data)

Word Line

½ Vcc

Bit Line

電晶體　浮閘或
控制閘　電荷捕捉層

Word Line

Vss

Bit Line

電晶體
通道

閘極氧化層　穿隧層

⊣┠: P型電晶體　⊣┠: N型電晶體　⊣├ : 電容　⊣┠: 浮閘或電荷捕捉層

使用電荷捕捉層的 3D 快閃記憶體，在寫進數據時，利用通道中的熱電子，穿越穿隧層，把電子 (數據) 儲存 (寫進) 至電荷捕捉層 (這和使用浮動閘的快閃記憶體的作用原理一樣)；在刪除數據時，利用通道中的熱電洞 (hot hole)，穿過穿隧層到達電荷捕捉層，電荷捕捉層中所儲存的電子和電洞中和，因而消失 (這和使用浮動閘的快閃記憶體的作用原理不一樣)。

SRAM 記憶體細胞只含電晶體元件，因此製程和邏輯線路的製程相容 (compatible)，一般的邏輯晶片 (例如 CPU， GPU，或 FPGA) 都含有 SRAM 區塊當做快取記憶體 (cache memory)。DRAM 記憶體細胞除了電晶體元件之外，還包含電容元件；快閃記憶體細胞的電晶體含有浮動閘或電荷捕捉層，和邏輯線路的電晶體不同。因此，DRAM 和快閃記憶體的製程和邏輯線路的製程不相容 (not compatible)。一般的邏輯晶片 (例如中央處理器 CPU，畫圖晶片 GPU，或 FPGA 晶片) 和 DRAM 或快閃記憶體晶片都分開製造，形成不同晶片。

快閃記憶體晶片走向電晶體 3D 堆疊的製程技術，一個晶片就含有 232 堆疊層，可以達到 10 兆個電晶體，更帶領摩爾定律走向一條嶄新的 3D 旅程

邏輯晶片在運算時，都先從晶片上的快取記憶體 SRAM (cache SRAM)，取得數據；需要更多數據時，就從鄰近的 DRAM 晶片模組 (main memory) 取得；再需要更多數據時，就從比較遠的固態快閃記憶體硬碟或磁碟 (magnetic hard disk) 去取得。1990 年代初期，我帶領台積電研發處時，每一年都會參加 IEEE 國際電子元件會議 (International Electron Device Meeting，IEDM)。在那幾年大會中討論的重點都是快閃記憶體是否可以成為固態硬碟，和磁碟競爭。我印象中，一直到 1995 年，結論都還是不可能。快閃記憶體後來的發展真是跌破專家的眼鏡，令人刮目相看！現在的

快閃記憶體向上堆疊已經達到 232 層 (超過 100 層堆疊快閃記憶體細胞)，一個快閃記憶體晶片已經儲存超過 10 兆位元 (10 Tb) 的數據。現在固態硬碟的密度 (density)，可靠性 (reliability)，及讀取速度 (read access time) 都超越磁碟。快閃記憶體晶片走向電晶體 3D 堆疊的製程技術，一個晶片就可以含有 10 兆個電晶體，令人嘖嘖稱奇，更帶領摩爾定律走向一條嶄新的 3D 旅程。

結語

　　第一章提到我曾經二進二出摩爾定律，現在提出的邏輯硬碟概念則是綜合摩爾定律晶片微縮到 10 奈米技術節點以下時電晶體的密度及功效，以及非摩爾定律先進封裝的尺寸微縮及晶片互連的密度和功效。過去受到電晶體及封裝密度/功效限制的 FPGA 晶片，如今在 10 奈米技術節點以下的晶圓製程及突飛猛進的先進封裝技術的助攻下，得到完全的解放。以 FPGA 類似人腦的可塑性及整合性，未來可能有更強大的演算能力出現嗎？FPGA 用記憶體儲存的數據資料來改變其邏輯功能，可以說是一顆充滿 SRAM 記憶體海洋 (sea of SRAM cells) 的邏輯晶片，未來可能模糊化邏輯和記憶的界線嗎？FPGA 有可能主導未來半導體的摩爾旅程嗎？

　　沒想到我一輩子遊走在摩爾定律和非摩爾定律之間，還能在古稀之年，幸運的在摩爾定律的道路上繼續前行，繼續做夢：晶片技術和封裝技術，兩者相輔相成；藉由 FPGA 晶片，譜成近乎人腦的 Logic Drive 的夢想。過去，我很榮幸參與了摩爾定律和非摩爾定律的精彩旅程；如果將來，摩爾定律和非摩爾定律能結合在一起實現 Logic Drive，就像成眞公司 (iCometrue) 的名字一樣，Dreams Come True！

　　這一章提到類似人腦的 FPGA 晶片；第一章第二節提到人類鬼斧神工創造的第一顆人造太陽極紫外光 (EUV) 曝光機；再加上發展中的第二顆人造太陽——核融合能源系統，用以提供 EUV 曝光機及 AI machine ChatGPT 所需的巨大能量；有了這 3 樣法寶，人類文明將邁向前所未有的光明，世界將彷彿是人間天堂，這也是摩爾旅程的理想終點。可惜人不是神，高智能晶片可能被獨裁專制極權國家濫用來破壞甚至摧毀人類文明，這也是在第一章結尾時提到我最擔憂摩爾旅程中的險境，因此語重心長的

強調工程倫理。大家可能聽過「晶片霸權」(chip supremacy)，但我希望是「晶片平權」(chip equality)；大家也可能聽過「晶片即武器」(chip as weapon)，但我希望是「晶片即福祉」(chip as welfare)。現在，地緣政治的紛擾增加了摩爾旅程的不確定性，但我期盼人類善良的本性能夠協助半導體晶片在摩爾旅程中不被邪惡之徒所用，尤其是不被專制極權國家用來造假洗腦，監控奴役人民，使摩爾旅程繼續前行，發光發熱，以達人間天堂的完美境界；就像成真公司 (iCometrue) 的名字一樣，Dreams Come True！這讓我不禁想起電影綠野仙蹤 (Wizard of Oz) 裡「Over the Rainbow」的歌詞：

Somewhere over the rainbow Way up high,

There's a land that I heard of once in a lullaby;

……

Somewhere over the rainbow Skies are blue,

And the dreams that you dare to dream really do come true.

越過了彩虹，在那遙遠的天邊，

有一塊我兒時在搖籃曲裡聽說的美好境地，

……

越過了彩虹，天空蔚藍，

在那裡，你勇於做夢的夢想，即將美夢成真。

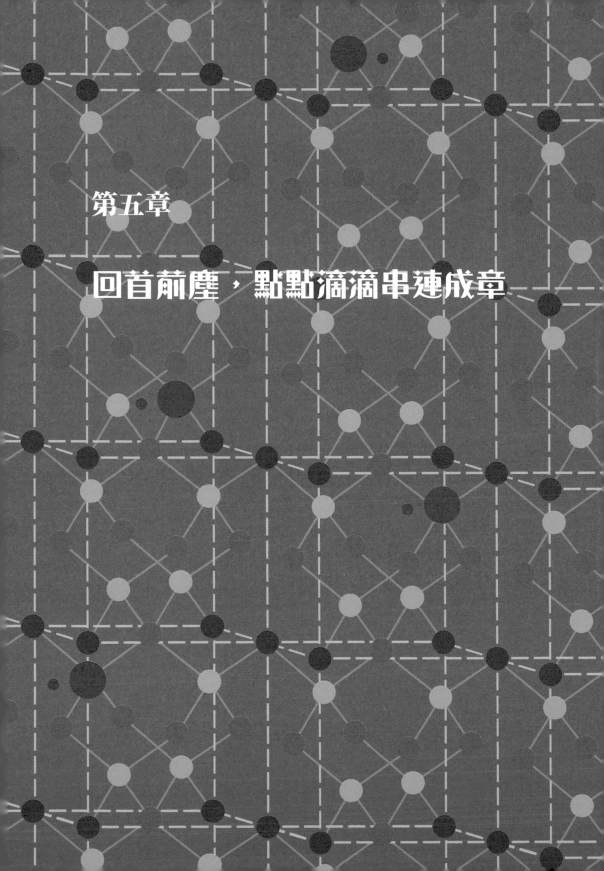

第五章

回首前塵，點點滴滴串連成章

前言

　　第一章裡提到我在摩爾旅程中，曾經二進二出摩爾定律：1982-84年在IBM從事遵循摩爾定律積體電路晶片的製程開發；1985-88年在AT&T貝爾實驗室開發非摩爾定律的多晶片封裝；1990-97年回到台灣加入台積電，回到遵循摩爾定律積體電路晶片的製程開發；1999年至2011年，創立米輯，重新開發非摩爾定律的多晶片封裝。雖然二進二出，但都還在半導體積體電路的領域內。

　　在二進二出摩爾定律的轉折過程中，我有三次意外的，而且真正的離開半導體積體電路的範疇。第一次是1988年12月至1990年5月，因為在1988年12月7日的時候，AT&T貝爾實驗室毫無預警的宣佈當日即刻結束多晶片模組 (MCM) 計劃，我在公司內部轉職到貝爾實驗室的另一個部門，加入紅外線雷射的研發；第二次是1997年7月至1998年12月，從台積電借調到台灣慧智股份有限公司 (WYSE) 擔任代理總經理；第三次是2012年1月至2017年1月，創立成員公司進入生命科學領域。

　　第一次和第二次是非自願的被迫離開半導體積體電路的領域。第三次則是因為覺得年紀大了，並自認為在半導體積體電路領域做的夠久夠多了，決定從半導體積體電路領域退休下來。後來因為健康因素，在2012年到2017年期間，成立成員公司，轉行投入生物科學領域。多年之後的現在，回首前塵，往事點點滴滴，串連起來，歷歷在目，彷彿昨日，來龍去脈，清清楚楚。可是事發當時，不知其所以然，深感人生充滿意外未知，惶惶不可終日。

　　這三次離開半導體積體電路領域的短暫歷程，讓我有機會接觸雷射光學、系統設備、生命科學及如何整頓一個沒落的公司，真可說是大開眼

界，體會到科技產業的多樣化及複雜性。其中最珍貴的，是讓我有 6 年的時間，去探索人體這個小宇宙的生命科學。

三次意外的，而且真的離開半導體積體電路領域

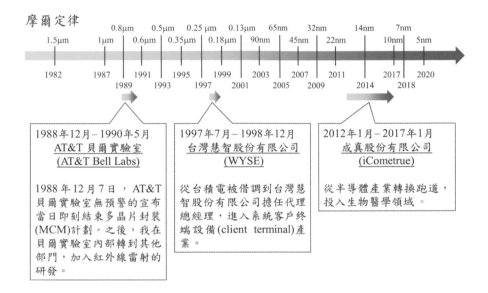

摩爾定律

| 1.5μm | 1μm | 0.6μm | 0.35μm | 0.18μm | 90nm | 45nm | 22nm | 10nm | 5nm |

| 0.8μm | 0.5μm | 0.25μm | 0.13μm | 65nm | 32nm | 14nm | 7nm |

1982　1987　1989　1991　1993　1995　1997　1999　2001　2003　2005　2007　2009　2011　2014　2017　2018　2020

1988年12月－1990年5月
AT&T 貝爾實驗室
(AT&T Bell Labs)

1988 年 12 月 7 日，AT&T 貝爾實驗室無預警的宣布當日即刻結束多晶片封裝(MCM)計劃。之後，我在貝爾實驗室內部轉到其他部門，加入紅外線雷射的研發。

1997年7月－1998年12月
台灣慧智股份有限公司
(WYSE)

從台積電被借調到台灣慧智股份有限公司擔任代理總經理，進入系統客戶終端設備(client terminal)產業。

2012年1月－2017年1月
成真股份有限公司
(iCometrue)

從半導體產業轉換跑道，投入生物醫學領域。

第一節　創立成真公司進入生命科學領域

2011 年底，我從美國高通公司離職，覺得在半導體世界沉浮也夠了，決定就此結束 30 多年的摩爾旅程，計劃開啟人生另一個旅程，非常興奮。卻沒想到在 2012 年初，被診斷出得了攝護腺癌！往後的兩三年，一邊治癌，一邊活在癌症的恐懼中 (fear of cancer)。我當時一直很納悶：人類科技這麼發達進步，可是周遭的親戚朋友和我自己還都活在癌症的恐懼中，有點不可思議。我覺得人類應該有免於癌症恐懼的自由 (free from fear of cancer)，因此，當時剛成立的成真公司一開始就是進入癌症探索。有鑑於幹細胞是癌細胞的孿生兄弟，我也投資好友陳寬仁律師在美國南加州和幾個專家學者創立的一個專門研究幹細胞 (stem cells) 的新創公司 StemBios Technology，並由成真公司幫忙撰寫專利，因而有機會一同參與幹細胞的探索。StemBios 從循環人體的周邊血液 (periphery blood) 萃取幹細胞 SB cells (StemBios cells)。StemBios 證明此 SB cells 屬於多功能幹細胞 (pluripotent stem cells)，是非常上游的幹細胞，僅次於胚胎幹細胞 (embryonic stem cells)。SB cells 的特徵是尺寸小於 6 微米且含有 Lgr5+的細胞標記 (cell marker)。StermBios 投資大量資金及精力研發如何應用萃取出來的 SB cells 來治療疾病，雖然有了初步成果，但要成為符合美國食品藥物管理局 (US Food and Drug Agency，FDA) 法規的療法，路途還相當遙遠。

SB cells 說不定是個量測褐藻醣膠對促進人體健康是否有效的指標

我在 2012 年初，被診斷出罹患攝護腺癌時，並沒有馬上做手術移除，而是採取觀察的作法。同時，也開始收集有關治療攝護腺癌的知識。期間，我也經由友人的介紹，服用穩萊公司 (Winlife) 的靈芝多醣體 RF3 來嘗試治療癌症；每 3 個月，我還自費每次台幣二萬多元去做血液檢驗，檢驗項目除了攝護腺特定抗原 (Prostate Specific Antigen，PSA) 指數外，還特別檢驗血液中免疫細胞的濃度，包括白血球 (white blood cells)，T 細胞 (T cells，也稱爲 T 淋巴球)，B 細胞 (B cells，也稱爲 B 淋巴球)，自然殺手細胞 (Nature Killer cells，NK cells) 等。經過一年多的自我身體實驗，並沒有找到有意義的關聯 (correlation)。後來又經友人的介紹，改服用日本沖繩島出產的褐藻醣膠 (fucoidan)，同時，也做了上述同樣的免疫細胞檢驗，經過一年多，也沒有找到有意義的相關性。那時候，我突然想到，SB cells 說不定是個量測 RF3 或 fucoidan 是否有效的指標 (index)。因此，就請 StemBios 針對 fucoidan 和 SB cells 的關聯性做有系統的實驗。在 10 人以上的實驗中，所有人在服用 fucoidan 的 8 小時後，其血液中所含的 SB cells 濃度都有顯著增加，有些甚至增加了 10 幾倍！而在對照組 3 人則沒有服用 fucoidan，在相同的時間，其血液中所含的 SB cells 濃度都沒有顯著增加。我們將實驗方法及結果進行專利申請並獲得美國專利 (US Pat. 9,810,684, "Method for increasing number of stem cells in human or animal bodies"，James Wang，Steve K Chen，Mou-Shiung Lin and Yun Yen)。

利用分子和分子之間微弱的凡得瓦力來偵測細胞的癌化

2014 年 1 月，我因爲不想再忍受癌症死亡威脅的恐懼，進行了達文西

手術。在這段期間，成眞公司也參與了台灣國家實驗室新竹同步輻射中心 (National Synchrotron Radiation Research Center，NSRRC) 李耀昌博士帶領的研發團隊所發明的偵測癌細胞技術的開發。根據已知的研究報告，細胞在癌化過程中，細胞膜表面的多醣體 (glycan) 分子會產生結構變化 (glycosylation)：延長多醣體分子所含分支 (branch) 的長度、改變分支的形狀，或增生新的分支。因此，癌細胞表面的多醣體分子較大較長，而健康細胞表面的多醣體分子則較小較短。NSRRC 的技術原理是利用傅立葉轉換紅外光譜儀 (Fourier-transform infrared spectroscopy，FTIR) 來偵測蠟類 (wax) 和細胞膜表面的多醣體分子間的物理吸附力 (physisorption)，來判斷細胞是否癌化。根據李耀昌博士的解釋，此偵測原理的基礎是凡得瓦力 (van der Waals force)，它是一種分子和分子之間的物理吸附力，爲一種較共價鍵、離子鍵，甚至氫鍵，微弱許多的分子間互相吸附的力量。如果兩個分子的長度相同，其間的凡得瓦物理吸附力最強，因此，此技術就選用短鏈蠟類的石蠟 (paraffin，$C_{25}H_{52}$) 及長鏈蠟類的蜂蠟 (beeswax，$C_{46}H_{92}O_2$) 來偵測細胞膜表面的多醣體分子的尺寸長度。根據已知的研究報告，癌細胞表面的多醣體分子較大較長，而健康細胞表面的多醣體分子較小較短；因此偵測結果，如果細胞膜表面的多醣體吸附較多的長鏈蜂蠟，則可能罹患癌症；如果細胞膜表面的多醣體吸附較多的短鏈石蠟，則可能是健康的細胞。李博士聲稱利用這種偵測技術來檢驗癌症組織切片 (tissue section) 的方法比現行用顯微鏡來觀察的方法更準確，而且可以偵測出非常早期的癌細胞病變，　(請參考 US Pat. 8,354,222，"Method for detecting cancer and reagents for use therein"，Yao-Chang Lee et. al)。

把知識從自然大宇宙的無機物理世界，擴展到人體小宇宙的有機生命世界，對我而言意義非凡

從半導體世界退下來後，再加上自己罹癌治癌的經驗，我一直想找機會幫助台灣年輕人在偵測、預防及治療癌症方面的研究。聽到國家同步輻射中心李博士的研究後，我被該技術用到幾乎被人們遺忘的凡得瓦力的突破性創意所吸引，再加上我對比蛋白質複雜數千數萬倍的多醣體非常有興趣，於是很快的就決定參與此研究計劃，幫助把此技術商品化。2016 年，成眞公司就和國家同步輻射中心簽訂授權、技轉和專利權利金合約。成眞的第一步就是把在實驗桌 (laboratory bench) 上繁複的手動實驗程序，整合成一台全自動操作的商品化機器，並將此機器命名爲 vanderWaals。藉由這個研究計劃的參與，讓我有機會針對細胞、細胞膜及多醣體有更多的認識，把知識從自然大宇宙的無機 (inorganic) 物理世界，擴展到人體小宇宙的有機 (organic) 生命世界，對我而言意義非凡。

凡得瓦機器

vanderWaals®
Product of iCometure®

機器外觀　　　　　　機器內部結構

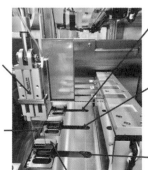

機械手臂

組織切片

組織切片加熱烘乾台

脫附試劑槽
physi-desorption
reagent tank

吸附試劑槽
－蜂蠟
physi-absorption
reagent tank
- beeswax

吸附試劑槽
－石蠟
physi-absorption
reagent tank
- paraffin

在罹癌治癌後，我花很多時間和精力在養生，包括吃的食物、運動和休息。我經常研讀學術統計研究報告，也像一般人一樣的尋找沒有科學根據的坊間傳聞 (宣稱吃什麼食物或營養品對身體健康有益，甚至可以治療疾病)。上述 StemBios 的人體實驗，取得服用 fucoidan 和血液中 SB cells 有關聯的實驗結果，讓我興奮不已！更進一步的夢想用細胞標記來偵測血液中所含的細胞成分隨著服用食物、營養品，甚至中藥的變化程度，來判斷該食物、營養品，或是中藥是否有效。我一直覺得大部分的專科醫生都集中在單一器官來想問題，只專注於肝、肺、腎等個別器官。以物理學的觀點來出發，我比較傾向於從整個系統去思考問題；而血液循環全身，比較有可能攜帶整個身體系統的信息。身體系統好比積體電路晶片，所含的細胞相當於晶片的主動元件電晶體及被動元件電容、電感和電阻；身體含有 30 兆個細胞，晶片或晶片封裝現在則含有近千億或近兆個電晶體；身體血液循環系統的血管提供養分給每一個細胞，就相當於晶片的電源輸送線 (power/ground bus) 提供電力給每個電晶體；身體神經傳導系統的神經纖維傳輸信息，和每一個細胞溝通，就相當於晶片的訊號傳輸線 (signal line) 傳輸信號，和每一個電晶體溝通；而身體內的心臟則相當於晶片的時鐘元件 (clock element)，有了時間次序 (time sequence)，所有發生的事件才有意義。經過如此的對照，大家也許可以很容易產生下述的聯想：晶片的除錯 (debug) 技術、方法和理論，也許可以用來治療身體的疾病。

哈佛大學胚胎與嬰兒發育實驗室教授 Colaiacovo 回答我說，她也很希望從半導體晶片的設計得到啟發，去了解人腦的發育和成長

大家可能都聽過仿生工程 (bio-inspired engineering) 或是仿自然工程 (nature-inspired engineering)，例如，現在電腦科學家和工程師研究開發人

工智慧的架構和演算法 (AI architecture and algorithm) 時，企圖模仿人腦的運作。但反過來，現在的生物學家也熱衷於利用電腦人工智慧的架構和演算法來了解人腦的運作。也就是說，對於自然人腦的探討和人工智慧的開發，兩者互相啟發、學習和交流。2019 年 10 月，我參訪哈佛大學遺傳學教授 Monica Colaiacovo 在哈佛醫學院 Longwood 校區的胚胎與嬰兒發育實驗室，Colaiacovo 教授提到她們正在做的胚胎與嬰兒腦部發育研究。我跟她說，我從事半導體晶片的行業，很希望半導體晶片的設計能夠學習人腦的發育和成長。她回答我說，她們也很希望從半導體晶片的設計得到啟發，去了解人腦的發育和成長。了解自然人腦的發育和成長，可以找到增進人腦健康及治療人腦疾病的方法，也可以同時引導人工智慧的發展與演化。2021 年年底，臉書創辦人祖伯克 (Zuckerberg) 捐錢在哈佛大學成立了「自然與人工智慧研究院」(the Kempner Institute for the Study of Natural and Artificial Intelligence)，研究人類和機器 (human and machine) 的共同基本原理，期待研究的成果能在自然智慧和人工智慧之間進行雙向交流，更深入的了解人類如何思考，如何感受周遭世界，如何學習，以及如何做決定，並藉此加速人工智慧的進展。上述這些自然人腦的探討和人工智慧的開發，以及兩者之間的相互交流學習，可能翻天覆地的改變人類的文明，而這一切都奠基於半導體積體電路摩爾定律的神奇魔力。

　　我常想，身體系統的問題也許可以和物理系統一樣的處理，就像是從浩瀚宇宙到基本粒子，可以用廣義相對論、量子力學及統計熱力學來解釋。我想，以念物理的背景來參與癌症的探索，一定非常有趣。這段將近 6 年的時間對人體生命的探索及投入，雖然沒有具體的成果，卻讓我對生命的奧妙和神奇有更進一步的認識和體會。

如第四章第三節所述，在 2016 年意外的發現我長久以來喜歡的多晶片封裝眞的被實現了，才決定再次回到半導體積體電路領域，利用先進的多晶片封裝來提倡推動邏輯硬碟。

第二節　從台積電借調到台灣慧智擔任代理總經理

　　1997 年，我非自願的離開半導體積體電路的世界。什麼原因讓我離開半導體積體電路的領域，尤其是離開那時已經是人人稱羨的台積電呢？直到現在，偶爾還是會有人問我會不會後悔當初離開台積電。

　　這段故事必需回溯到 1997 年我受台積電董事長張忠謀的請託，從台積電借調到台灣慧智股份有限公司擔任代理總經理。那時，張忠謀董事長同時也擔任台灣慧智的董事長。

　　先說一下台灣慧智股份有限公司及美國 WYSE Technology, Inc. 的歷史。1981 年，三位華人留學生 Garwing Wu，Grace Yang 和 Bernard Tse 創立 WYSE Technology, Inc.，公司就以他們的姓「W」，「Y」和「SE」合成 WYSE 為名。公司以研發生產當時大型中央電腦 (mainframe computer) 的終端機 (terminal) 為主，在 1984 年也進入當時興起的 IBM 相容個人電腦。當年在紐約證交所掛牌上市，風光一時，尤其是在台灣留學生圈內造成極大的轟動。WYSE Technology 公司設在加州聖荷西市北一街 (North First Street, San Jose, CA)，生產製造工廠則設在剛成立的新竹科學園區。WYSE Technology 的台灣分公司是最早入駐新竹科學園的幾家公司之一。1988 年，WYSE Technology 營運不順，來自台灣的 Grace Yang 回台請當時的行政院長俞國華幫忙。1989 年，匯集政府及民間企業的力量，包括中信集團辜家、神通電腦苗家、台聚集團吳家等，集資買下美國 WYSE Technology，從美國下市，而讓台灣慧智股份有限公司成為母公司，張忠謀擔任董事長，公司的技術研發及市場行銷還是維持在美國，台灣母公司

則持續負責生產製造。

　　1997 年 7 月初的某天早上，當時台積電張忠謀董事長兼總經理找我到他的辦公室。他說，他當董事長的一家公司叫慧智公司 (WYSE)，不知道我有沒有聽說過？我回答聽過，而且還說 1980 年代我在美國時，WYSE 的創業成功，在紐約證交所股票上市，是當時台灣留學生的傳奇；而且在 1990 年代初期，台積電的辦公室還都是用 WYSE 的終端機。張忠謀董事長接著說：慧智總經理已經跟他請辭一年了，實在不好意思再拖著不讓他走，可是到現在還一直找不到合適的人選，希望我能過去幫忙。我回說，系統的產業我不懂，實在不知道如何幫忙。董事長說，當到總經理 (general manager，GM) 這個層級，所有產業的管理及經營原則和方法都相似，應該沒問題。當我還在遲疑，不知如何回答時，董事長說：這樣好了，你就每天過去半天，處理些文書，蓋些章。當時，我深深的感受到董事長的確急切的需要人幫這個忙，於是跟董事長說：我就全職到慧智幫忙，但我們兩人要全力找新總經理。董事長聽了很高興，馬上站起來，用手指向隔著園區三路圍籬不遠的建築物說：慧智就在那裡，你下午就過去！

　　當天下午我去慧智報到，偌大的辦公總部空空蕩蕩，只剩下一個財務副總陳瑞雲 (Angela)。我就此栽進一個對我而言全新的系統領域，離開了半導體積體電路的世界。

半導體以外的產業因為沒有摩爾定律，無法輕易畫出 5 年的產品路線圖

　　我剛到慧智時，就按照台積電的習慣，以技術路線圖 (technology roadmap) 為公司往前發展的藍圖，馬上要求工程處處長給我一張公司 5 年的產品路線圖 (product roadmap)。處長當場愣住，告訴我他沒辦法畫出公

司 5 年的產品路線圖。我才驚悟到半導體積體電路產業的摩爾定律是獨一無二，很容易就可以畫出一張 5 年或是更長的技術路線圖；而其他產業因為沒有摩爾定律，無法輕易畫出 5 年的產品路線圖。

到慧智不久後，有一件事，令我至今難忘。

當時中信集團是台灣慧智的最大股東。那時候，中信集團每年都會在台灣或世界各地召開一次集團大會。1997 年，中信集團大會於秋季在花蓮美崙飯店舉行。偌大的一個大廳，辜振甫先生及辜濂松先生高高的坐在前面的講台上，旗下上百個子公司的董事長和總經理的座位在台下排成一個大大的馬蹄形。辜濂松先生一一點名，檢討各個子公司的營運。輪到台灣慧智時，張董事長小聲的對我說：「把頭低下來」。接著辜濂松先生說：「Morris，慧智還在賠錢，要努力加油啊！」，張董事長回答說：「是」。

天啊！當時台積電的獲利都已經大幅的超過中信銀行了！這一幕情景給了剛被任命為台灣慧智代理總經理的我，一個震撼教育。不管你已經有多少偉大成功的案例，做為一個公司的負責人或經理人，就必須背負對該公司的股東及投資人的沉重壓力和責任。正如張董事長的名字，為人謀，而不忠乎？

半導體地緣政治所引起的驚濤駭浪是半導體積體電路摩爾旅程前所未有的歷史性里程碑

當年會議的主題是「西進」，邀請張董事長提出建議。張董事長講話很直接。他說：「怎麼談『西進』到落後的國家呢？有志氣的話，就應該『東進』到先進的國家。」

時隔 25 年，台積電 2023 年在亞利桑納州建廠的開幕典禮上，張董事長說：「在美國設廠是他一直無法實現的舊夢，當前更有種種經營上的逆風，但現在台積電董事長劉德音做下投資決定後，他期許台積電最終得

勝，完成在美建廠的大夢。」兩相對照，讓我心中感觸良深！張董事長基於 Wafertech 多年營運的經驗，認爲在美國生產製造的成本比台灣貴50%，或甚至達到100%，因此並沒有十分看好台積電在亞利桑納州的晶圓廠。雖然如此，還是祝福張董事長長久以來的「東進」大夢，美夢成眞。

提到「東進」「西進」的話題，在這裡得先岔開這一節的主題台灣慧智公司，來談談現在半導體地緣政治所引起的驚濤駭浪，這是半導體積體電路摩爾旅程前所未有的一個歷史性里程碑。

其實，台積電早在 1996 年就已經東進美國了！當時台積電應 Altera、ADI 和 ISSI 三大美國客戶要求，和他們合資成立 Wafertech，在美國華盛頓州 Camas 市設廠。後來，台積電收購這 3 家公司所持有的股份，Wafertech 成爲台積電的獨資公司。當時，整個公司 (包含也在台積電的我) 都以能東進美國爲榮，大家很難想像創立不到 10 年的一家台灣半導體公司居然可以到半導體發源地及王國插旗，簡直是一場美夢。多年後，當時東進美國發展的夢想並沒有成眞，反而眞實反應了美國的文化、習性、制度和環境不適合量產製造；美國人不喜歡在幾乎全年無休，24 小時持續運作的半導體工廠中，日復一日，進行單調重覆的生產製造工作；在美國生產製造，良率、交期和成本都很難達到在台灣生產製造的水準。

在台灣 2001 年爭論「八吋晶圓廠西進」議題的 20 年後，美國才真正體會到台灣半導體產業在地緣政治的深度意義

台灣地處面對專制極權共產國家的第一線，事實上在 21 世紀之初，就因地緣政治，在「八吋晶圓廠西進」的議題上，爭辯不休。當時大部分的半導體業者，都大力推動西進，甚至偷跑；而一群珍惜台灣的學者和社會人士，則因爲擔心台灣被淘空而持反對意見。我當時認爲台灣半導體產業雖然已經開始嶄露頭角，但還不是那麼穩健，技術還是落後於外國公司；同

時，台灣好不容易建立起來的半導體產業聚落，可能整串移植到中國，這對台灣的未來將造成極大的傷害。我實在是憂心忡忡。當時，我和偉詮電子董事長林錫銘以及科學園區少數幾個業界的朋友想盡辦法，希望能夠把這樣的擔憂傳達給政府高層。我們努力透過管道聯繫可能和決策有關的官員，跟他們解釋不能開放的理由。其中的一個管道，就是我認識當時的央行總裁彭淮南先生。彭總裁掌管了資金貨幣進出中國的事務，因此對於八吋晶圓廠西進的議題非常關心。那段時間，我每個周末安排總裁到新竹科學園區參觀，帶他認識晶圓製程、封裝測試、設計及光罩公司，希望藉由這些知識讓他可以理解半導體產業的群聚效應對台灣的重要性，不能被分散到中國。彭總裁對問題的用心努力，讓我敬佩不已。台灣有幸，能有這麼認真優秀的官員！

　　贊成與反對的兩方，持續針鋒相對，造成社會紛紛擾擾。政府於是決定於 2002 年 3 月 9 日在公共電視台舉辦「八吋晶圓西進」的公開辯論。辯論會的正方代表都是半導體業界的大咖；反方的代表，則都是教授學者。時任台灣經濟研究院院長的吳榮義是三位反方代表之一。在辯論前，我和新竹科學園區世界先進公司張東隆副總經理緊急的上了台北好幾次，專程給吳院長補充半導體產業的知識，以及解釋為何不能西進的原因。另外，我還和學界的好友梁耕三教授及紀國鐘教授等友人，幾次去見當時的總統府秘書長陳師孟和行政院秘書長李應元，申論不能輕易開放的原因。

　　當時很多的學者、社會人士與團體、及政治人士與團體 (例如當時的台聯黨) 都積極的參與反對西進的戰役，形成一股強大的力量。最終，政府決定台灣的半導體公司必須達到至少有一座 12 吋廠每個月量產超過 1 萬片晶圓的條件，才可以到中國設 8 吋廠。在整個過程中，我們非常渴望美國會依據「瓦聖納協定」(Wassenaar Arrangement) 出來幫台灣阻止晶圓西進。當時，我們花了很多時間研讀「瓦聖納協定」。「瓦聖納協定」全名是

「關於傳統武器與軍民兩用貨物與技術的出口管制的瓦聖納協議」(The Wassenaar Arrangement on Export Controls for Conventional Arms and Dual-Use Good and Technologies)。可是美國那時沒有體會到台灣 8 吋晶圓廠西進的深度意義，讓我們非常失望。過了 20 年，現在美國才真正體會到台灣半導體產業在地緣政治的深度意義。希望美國能從台灣 8 吋晶圓西進的故事中，學到國家人民的安全利益和商人的利益，在地緣政治中，並非完全一致，就如大家常說的「商人無祖國」。多年以後，每當我和錫銘回想起這個戰役，都覺得那是我們生命中一件非常有意義並感到光榮的事。

自由民主人權和極權專制共產兩種制度沒有共同的基本價值觀及理念，如何互相做生意？

這次在地緣政治的風險下，台積電受美國政府之邀，到亞利桑納州建廠，可以說是半導體史上的關鍵決定。神奇的摩爾魔力竟然讓半導體積體電路晶片成了兵家必爭之地，被視為戰略物資，所謂的「晶片即武器」或「晶片即霸權」，演變成中美科技戰、中美霸權之爭，形成自由民主人權和極權專制共產兩種制度之間，關乎人類文明的基本價值觀及理念的一場奮戰。

這次地緣政治所引起的紛擾，可以說是對於全球化的反撲。我過去就一直擔憂全球化是無法永續 (sustainable) 發展的，主要是因為：

(1) 自由民主人權和極權專制共產兩種制度沒有共同的基本價值觀及理念，如何互相做生意？

(2) 全球化的過程中缺乏一個有公信力及執行力的國際仲裁機構及機制，一旦有爭端，如何解決？只有回到禽獸層級的拳腳相向。

回顧中國參與全球化的歷程：

(1) 美國前國務卿季辛吉 (Henry Kissinger) 在 1971 年 7 月 9 日至 11

日祕密訪問中國，打開了中國鐵幕。季辛吉在哈佛的博士論文所主張的強權務實主義幾乎主導了過去半個世紀的世局發展 (季辛吉在 1954 年寫的博士論文於 1957 年由 Houghton Mifflin 出版成書，書名《一個被修復的世界》("A World Restored")) 。季辛吉當時提出世界秩序應該由少數幾個強權國家協調與維持的理論，主張務實的權力和利益高於理想與道德。他甚至責怪正義 (righteousness)，認為政治的根本問題在於受限於正義，而非受到邪惡的控制 (The most fundamental problem of politics is not the control of wickedness but the limitation of righteousness) (請參考 https://time.com/3275385/henry-kissinger/)。他所展現出來的務實態度令人瞠目結舌！可是，我認為季辛吉的理論低估了自由民主人權國家和極權專制共產國家的價值觀和理念的巨大差異，互不相容。價值觀和理念南轅北轍的強權國家如何協議維持世界秩序呢？辛季吉的強權主義或許暫時可以解決一些小國之間的紛爭，但由於沒有回歸到人性的基本價值觀，常常造成後續更大的衝突，例如現在嚴重的地緣政治問題。

(2) 1989 年 11 月 9 日柏林圍牆倒塌，中國開始改革開放。

(3) 2001 年 11 月 10 日，中國加入世界貿易組織 (World Trade Organization，WTO)。

從此，中國打著「和平崛起」的口號，讓西方國家沒有戒心。西方商人有如染上了 19 世紀末的美國西部淘金熱，爭先恐後的到中國投資設廠，利用中國的廉價勞工生產製造，同時覬覦廣大的中國市場。全球化進行的如火如荼。湯姆斯佛萊曼 (Thomas Friedman) 所寫的《世界是平的：一部二十一世紀簡史》("The World is Flat: A Brief History of Twenty-First Century") 把全球化的盛況描述的淋漓盡致。2016 年，中國共產黨開始走向「霸權崛起」

的擴張主義，企圖和美國爭奪主導世界秩序的霸權，更加深了全球化過程中的衝突。

我夢想中的「永續確實的全球化」必須具備下列的要素：

(1) 陣營中的每一個國家必須有堅定不移的自由民主人權的價值觀和理念，「因利益而結合」是短期的，只有「因價值而結合」才是可長可久的。

(2) 基於共有的價值觀和理念，共同訂定貿易規則。

(3) 陣營中的每一個國家各依其專長、特色、資源，依據共同訂定的貿易規則，互通有無，截長補短，人盡其才，物盡其用，地盡其利，達到產業鏈 (supply chain) 的水平整合。

(4) 基於共有的價值觀和理念成立具有公信力及執行力 (enforcement) 的仲裁機構，解決國與國之間的貿易糾紛。

(5) 陣營中的任一國家如果受到極權專制共產國家的攻擊或侵略，陣營中的所有國家必須團結起來共同防衛。

如同我上述的看法，目前全球化的根基脆弱，很難永續。雖然「真正全球化」有其困難，但是在有相同理念的 (like-minded) 自由民主人權陣營內達到「永續確實的全球化」，是我對這次半導體地緣政治後續發展的期待。中國經濟發展以後，並沒有如當初西方國家所期待的逐漸走向像台灣一樣的自由民主人權的國家。張忠謀董事長在今年 (2023 年) 3 月 16 日和《晶片戰爭》("Chip War") 一書的作者 Chris Miller 對談，說：「The U.S. started their industrial policy on chips to slow down China's progress. I have no quarrel and I support it.」(https://swarajyamag.com/tech/tsmc-founder-morris-chang-supports-us-effort-to-slow-chinas-progress-on-semiconductors-but-warns-of-chip-price-surge-due-to-onshoring)。祈禱多年以後，中國也能走向自由民主人權的制度。如果本著自由民主的「永續確實的全球化」夢想成真，在地

緣政治的驚濤駭浪中，半導體積體電路的摩爾旅程將可穩定前行，持續推
動人類文明與科技的發展。

台灣慧智公司決定在台灣證交所上市，完成當年在美國下市、台灣上市的計劃

　　再回到這一節的主題台灣慧智公司。在我到慧智之前，慧智在張董事
長的指導下，公司已經開始進行整頓：結束虧損累累的個人電腦監視器
(monitor) 事業，留下逐漸萎縮但高毛利的大型電腦 (mainframe computer)
終端機 (terminal) 事業，並全力開發當時慧智首創的視窗終端機 (Window
Terminal)。1997 年 10 月，我到慧智才不到 3 個月，財務副總 Angela 在準
備 7-9 月第三季財務季報時，意外的發現公司居然轉虧為盈！追究原因，
原來進行中的公司整頓，開始出現成效，留下來的終端機生意，營業額雖
小，但毛利很高。但能超出意料之外的賺錢，還是當季美金對台幣的匯率
從 27 元升值到 33 元，公司把堆積在全球各地的個人電腦監視器庫存出清
變現，而且把為數不少的變現現金存在美金帳戶，慧智是台灣的公司，以
台幣記帳，因此美金一升值，帳面就賺錢了。這讓我體驗到人算不如天
算，人不是神，只能盡人力，而聽天命了！見諸當今紛紛擾擾的地緣政治
風險，更令人相信公司治理存在一股不可控制的力量，就像在室外打羽毛
球，風可能就決定了比賽的勝負。Angela 馬上向張董事長報告，張董事長
有鑑於公司已經整頓成功，並開始轉虧為盈，再加上有 Window Terminal
的願景，很快的就決定在台灣證交所上市，完成當年在美國下市、台灣上
市的計劃。

當初答應張董事長的階段性任務已經完成，是我離開慧智的時候了

　　當初到慧智，完全是基於幫張董事長的忙，因為張董事長一直苦於找不到一個適當而可信任的總經理人選，而請我過去幫忙。如今慧智已經準備上市了，我認為當初答應張董事長的階段性任務已經完成，是我離開慧智的時候了。如果我繼續留下來，帶著慧智上市，上市後可能很難離開。而且慧智公司營運及財務都已經走上正軌，應該可以找到一個稱職的總經理。再加上我對系統產業不熟，也想要回到半導體積體電路的領域，我就向張董事長表達離開慧智的意願。張董事長原本希望我繼續留在慧智發展，但知道我堅持離開慧智的意願後，也就同意開始找新的總經理。

　　很幸運的，我們終於找到當時在普訊創投的傅幼軒先生。傅先生早期曾任滑鼠霸主瑞士羅技 (Logitech) 台灣分公司的總經理。傅先生對於台灣慧智總經理的職位有興趣和意願，於是 1998 年 3 月 10 日召開的公司上市前的董事會就把傅先生總經理任命案排入議程。可是我還是不放心，一再的和傅先生確認他會如期出席。我和傅先生說，這次董事會準備任命他為總經理，如果他沒有出席，因為要 IPO，我就必須繼續留任。董事會快要結束時，傅先生走了進來，董事會當場任命他為總經理。會後我和美國慧智總經理 Doug Chance 聊天，我很高興的告訴他，我大女兒 Marina 今天一早收到美國高中寄宿學校的入學許可，他說這太慘了，你一天之內，不止失業了，女兒也將離家了！

　　1998 年 3 月，在新總經理傅先生上任後，張董事長要我繼續留在慧智當顧問，直到 1998 年 10 月才正式離開慧智。從 1997 年 7 月到 1998 年 10 月，總共在慧智待了一年多。

　　在這一年多，我很榮幸的有許多機會和張董事長接觸並且學習。在張董事長身旁，是我人生在技術以外，學習成長最快最廣的一段時間。每一

季參加慧智的董事會時，財務副總和我都要準備議程及財務報表。開會的地點在台北，當天一早八點，我和財務副總就必須趕到張董事長在台北世貿中心的辦公室，把每個議題及財務報表做開會前最後一次的檢查及確認。張董事長認真嚴謹的做事態度，著實讓人敬佩。董事會在九點準時開始，坐在會議桌上的有中信集團的辜振甫、辜濂松、吳春台及張安平，神達集團的苗豐強，台聚集團的吳亦圭，以及行政院開發基金的代表人。那幾次董事會的情景，至今都還留在我的腦海裡。全世界都知道張忠謀董事長對半導體的偉大貢獻及成就，可是很少人知道張董事長對台灣在公司治理 (corporate governance) 的概念和制度的貢獻：他把美國公司的經營理念和制度帶到台灣。1990 年代，很多台灣的公司，包括上市公司，可以說都是家族企業，幾乎沒有人在談公司治理。我印象非常深刻，在 1990 年代初期，張董事長在台積電召集的幹部會議中，不斷的講公司治理的概念和制度，尤其是講董事會 (Board of Directors，BOD)，這在當時的台灣是很少人在意的東西。

近距離觀察學習張董事長面對每件事情，如何用心認真的做邏輯思考，以及如何用精準的語言文字來順暢表達

　　我三生有幸，在台灣慧智的那一年多，讓我有機會近距離觀察學習張董事長面對每件重要的事情時，如何用心認真的做邏輯思考 (diligent logic thinking)，以及如何用精準的語言文字來順暢表達 (articulating expression) 腦海中的思考。有一次，張董事長和我跟美國慧智總經理 Doug Chance 在新竹煙波飯店晚餐，張董事長說他受邀 2 個月後要給個演講，問我們有什麼建議。我不記得當時對話的細節，只記得張董事長為了一個演講，2 個月前就開始做準備。大家都喜歡聽張董事長演講，可是可能不知道，張董事長演講中的每句話，都是經過長時間的深思熟慮。還有一次跟張董事長

開會的過程中，對於某個決定，我覺得思考不夠周延，我說這個決定是
「stupid」；在身旁的張董事長則說這是一個「un-wise」的決定。張董事長用
詞的精準合宜，讓我印象深刻。

　　在整頓台灣慧智的那一年，讓我有機會接受到張董事長的指導和教
誨，提升對於公司治理的理念和實踐，更重要的是讓我學到當公司遭遇困
難時，如何能夠做出對的決策。而這些經驗，也確實大大的幫助我在後來
自行創業的過程中，當面臨公司燒錢賠錢、公司分割、合併及出售時，能
夠做出對的抉擇及提出解決問題的方法。

　　在慧智就要上市，又有 Window Terminal 的願景下，離開慧智，周遭
的人都覺得可惜，可是我很堅決的要離開，因為我堅信矽晶的半導體積體
電路是影響人類文明非常重要獨特的產業，我要想辦法盡快回到這個產業
繼續打拼努力。

心中充滿受到一位智者長者愛護的溫暖及感恩的情懷

　　在離開慧智時，張董事長希望我再回到台積電工作。那時台積電已經
發展的非常成功，規模也已經很大了，可以很容易聘請到全世界的高手，
尤其是在美國著名公司的高層技術專家或著名大學的教授。這些高手聽到
台積電員工分紅配股制度，可以快速致富，都紛紛回台加入台積電。這些
為數可觀從美國加入台積電的華人專家或學者，很多都是我在半導體界熟
識且欽佩的人。現在回首來看，他們有的在台積電待個 4、5 年，有的待個
10 年左右就離開了，他們都如當初所願的賺得財富，達到財務獨立自由的
地步，同時也貢獻了他們的專長，大大提升了台積電的技術和格局；而那
些長期留下來的，現在都成了台積電的高階經理人了！這種不需要自己創
業，只要加入一個既存的公司當員工，就可以保證快速致富，在就業職場
中，蔚為奇觀。萬萬想不到，一個員工分紅配股制度，吸引了頂尖專家學

者，影響了台積電的技術和格局。

此員工分紅配股制度為聯電所創，台積電跟隨聯電，也在 1994 年開始實施員工分紅配股制度，以一股面額台幣 10 元計價分紅給員工，換算成市值，員工所得豐厚，馬上致富。我記得 1994 年台積電第一次分紅配股給員工，當時研發處有 60 多位員工，我一一請他們到我的辦公室，非常慎重的把一封通知他們個人分到的股票數目的感謝函，親手交到他們手上。當時研發處的工程師，很多才從大學畢業 4、5 年，拿到分紅配股後，他們的年薪比教他們的大學教授高出很多。當時，我就告訴年輕的他們要謙卑感恩，尤其要尊敬教導培育他們的教授，這些教授可是苦讀研究多年，學有專精，發表無數論文的學者。

而我自己的那一封感謝函，則由張忠謀董事長在他的辦公室親手交給我。以當時台積電股票的市價計算，40 多歲的我，一夜致富 (這裡所謂的「富」是和固定薪水相比)，成為財務獨立自由的人，欣喜若狂！這是我當初加入不被看好的台積電時，所無法想像到的。過去幾年的辛苦和努力，意外的得到超出預期很多的金錢回報，感恩不已！其他台積電的中高階經理，也都一夜致富！

既然 1998 年的台積電已經高手雲集，我若再回台積電，可能不太容易找到可以發揮的空間。我那時 46 歲，正是進入下半場人生職場的年華，覺得何不暫時做個停頓 (pause)，仔細考慮後再出發。當時台積電的製程技術，一路按照摩爾定律，已經推進到了 0.18 微米及 0.13 微米，是全世界製程領頭羊的幾個公司之一。就在那時，我回想起在 1980 年代，三個延續摩爾定律的方案，IBM 的 X-ray 曝光機，IBM 及貝爾實驗室的電子束 (e-beam) 掃描光阻技術，以及貝爾實驗室的多晶片封裝計劃，均告失敗。如我當初所預料的，X-ray 及 e-beam 不太可能量產。倒是在 10 年後的 1998 年再看看我們當年 AT&T 貝爾實驗室的多晶片封裝計劃，我還是覺得很有

可能成功。只是這次我認為摩爾定律所產生的單系統晶片，如果搭配多晶片封裝，一定可以解決複雜的系統問題，而不像當初那樣認為摩爾定律會在 0.2 微米上下的世代結束。因此在離開 WYSE 後，我思索著，何不嘗試自行創業，再度繼續當年沒有完成的志業？

我把不回台積電，而想創業的想法告訴了張董事長。張董事長約我和太太在台北世貿中心頂樓餐廳吃飯。那是個寒冷的十二月冬天星期日，傍晚我開著 Nissan 的休旅車，載著太太赴約。在北上的高速公路上，我跟太太說：董事長今晚會問你兩個問題，一個是你是否同意我離開台積電這麼好的公司？另一個是，你是否支持我出來創業？

只要誠實正直，竭盡所能的經營所創的公司，如果失敗了，一個文明社會一定可以接受，讓他東山再起

我們到餐廳坐定後，不久就看到董事長一個人穿著一件褐色的皮大衣走進來。吃飯中，他如我所料的就問了我太太 (Karen) 這兩個問題。他想聽聽 Karen 親口說些什麼。Karen 說：MS (我的英文名字簡稱) 是個很會作夢的人，我支持他有機會嘗試去實現他的夢想。飯後我們和董事長一起走出來時，Karen 說她很擔心 MS 如果創業失敗，可能毀了下半輩子。董事長說：只要 MS 誠實正直，竭盡所能的經營所創的公司，如果失敗了，一個文明社會一定可以接受，讓他東山再起。

在開車回新竹的路上，Karen 問我為什麼知道董事長要問她這兩個問題。我說，跟董事長做事最簡單直接了，只要你用腦筋把事情來龍去脈想清楚，合乎邏輯，一層一層 (layer by layer) 的抽絲剝繭 (stripping cocoons) 去推理解析其中的真正意義 (insight)，就可以猜出董事長想要的是什麼。張董事長最不能接受沒有經過自己大腦想過，不知所云，人云亦云的膚淺答案。這樣的人，在張董事長下面工作一定很辛苦的。另外，張董事長要

求下屬所做的每個決定要有連續性及長久性，不要臨時起意及一天到晚變來變去。1994 年台積電上市前，市場上有不少關於台積電及張董事長負面的傳言，尤其有關台積電和聯電競爭的話題。當時張董事長召開經理人會議，會中他說了我至今難忘的話：「……我才不把聯電看成競爭對手，我真正的競爭目標是 Intel……」。2017 年台積電的 10 奈米製程技術果真超越了 Intel；2020 年，台積電股票市值超越 Intel。張董事長高瞻遠矚，30 年磨一劍，令人佩服。

我在寒風中，一路開車回家，心中充滿受到一位智者長者愛護的溫暖及感恩的情懷，並且同時充滿創業的憧憬與興奮。

你如果自己不親自當董事長負起公司治理的責任，那和在台積電當個經理人又有何差別呢？

張董事長在了解我創業要做的方向及項目後，他說我是屬於當時台灣少有的願景創業 (visionary start-up)。在徵詢過台積電的高層經理人，確認台積電不會進入我創業的領域後，張董事長決定經由他當時也擔任董事長的世界先進公司投資我創立的米輯科技，成為米輯科技的三大法人股東之一。在米輯科技公司成立時，我很誠摯的請求張董事長當米輯科技的董事長，他很客氣的回我：「我年紀大了，不應該再往自己身上加上新的責任。你如果自己不親自當董事長負起公司治理的責任，那和在台積電當個經理人又有何差別呢？」我當時不甚了解其中深意。後來我自己當了米輯科技的董事長，嘗盡董事長人生的酸甜苦辣滋味，才深深的體會到張董事長這句話的真正意義。

1999 年，我創立米輯時，募資台幣 10 億元，我賣了台積電的股票，自己傾全力籌措一筆資金投資。其餘的資金主要是來自法人，張董事長經由世界先進投資米輯 (15%)，另外還有宏碁 (2%)，華登國際創投

(20%)，中央投資 (15%) 以及一些我在台積電的有錢的同仁和情義相挺的親朋好友。我一個沒有什麼名氣的創業者，何德何能，靠著幾個專利的新構想，能夠順利募資 10 億元，讓我又感動又感恩，深深感受到人類文明之所以會不斷進步，就在於人類具有鼓勵他人勇於嘗試的善良勇氣。對於這些投資米輯，願意出錢資助我實現願景的股東，我感恩不盡。雖然後來米輯分拆為二，一被合併，一被併購，對股東也許稍有交待；但不能成功執行當初所提的願景，回報股東，心中難免遺憾！

第三節　加入紅外線雷射研發，如魚得水，
　　　　發揮我所擅長的物理和數學

　　事實上，我的第一次非自願的離開半導體積體電路的領域是發生在
1988 年。1988 年 12 月 7 日，AT&T 貝爾實驗室多晶片封裝 (MCM) 計劃
主任召集所有同仁開會，毫無預警的宣布當日即刻結束 MCM 計劃，當日
正巧是 1941 年日本偷襲美國夏威夷珍珠港的日子，大家有被襲擊的感覺，
震撼了整個 MCM 實驗室。MCM 實驗室主任保證會幫忙每一個成員轉職到
AT&T 貝爾實驗室內部的其他部門。我很快就找到在紐澤西 Murry Hill 同
樣地點的半導體雷射研發部門，就這樣意外的，非自願的離開半導體積體
電路的領域。

　　這個半導體雷射研發部門是當時全世界惟一能生產 1.3 及 1.5 微米波
長半導體分佈式反饋雷射 (Distributed FeedBack (DFB) laser) 的地方。此長
波長紅外線的 DFB 雷射是以 InGaAsP 半導體化合物為基礎，做為長途光纖
通訊之用。我加入後，如魚得水，可以大大的發揮我所喜愛且擅長的物理
和數學。這種 1.3 及 1.5 微米長波長紅外線的雷射才剛研發出來不久，還在
不斷改進中。每當有新的雷射製作出來，我們團隊就迫不急待的測量它的
光電參數，然後我就負責解析測量的結果。因為每一顆貝爾實驗室製造出
來的雷射都是全世界前所未有，因此任何的量測結果及解釋模型，都值得
發表論文。在短短的一年多，我自己發表或和同仁共同發表 20 多篇有關
DFB 紅外線雷射的論文在著名的期刊上。記得當時，我二女兒 Erica 剛出
生。深夜中，我一邊照顧她，一邊拿著紙筆，演算著滿紙的數學公式，絞
盡有限的腦汁，試圖解釋實驗室最新量測出來的結果，嬰兒床邊，紙張散

落滿地；如今回想起來，那段時間是我一生中惟一真正能盡情暢快的用到我在學校所學的物理和數學。

決定應該要尋找機會，儘快回到半導體積體電路的領域

雖然沉浸於物理數學的喜樂中，我還是認為對人類文明發展會有前所未有影響的，應該還是半導體積體電路。因此決定應該要尋找機會，儘快回到半導體積體電路的領域。

1989 年，我回台灣找事，受到當年在波士頓認識的好友蔡能賢博士的邀約，到台積電拜訪。蔡博士在一年多前從 AT&T 貝爾實驗室回台加入台積電，當時是帶領研發部的經理。在那次的拜訪中，我看到台積電二廠計劃的規模，分成 2A 和 2B 兩個模組，整個二廠 6 吋晶圓產能規劃為每個月 8 萬片；再看看預計要進廠的製程設備，都是貝爾實驗室半導體廠工程師求之不得的先進量產設備。那時在貝爾實驗室的台裔工程師就說，貝爾實驗室的工程師是用三流的設備去開發一流的先進製程；而台灣則是用一流的設備去生產三流的老舊製程。拜訪台積電後，雖然台積電給我的薪水比起美國的薪水，減少了將近三分之二，我還是答應要加入台積電當研發部的副經理。可是，當時我手上還有幾篇關於 DFB 長波長紅外線雷射的有趣的論文尚未完成，捨不得放棄；因此拖了將近一年，等到寫完那些論文後才回台。1990 年 5 月 30 日我搭乘的飛機降落桃園機場，當天台灣的股市從一年前的高點 1 萬多點，跌到 2 千多點，但我就此回到摩爾定律的旅程。半年後，蔡博士晉升到一廠當廠長，由我接手管理研發部。自此，我掌管台積電研發部門，開啟了後來 4 年多，從後面追趕摩爾定律的艱辛但精彩旅程。

第四節　爲什麼我一直執著堅持要留在半導體積體電路這個行業呢？

　　1978 年，我擔任哈佛教授 R. Victor Jones 實驗室的研究助理 (RA，Research Assistant)。當時，我跟隨 Jones 建立一個機台設備，用來研究光在雜亂介質 (random media，譬如陶瓷材料) 的散射 (scattering) 現象。陶瓷是非常耐高溫的材料，很適合拿來做高溫反應爐 (尤其是核子反應爐)。可是，一般的陶瓷是不透明的，不能觀測到反應爐內部的反應。Jones 實驗室是研究陶瓷的顆粒 (grain) 大小對光的散射的影響，希望依據此研究成果把陶瓷做成透明。當時還沒有個人電腦，我買了 Zilog Z80 的微控制晶片，用插孔式的印刷電路板，繞線組成一個電路，同時自己用機器語言 (assembly language) 寫程式來控制實驗、收集實驗偵測到的訊號和計算分析實驗結果。當時我就覺得如果有一個功能強大一點的半導體晶片該多好。這經驗也引導我後來選擇投身半導體晶片有關的事業。

一個有關電化學 (electrochemistry) 點點滴滴串連起來的故事

　　在拿到博士學位的 30 年後的 2012 年，我和當時在 MIT 實驗室的研究伙伴 Narl Hung (她當時在 MIT 當訪問學者) 在台灣重逢。我很高興的告訴她，我創立的公司被美國一家著名的通訊晶片公司買去，就是因爲該公司看中米輯所研發的電鍍厚銅高速傳輸金屬連線 Freeway 技術。她驚訝的說，這不是和我們當年在 MIT 做的電化學有關嗎？我才驚覺人的過往經驗一直不知不覺的在影響你、幫助你。

我在哈佛大學擬定博士論文的時候，夢想模仿樹葉的光合作用，產生能源

我在哈佛大學擬定博士論文的時候，正值 70 年代石油危機，太陽能電池成爲熱門的研究題目。我對模仿樹葉的光合作用，產生能源的濕式太陽能電池非常有興趣，這可能源自我從初中理化課本學到光合作用後，就對地球上生物的生命活力的泉源 – 神聖的光合作用 – 十分著迷。此濕式的太陽能電池用半導體扮演葉綠素的角色，吸收陽光，放出電子，把水分解成氫氣和氧氣。我想這領域的研究，一方面可以發揮我主修固態物理所學的知識，另一方面可以讓我有機會深入了解並且仿效生命泉源的神聖光合作用，因此渴望把它當成博士論文的題目。更吸引我的是：此濕式的太陽能電池所產生的氫氣是乾淨能源，因爲氫氣燃燒後產生熱能，並生成水，不像一般石化能源產生的二氧化碳污染空氣，而且氫氣容易儲存和運送；而所產生的氧氣則以可用來維持新鮮的空氣，供地球上的生物生存呼吸。

提到了光合作用，我忍不住的要先岔開我的博士論文話題，在此先談談從中學時期就深深吸引我的光合作用的物理及化學機制。光合作用結合了光、電和化學三大學科：由植物細胞中的葉綠體 (chloroplast) 中的葉綠素 (chlorophyll) 吸收陽光，釋放電子 (光學)；然後經由一系列有機分子 (酶) 傳遞電子 (電學)，也卽經由一系列有機分子的氧化還原反應 (化學)，以轉換能量及儲存能量。在光合作用的過程中，樹葉裡的葉綠素吸收陽光的能量，引發電子的釋放，經過一系列傳遞後，轉換成化學能，暫時儲存在 ATP (Adenosine TriPhosphate，三磷酸腺苷) 和 NADPH (Nicotinamide-Adenine-Dinucleotide Phosphate)；值得注意的是，過程中有部分能量用來分解水，產生氧氣、氫離子及電子，其中氧氣是副產品，被排放到空氣中，提供地球上生物生存所需的氧氣。ATP 被稱爲生物活力的貨幣 (energy currency)，而 NADPH 則是氧化劑。然後，ATP 釋放能量，將

空氣中的二氧化碳和葉綠體裡的水結合成葡萄糖，提供地球上生物生存所
需的食物。

　　大家從小就知道光合作用利用陽光把二氧化碳和水結合成葡萄糖；可
是整個解密的過程，從 1850 年左右，確認樹葉吸收陽光和空氣中的二氧化
碳，來和樹葉內含的水反應產生氧氣和葡萄糖的秘密後，一直到本世紀初
期，科學家仍持續針對光合作用做研究，而且仍然有重要的發現。整個揭
秘的過程長達近兩百年，是一部人類鍥而不捨探索自然的漫長史詩！有趣
的是，當年我對其中 NADPH/ATP 扮演的角色，十分好奇，心想如果把類
似 NADPH/ATP 的分子，黏貼 (bonding) 到半導體的表面，會產生怎樣的
結 果 呢 ？（請 參 考　https://en.wikipedia.org/wiki/Photosynthesism；
https://www.khanacademy.org/science/ap-biology/cellular-
energetics/photosynthesis/a/light-dependent-reactions)

光合作用和代謝作用在地球上永不停歇的交互循環，把動物和植物連結起來，可以說是「活力的循環」(cycle of vitality)，簡直就是「神聖的循環」(God cycle)

　　提到植物的光合作用 (photosynthesis)，就很自然的會聯想到動物的代
謝作用 (metabolism)。光合作用加上代謝作用，完成自然界美麗動人的神
奇循環。上面提到光合作用產生氧氣供動物呼吸，並且產生葡萄糖供動物
食用；那動物的身體是如何利氧氣和葡萄糖呢？答案就是代謝作用。細胞
內的粒線體 (mitochondria) 利用呼吸進來的氧來燃燒（氧化）吃進去的植
物所含的葡萄糖，產生二氧化碳和水，並合成 ATP；而 ATP 提供動物活動
所需的能量。粒線體可以說是生物體內的發電機。代謝作用是光合作的反
向化學反應：輸入物質是氧和葡萄糖，而產出物是二氧化碳、水及 ATP。
因此，當我們從事有氧運動時，葡萄糖被氧化產生二氧化碳、水及 ATP。

二氧化碳經由呼吸排放到空氣中，水經由皮膚所產生的汗水排出體外，而 ATP 則提供肌肉收縮所需要的能量。然後，光合作用再把二氧化碳和水合成葡萄糖，如此不斷的循環。

　　和光合作用解密的歷程一樣，人類也是經歷幾個世紀，才解開代謝作用的神秘。本書第二章講電晶體時說：「人不是神，但以人類卑微的能力，能夠透徹了解電子行蹤，並巧妙的創造出控制操縱電子行蹤的電晶體，著實令人讚嘆和驚豔！」。但比起自然界神奇的葉綠體或粒線體，這人造的電晶體簡直是天淵之別，不可相提並論。

　　光合作用和代謝作用在地球上永不停歇的交互循環，可以說是「活力的循環」(cycle of vitality)，把地球上的動物和植物連結起來，簡直就是「神聖的循環」(God cycle)。光合作用和代謝作用就像生成旋律和燃燒旋律，綿綿不斷的交替出現，譜出生命的樂章，帶給我們生命，帶給我們活力，完美神奇的近乎神聖，令人感動讚美！每當我在大樹下做深呼吸時，吸入氧氣，吐出二氧化碳，就感覺自己和大樹交換物質，互相連結，參與了「神聖的循環」，心曠神怡！

對一個像我這樣英語都講不好的外國學生，居然願意支持我這異想天開的想法

　　再回來講我的博士論文。我的博士論文委員會教授聽到這個想法，很喜歡我提出模仿樹葉的光合作用產生能源的概念。那時候，還沒有「仿生工程」(bio-inspired engineering) 一詞，我當時的提議也許是後來「仿生工程」的先驅。於是，我的博士論文委員幫我找到 MIT 的教授 Mark Wrighton，他的實驗室有在做這方面的研究。在這種情況下，一般的大學會要求學生轉學到 MIT。哈佛大學卻沒有這樣做，反而決定由哈佛提供獎學金支持我到 MIT 做博士論文研究；於是就安排由 MIT 教授 Mark Wrighton 當我博士

論文的實質指導教授及哈佛教授 William Paul 當我在哈佛的法定博士論文指導教授 (William Paul 是世界聞名的非晶矽 (amorphous silicon) 研究領域的教授)，我則以訪問科學家 (visiting scientist) 的名義到 MIT Wrighton 的實驗室做博士論文研究。這煞費周章的安排讓我感動不已！對一個像我這樣英語都講不好的外國學生，居然願意支持我這異想天開的想法，提供了三年的獎學金，讓我到 MIT 的實驗室完成博士論文，論文題目是半導體/電解質界面的光電化學特性 (Photoelectrochemical Properties of Semiconductor/Electrolyte Interfaces)，實在讓我喜出望外，感恩不盡。這經歷影響了我一輩子，讓我深刻體認，自由而不受限的思考創新及好奇心是人類最寶貴且值得珍惜支持的事情。爲了感恩哈佛當年對我的資助栽培，我在財務自主後，就捐了一筆小錢給哈佛工學院，幫助有創意但一時得不到政府或企業研究補助金的研究生可以先開始研究計劃，再慢慢的去申請研究補助金。這眞的是善的循環，也是我覺得最有意義的投資。

讓我嚐到跨領域研究的甜頭和樂趣，從此更加強充實跨領域的知識和技能

這裡值得一提是，我的博士論文指導教授 Mark Wrighton 以及當年他的研究實驗室。Mark Wrighton 是 1949 年出生，只大我 3 歲；1972 年 23 歲時就當上 MIT 化學系助理教授；1977 年 28 歲升爲正教授；1981 年 32 歲成爲 Frederick G. Keyes 講座教授。那時我們實驗室還爲了慶祝他成爲講座教授，大肆開趴慶祝。Wrighton 是光化學 (photochemistry) 的頂尖化學家，因爲 1970 年代的石油危機，而擴展到光電化學 (photoelectrochemistry) 的太陽能電池領域。他的實驗室當時聞名全世界，除了 MIT 學校本身的研究生外，還有 6 位訪問科學家 (visiting scientists) 或訪問學者 (visiting scholar)，包括來自哈佛的我，日本大公司的 3 位科學家，1 位印度理工大

學的科學家，以及上面提到的來自 Wheaton College (在芝加哥附近) 的 Narl Hung 教授。整個群組超過 20 人，興盛熱鬧非凡，成員裡面只有我一個人是學物理的，其他全部是化學家；他們都是光化學 (photochemistry) 和電化學 (electrochemistry) 的專家，我大概是整個實驗室裡惟一懂得半導體物理的人。因為我們研究的光電化學電池 (photoelectrochemical cell) 是以半導體基板當電極，而我以半導體物理的觀點切入，尤其是用半導體的能帶 (energy band) 和表面能階 (surface state) 來解釋光電化學電池實驗的結果，很快就做出和化學家不一樣的豐碩成果，這也讓我嚐到跨領域 (interdisciplinary) 研究的甜頭和樂趣，從此更加強充實跨領域的知識和技能 (interdisciplinary knowledge and skill)。Wrighton 每次介紹我時總說：He is from a small school up the River (他來自河上游的那間小學校)。哈佛和 MIT 都是沿著查理士河而建，哈佛位於 MIT 的上游。

Wrighton 的人性關懷，讓我感動不已

我在 Wrighton 實驗室 3 年多，那是一段晝夜不分，天天做實驗，寫報告論文的辛苦但非常興奮有趣的年輕歲月。1982 年 4 月某一天的晚上，我太太 Karen 到實驗室等我一起回家。Wrighton 來到實驗室看到 Karen 凸起的肚子。他問幾個月了？Karen 答 5 個月。還問了一些我們醫療保險的情況。最後，他說這樣的學生保險可能不足以給付生小孩的醫療費用。隔天，他把我叫到辦公室，要我加速準備畢業。我如期的趕上 1982 年 6 月初舉行的哈佛畢業典禮。Wrighton 的人性關懷，讓我感動不已！我 1982 年 6 月到 Burlington，Vermont 的 IBM 報到上班，Marina 在當年 11 月感恩節前夕出生，享受 IBM 員工保險提供的兒女生產全額付費，還收到一支 IBM 贈送的銀湯匙，上面刻有「Marina」。我後來經常跟大女兒 Marina 開玩笑說，是她逼我的指導教授讓我提早畢業。

　　說到這裡，我就想起1981年3月我和Karen在哈佛紀念教堂 (Memorial Church) 舉行結婚典禮的情景。紀念教堂位於哈佛園 (Harvard Yard) 內，是 1932 年時爲了紀念在第一次世界大戰中犧牲的哈佛學生校友而建的。婚禮結束後，在哈佛園內的 Phillips Brooks House 舉行婚禮招待會 (reception)，餐點茶點由當時波士頓附近的台灣留學生在家裡準備好帶來。那時李應元和黃月桂夫婦正好也在哈佛大學公共衛生學院研究所攻讀學位，帶來了一大盤台式炒米粉。1990 年後，我們都回到台灣定居，月桂還幾次開玩笑的跟我討那盤炒米粉的人情。李應元在美國時被當時台灣的黨國政府列爲海外黑名單人士，不准返台。應元於 1990 年 7 月「闖關」「翻牆」返鄉，遭到政府追緝，在台灣各地到處躲藏了 14 個月，於 1991 年 9 月 2 日，帶著他的招牌爽朗笑容，在台北一家咖啡廳被逮捕入獄。應元出獄後，曾經擔任政府幾個重要公職；最後出任台灣駐泰國代表 (大使)，在任內罹患胰臟癌 (根據當時的新聞報導，後來證實是壺腹癌 (ampullary carcinoma))，仍堅持把任務交接完成後，才於 2021 年 10 月返台就醫。在新聞報導中，看到應元在桃園機場入關時消瘦的身影，心中十分疼惜不捨。應元回國後不久，於 11 月過世。應元一生爲台灣的民主化，犧牲奮鬥；最後爲艱困的台灣外交打拼，鞠躬盡瘁，死而後已！

　　整個婚禮總共花了 200 塊美金，其中包含租借紀念教堂的 20 塊美金。當年窮學生的婚禮及留學生的友情，至今難忘！第二章提到我到哈佛第一學期量子力學的期末考是在哈佛紀念大廳 (Memorial Hall) 舉行的，Memorial Hall 是 1870 年時爲了紀念在美國內戰 (Civil War，1861-1865 年) 中犧牲的哈佛學生校友而建的。哈佛紀念教堂和哈佛紀念大廳是哈佛學生舉行莊嚴重大活動的場所，每個活動都讓學生終生難忘！

神關閉了當教授這扇門，卻開啟了另一扇門，讓我走進半導體產業精彩神奇的 40 年旅程！

　　年輕時，我很希望將來可以當教授。可是，拿到博士學位開始求職時，Wrighton 就是不肯幫我寫介紹信，讓我去找大學教職。他說，我講這樣的英語，怎麼教書呢？但是他卻大力的寫介紹信幫我推薦給美國著名的公司。當時對於 Wrighton 不支持我去學校教書，頗有微詞。可是，神關閉了當教授這扇門，卻開啓了另一扇門，讓我走進半導體產業精彩神奇的 40 年旅程！當年 Wrighton 對於我的優缺點，瞭若指掌，將我的弱點直接誠實不隱瞞告訴我，並用心幫忙安排我的出路；多年後，我終於明白，對他欽佩感恩不已！

學生抗議的這一幕對於剛從封閉戒嚴台灣來的我，真是震撼教育，也長遠的影響我的人文、倫理及世界觀

　　2006 年 2 月 Harvard 校長 Larry Summers 因爲教職員的不信任投票而辭職。Summers 辭職下台後，哈佛群龍無首，只好緊急的請德高望重的前老校長 Derek Bok 以 76 歲的高齡回鍋當任代理校長，並籌組校長遴選委員會，通知校友推薦校長人選。Bok 是我 1977-82 年當學生時的校長，他從 1971 到 1991 年當了 20 年的哈佛校長。提到 Bok，我腦海中就浮現出一幕景象。我 1977 年進入哈佛，那時候在哈佛園，經常看到學生舉牌抗議當時南非的種族隔離制度 (Apartheid)，要求哈佛管理公司 (Harvard Management Corporation) 退出南非的採礦投資。有一天，我經過哈佛園，看到校長座車被一群躺在地上的學生阻擋，進退不得。幾個警衛把校長從座車拉出，連背帶拖的逃到等在哈佛園外的另一部座車，才得逃離。那被圍的校長正是 Bok。Bok 是個法學教授，他在此事件發生後，連續 5 個星

期，每個星期寫一篇長文給學生及教職員，以其深厚的法學素養，誠懇的解釋哈佛爲何不能一下子退出南非的採礦投資，以及逐步退出採礦投資的計劃和時程，終於平息這場抗爭。這一幕，對於剛從戒嚴封閉的台灣來的我，眞是震撼教育，也長遠的影響我的人文、倫理及世界觀。

再回來談我的指導教授 Wrighton。我當時就向哈佛校長遴選委員會推薦我的指導教授 Wrighton 爲候選人。Wrighton 在 1990 年當到 MIT 教務長 (provost)，1995 年離開 MIT 到 St. Louis 的華盛頓大學當校長 (Chancellor)。當時，Wrighton 被提名爲哈佛校長候選人的事還登上了紐約時報。Wrighton 對紐約時報記者說他深愛華盛頓大學校長的職務，不會考慮可能的哈佛校長職務。該篇報導還說，Larry Summers 擔任校長幾年下來，哈佛大學校內的教職員衝突爭議不斷，幾乎沒人願意去接這個爛攤子。2007年，哈佛大學破天荒的選出創校近 400 年來第一位女性校長 Drew Gilpin Faust，而且 Faust 也是第一位非哈佛畢業的哈佛大學校長。

濕的程序或電化學才是自然界、生物界或地球上最重要的運作和程序

再來談電化學的主題。在我加入了 AT&T 貝爾實驗室開發矽基板上的多晶片模組時，多晶片模組的關鍵技術是在矽晶圓上電鍍銅。AT&T 貝爾實驗室在 30 多年前投入 MCM 技術研發，開發了在矽晶圓上電鍍銅金屬連線的技術，開啟了矽晶圓上電鍍製程技術的研發，成爲現今半導體電鍍銅金屬連線主流製程技術的先驅。

在 1980 年代，電化學在液體中反應的濕製程 (wet process)，還不是一個精準的科學，無法用來生產精準的半導體晶片。其主要原因是： (1) 電鍍液的純度及在電鍍槽中的均勻度、電鍍的厚度及在晶圓上的均勻度都難以精準的控制； (2) 進行電鍍時，晶圓的放置沒有自動化。因此在 2010 年

前，晶片的主流製程都以氣體或是乾製程 (dry process) 為主，像是金屬濺鍍 (metal sputtering)，反應離子蝕刻 (Reactive Ion Etching，RIE) 和化學氣相沉積 (Chemical Vapor Deposition，CVD)。經過多年的發展，上述電鍍技術的問題，後來都已經一一被解決了，金屬電鍍也已經千真萬確的成為奈米世代的主流製程之一。

前面提到在 2012 年跟 MIT 實驗室的夥伴 Narl Hung 重逢，經 Narl 一提醒，我才驚覺到，貝爾實驗室在半導體矽晶圓上電鍍金屬的電化學，也許冥冥之中和當年在 MIT 實驗室用半導體模仿光合作用的電化學有關吧？用半導體模仿光合作用的電化學想法可能一直不知不覺的影響我，從貝爾實驗室的電鍍銅，到米輯的電鍍厚銅 Freeway；潛意識中，我可能一直認為濕的程序或電化學才是自然界、生物界或地球上最重要的運作和程序。地球表面 70%是水，人體的 70%也是水，水是生命的泉源，生命因此而生，而演化；生命結束後的屍體也藉由水而腐化分解。水還是人類每天生活不可或缺的東西。我在廚房洗菜或洗碗時，經常在想，如果沒有水，人類要如何洗菜洗碗過日子，有其它的方法嗎？有其它的物質可以取代水嗎？

容易分合的氫鍵讓冰浮在水上面

水含 2 個氫原子和 1 個氧原子，氫氧原子給合的離子鍵 (ionic bond) 所呈現強力電極性 (polarization)，造成了獨一無二的氫鍵 (hydrogen bond)。水的氫鍵，除了是生命的泉源、生活的要素外，在地球上的生命和生態的形成和演化也扮演了重要的角色。根據物理原理，一般的液體在溫度下降時，體積縮小，密度 (density) 增加，亦即其密度隨溫度下降而增加，因此液體結晶形成固體時，不會從液體表面開始結晶，固體也不會浮在液體的表面。但很神奇，水的密度在 4°C 時最大，溫度繼續下降時，密

度卻逐漸減小。因此在 0°C 時，水從表面開始結冰，冰就浮在水的上面，比乃拜水的氫鍵所賜。溫度高於 4°C 時，水是均勻的無定形 (amorphous) 的結構；當溫度下降時，水的密度逐漸增加，水分子之間之距離因而逐漸減少；以致於在溫度低於 4°C 時，原來可以分分合合的氫鍵，其結合力 (bonding) 因水分子之間的距離減少而加強，且因水分子的熱移動 (thermal motion) 減弱，此原來分分合合的氫鍵不再分離斷裂，一些水分子逐漸結合形成群聚體 (cluster) 而被固定下來；含有群聚體的水比原來均勻的無定形結構的水密度低，因此溫度繼續下降時，密度逐漸降低；直到 0°C 時，形成六邊形的 (hexagonal) 規則晶體結構-冰。而規則的晶體 (crystal) 結構的冰比含有群聚體的水，密度更低，因此水結成冰時，從表面開始結冰，冰也就浮在水的上面。大家可以試想如果不是氫鍵的神奇魔力，讓冰浮在水面上，地球的生態和氣候，又會是如何呢？寫到此，不得不停下筆來，讚嘆自然的神奇美妙及偉大！(請參考《天問旅程：驚奇。讚嘆。豐盛》第 161-162 頁，蔡仁松著，台灣佳美生命建造協會出版)

容易分合的氫鍵給予水和 DNA 兩種分子神奇的魔力！

　　說到氫鍵，難以停筆。1953 年，詹姆斯華生 (James Watson) 也是利用 A (腺嘌呤)、T (胸腺嘧啶)、C (胞嘧啶) 及 G (鳥糞嘌呤) 含氮鹼基之間的氫鍵，形成 A-T 和 C-G 配對，才完成生命的祕密 DNA 雙螺旋的完整結構。含氮鹼基之間的氫鍵使DNA像個模具一樣，可以複製基因。經由酵素酶，含氮鹼基之間的氫鍵可以讓兩股糖磷酸螺旋股幹打開以轉錄 (transcript) 生成信使核糖核酸 (messenger RNA，mRNA)；轉錄完成後，含氮鹼基之間氫鍵讓兩股糖磷酸螺旋股幹結合在一起恢復原來的 DNA 模具。

　　水中及DNA的氫鍵具有神奇魔力，可以說是生命祕密的根本。在分子

結合中，以共價鍵及離子鍵最強，凡得瓦力最弱；而氫鍵的結合力剛好介於兩者之間。氫鍵的強度適中，其形成和斷裂的行為在自然生命的機制中扮演著關鍵角色。有趣的是，在半導體積體電路晶圓的製作過程中，含有氫鍵的水是無可取代的；濕的製程除了上述的電鍍金屬外，晶圓清洗的製程，也是需要用到水。半導體積體電路晶圓的製作是個高度人為的技藝 (human craft)，雖然類似自然，但和自然生命程序 (nature process) 的神奇還是差的非常非常遠。

第五節　點點滴滴，在不可逆的時間長流中，串連成章

撰寫這個章節時，求學、家庭及職涯的幾個重要事件 (dots) 在腦海中一點一滴的浮現，一一串連 (connecting) 起來。在這些事件發生的當下，似乎找不到因果；但是回顧整個軌跡，卻都有脈絡可循，不禁想起蘋果電腦的創辦人賈伯斯 2005 年在史丹福大學給畢業生的演講：

「當然，當我在大學往前看時，不可能預先把這些點點滴滴串連起來，但十年後往後看它是非常，非常清楚的。再提一次，往前看時你無法把點點滴滴串連起來。只有往後看時你才能連接它們，所以你必需相信現在你正在經歷的點點滴滴，將在未來以某種方式連接。你必需相信某些事情——你的直覺、命運、人生、因緣、不管是什麼 。這個相信點點滴滴串連的作法從來沒有讓我失望，我的人生因此變得完全不同。」

"Of course, it was impossible to connect the dots looking forward when I was in college. But it was very, very clear looking backward 10 years later. Again, you can't connect the dots looking forward; you can only connect them looking backward. So you have to trust that the dots will somehow connect in your future. You have to trust in something — your gut, destiny, life, karma, whatever. This approach has never let me down, and it has made all the difference in my life."

在同一個演講中，賈伯斯又說：

「死亡是我們共同的終點，沒人逃得過。死，這麼的自然而註定，更
　是生命中獨一無二最偉大的發明。」

"And yet death is the destination we all share. No one has ever escaped it.
　And that is as it should be, because Death is very likely the single best
　invention of Life."

　　的確如此！自然之神在建構人類時，死亡是一個使人類能永續維持的
最佳方法；人類有了死亡，活著才有意義；如果人類永生不死，將不知如
何過活，也就失去生命的意義。賈伯斯以其生活藝術家的經歷和觀點，闡
述了物理學裡令人迷惑且玄之又玄的時間觀念，給予時間次序 (time
sequence)、時光流逝 (time goes by) 及生活、生存和死亡的深層意義。

　　我們和時間及空間的交會 (interaction)，只有現在 (present)。中文「現
在」的「現」指的是時間，而「在」指的是所在空間；「現在」的英文翻譯為
"present"，而英文"present" 另外一個意義是「禮物」，也卽「現在」是自然恩
賜的「禮物」。"present" 應該包含 present time 和 present location。(請參考《今
日與那日：傳道書的智慧》第 78 頁，曹力中著，台北市士林錫安堂出版)

　　在書寫這一章的過程中，讓我對「時間」有了進一步的體會和領悟，更
讓我想起古今多少物理學家曾經為了「時間」苦腦傷神：愛因斯坦在 1905 年
發表特殊相對論，1915 年發表廣義相對論，徹底的改寫了「時間」的基本觀
念；霍金 (Stephen Hawking) 在 1988 年為「時間」寫歷史傳記，向一般普羅
大眾介紹深奧的「時間」觀念 ("A Brief History of Time"，Bantom Books 出
版，中文翻譯《時間簡史》)；Carlo Rovelli 2017 年寫了"The Order of Time"
一書 (Adelphi Edizioni S.P.A. Milano 出版；中文翻譯《時間的秩序》，世茂

出版，2021 年)，顛覆了我們對「時間」的常識和直覺，用「熵」(entropy) 來
闡釋「時間」，主張推動世界的不是能量而是熵 (it is entropy, not energy, that
drives the world.)。

　　熱力學第二定律：熵的變化永遠大於或等於零，這是在基礎物理學中
唯一能夠表示過去和未來差異的定律。也就是說熱只能從高溫物體傳到低
溫物體，不能反過來從低溫傳到高溫。此熱力學第二定律即是時間一去不
復返的起緣，萬事萬物發展的次序都是隨著時間從低熵走向高熵。低熵高
熵是個熱力學的巨觀變數 (macroscopic variables)，也就是統計的參數
(statistical parameters)。萬事萬物不能從高熵走向低熵，乃是因為我們無法
清楚的感知一個事物的全部面向，也即我們無法感知一個事物所含每一個
微觀顆粒的所有完整細節 (full and complete details of each microscopic
grain)；其中所謂的完整細節包含每一個微觀顆粒的靜態及動態的微觀狀態
(steady and dynamical microscopic states)，例如我們無法感知一個系統所含
每一個原子或分子的位置和動量。然而，我們活在一個巨觀的世界中，所
感知到的都是統計的結果，就只能感嘆青春不再。時間一去不復返是模糊
(blurred) 和無知 (ignorance) 造成的，就像 Carlo Rovelli 所說的「時間即無
知」(time is ignorance)。如果我們能像神一樣的無所不知，觀察入微，也就
沒有過去和未來的區分了！

　　「時間即無知」(time is ignorance)、「空間即重力」(space is gravity) 和
「測不準原則」(uncertainty principle) 這三個物理原則簡直是神奇的近乎荒
謬，但卻是宇宙萬事萬物的最基本原則，也是我冥思苦索宇宙萬事萬物和
「我是誰」的三個根本基礎。希望這 3 個物理原則能繼續為人類帶來革命性
的創新，例如量子運算 (quantum computing) 或 DNA 運算 (DNA
computing)，使人類生活更幸福，生存更有意義和價值。

結語

　　這一章裡，我描述了一個平凡人的點滴故事，比起賈伯斯在史丹福演講的三個故事，輕如鴻毛，不足為道。然而，不管平凡或偉大，點滴成章都隱含了「時間」的祕密。

　　完成這一章節的此時此刻，回想過去四十年摩爾旅程中的每一關鍵時刻，心中充滿了未知和期盼，就如同由 Albert Hammond 和 John Bettis 作曲作詞，惠妮休士頓 (Whitney Houston) 唱紅的 1988 年韓國首爾奧運主題曲〈輝煌時刻〉(One Moment in Time) 的歌詞：

> ……
> My finest day is yet unknow,
> I broke my heart,
> Fought every gain,
> To taste the sweet,
> I face the pain,
> I rise and fall,
> Yet through it all.
> ……
> Give me one moment in time,
> When I'm more than I thought I could be,
> When all of my dreams are a heartbeat away
> And the answers are all up to me;

Give me one moment in time,
When I'm racing with destiny,
Then in that one moment of time,
I will feel,
I will feel eternity.
……

「……
　我最輝煌的一天仍是未知，
　我曾心碎過，
　努力奮鬥，
　只為苦盡甘來，
　我曾經痛苦，
　也曾經起起落落，
　歷盡滄桑。
　……
　給我一瞬間，
　當我超越原本的自己時，
　當所有夢想都觸手可及時，
　所有答案都操之在我；
　給我一瞬間，
　當我和命運搏鬥時，
　在那一剎那間，
　我將感受，
　將感受到永恆。
　……」

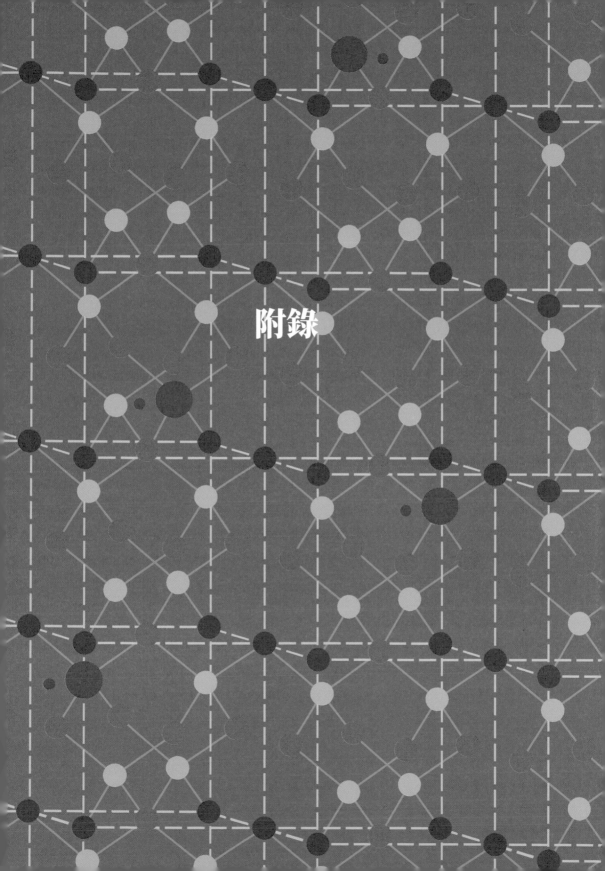

附錄

附錄 A　夢想與恐懼——單封裝系統與單晶片系統

　　此附錄收錄 2002 年 2 月 21 日出刊的《今周刊》雜誌裡，由資深記者林宏文報導的一篇文章。該文報導我在 2001 年 11 月出刊的《電子資訊》雜誌中寫的一篇文章「夢想與恐懼：單封裝系統與單晶片系統的探討」(第 7 卷第 2 期，4-9 頁)。《電子資訊》是由當時中華民國電子資訊協會所發行的期刊，我擔任 2001 年 11 月那期專刊的主編，專刊的主題是「半導體覆晶 (flip-chip) 及晶圓級 (wafer-level) 封裝」，也親自寫了上述的文章。

　　不久之後，我受寵若驚的發現該文居然被當時已經是頂尖的資深半導體產業記者宏文注意到，並在《今周刊》發文報導及討論。非常感謝宏文，難得的知音。1994 年，台積電在墾丁凱撒旅館舉辦股票上市 (IPO) 前的公開說明記者會，我就是在記者會上認識宏文的。他那時是剛出道的《經濟日報》記者，剛從交通大學電信工程系畢業不久，是難得一見有理工背景的記者，留著平頭，背著書包採訪，令我印象深刻。他是早期投入半導體產業的專業記者之一，後續也見證了台灣半導體產業的發展。台積電 1994 年公司股票上市，是我一生難忘的經歷；而上市前，一群人老遠的從新竹跑到屏東墾丁的凱撒飯店開記者會。當天記者會的場景，到如今都還歷歷在目。後來，我還在網路上搜尋到天下雜誌記錄我在 1994 年那場記者會講的一些話：

> 「……今天看似成功的策略，七年前 (1987 年) 卻受到嚴厲的挑戰。『沒有產品，怎麼賣？』負責研發的林茂雄博士回憶當年回台灣時，朋友都勸他不要到台積，因為台積沒有自己品牌的產品，不會有前途。但

是，台積國際化的程度，以及純製造的特色，還是把他留下來了。……」

「……在激烈競爭中，台積將自己定位於半導體量產技術的領先集團中，做個快速的跟隨者，一等到機器、技術成熟，馬上可以生產。負責研發的林茂雄以『精耕矽田的科技農夫』自喻。從一九九○年十月，台積開始量產一微米晶圓，到九三年底量產○‧六微米產品，三年間開發三代產品，在相同大小的晶圓面積上，產出更多的產品，提高生產力。……」

(請參考 https://www.cw.com.tw/article/5034316)

回到附錄的主題。2001 年，193 奈米波長深紫外光 (DUV) 曝光機技術發展成熟，穩定的量產半導體晶片。當時，摩爾定律如日中天，正從 0.13 微米技術節點，大步跨向 90 奈米技術節點。單晶片系統 SOC 喧囂塵上，我卻在那時創立米輯科技，提倡單封裝系統 SiP，心中不免充滿夢想和恐懼的掙扎，有感而發，因此寫下該文。沒想到意外的受到當時在半導體產業已經是資深記者的宏文的注意，深感榮幸和感激，因此特別把宏文的該篇報導收錄在本書中。

1990 年回台加入台積電後，我深覺在 AT&T 貝爾實驗室耗資 3 億美金，歷時 6 年研發的多晶片模組，雖然因為計畫中止沒有成功，但過程中產生很多創新的概念及技術，並留下很多寶貴的經驗，如果就此放棄，那就太可惜了！於是在 1991-92 學年度，我很幸運的得到台灣大學聘用為兼任教授，利用周末到台大電機研究所教授「超大型積體封裝系統」(Very Large Integrated Package System)。那時候，周休二日在台灣尚未普及，一般人在星期六早上還是要上課上班，但台積電已經開始實施周休二日了。如今還記憶深刻的是，每個星期六早上到台大教課，教完課後，從台北開

車回新竹，就會剛好碰上周末從台北南返回鄉的車潮，總是大塞車。1992-94 學年度，我又在交通大學電子研究所兼任教授同樣的課程。對於多晶片封裝的推廣，可說是念念不忘，契而不捨。

說到大學的兼課，爲了培育產業半導體人才，我於 1995 年被聘爲清大兼任教授，和材料系的吳泰伯教授在清大開設跨系所的「半導體核心學程」，並於 1995 至 1997 年間，親自及邀請半導體產業專家教授該學程必修的「半導體產業導論」課程。各個系所則開出和半導體有關的課程 (包括電機、物理、化學、化工、材料、核工、工業工程等科系)。學生只要修滿學程中規定的學分，就可以在畢業證書蓋上修過「半導體核心學程」的印章。吳泰伯教授已經過世了，感念他當年對於培育半導體人才的貢獻。

以下就是 2002 年 2 月 21 日出刊的《今周刊》雜誌，資深記者林宏文以「你投資數百億，我只投資三十億」爲題所報導的文章 (已取得今周刊授權)：

你投資數百億 我只投資三十億

林茂雄重拾舊夢創立米輯 率一流人才投身覆晶封裝業

(今周刊，2002 年 2 月 21 日──記者林宏文報導)

「感謝米輯公司的投資者，由於他們的鼎力支持，米輯才有開始實現夢想的機會。我也要感謝所有員工，他們相信單封裝系統 (SiP，system in package)，全力的、無私的、戰戰兢兢的、滿懷希望的努力，期許台灣能夠創造出一個新產業！」

在去年十一月《電子資訊》雜誌中，米輯科技公司董事長林茂雄主編了

一期專刊，主題是「半導體覆晶 (flip chip) 及晶圓級 (wafer level packaging) 封裝」，在這本提供給半導體專業人員閱讀的雜誌中，林茂雄為他的文章提了一個很感性的標題：〈夢想與恐懼：單封裝系統與單晶片系統的探討〉，讓許多人讀完之後印象深刻。

為什麼會有「夢想與恐懼」？對於林茂雄來說，米輯的成立，是他實現二十年來夢想的第一步，雖然這個夢想來得晚了一點，也曾經讓年輕的他走錯了一些路，但是他離夢想已經愈來愈接近，隨著大廠的推動，以及米輯員工的努力，恐懼已經離他很遠。

念哈佛時決定投身半導體業

林茂雄於一九七五年畢業於台大物理系，八二年取得哈佛大學應用物理博士。在哈佛做博士論文的實驗時，林茂雄自己安裝實驗及量測儀器，那時他最常說的一句話是：「如果我有一個這樣功能的晶片，實驗就容易得多了！」當時林茂雄已相信半導體能整合起來做很多事，也就是在那時，他決定要投身這個剛萌芽不久的產業。

畢業後，林茂雄加入IBM，從一九八二年到八四年間，參與開發IBM第一代 (一・五微米) 及第二代 (一・○微米) 技術，到了要開發第三代技術○・八微米時，林茂雄驚覺，「○・八微米已經很接近光的波長 (○・四微米到○・七微米) 了，還能再繼續縮小下去嗎？摩爾定律真的不會遇到瓶頸嗎？」

當時，與林茂雄有類似懷疑的人，不乏很多半導體大師級的人物，後來，IBM 轉向光學發展，投入 X-ray (X 光) 照相平版印刷 (photolithography) 研究，貝爾實驗室也傾全力開發電子束 (e-beam) 的照相平版印刷，那時，林茂雄不相信X光及電子束可以量產，倒是比較相信多晶片模組 (Multi-Chip Module，簡稱MCM) 可以延續半導體整合系統的

需求，於是林茂雄就加入了貝爾實驗室的多晶片模組計畫。

三項大計畫均告失敗　林茂雄回國加入台積電

不過，到了八〇年代末期，這三個大型計畫都宣告失敗，沒有成爲主流技術，「電晶體密度每十八個月會增加一倍」的摩爾定律，跟隨著可見光、紫外光、超紫外光，一直走到〇‧一三微米都還看不見盡頭，繼續主宰著半導體的發展。

「MCM失敗的原因有很多個，最主要的是因爲市場還沒有成熟，主流的產業架構經過二十年的歷練，已經建立固若金湯的產業鏈結，就像要取代牢不可破的個人電腦wintel (微軟視窗加英特爾晶片) 架構一樣困難。」林茂雄努力了幾年，最後得出這個結論。

八九年底，林茂雄到台積電上班，當時正是台積電高速成長的階段，積極吸引海外學人回國效命，當時與林茂雄一起先後回國的人，後來都居高位，包括現在的協理蔡能賢、資深副總林坤禧及總經理蔡力行。

林茂雄當時是最早負責台積電研發處的處長，從九〇年到九五年，帶領整個台積電的研發團隊，從一‧〇微米一直推進到〇‧三五微米，九五年他還升任2B廠廠長，2B廠也是當時技術最先進、產能最大的六吋廠房。

負責研發處及 2B 廠　被張忠謀找到慧智當總經理

九七年，當時擔任台灣慧智董事長的張忠謀，一直苦於找不到一個適當的總經理人選，後來他就找到林茂雄，希望以他的經驗去管理台灣慧智，隔了一年，台灣慧智準備上市，林茂雄覺得自己的階段任務完成了，因此就離開了。

「當時，我沒有計畫回台積電，因爲那時台積電規模已經很大了，也發展得非常好，要請到什麼人都沒有問題。」林茂雄回憶當時的情景，覺

得自己有一個夢想還沒完成，於是便找了很多人談，了解整個大環境，「二十年前的夢想還沒實現，現在機會來了！」

於是，林茂雄成立米輯科技公司，取名米輯 (MEGIC，就是MEmory和loGIC的合成語)，意思就是把邏輯和記憶體包於同一封裝的結構，他的創業想法，立即獲得華登創投的肯定及投資一六％，另外世界先進也投資了一○％，林茂雄也找來許多年輕好手加入，同時曾在台積電與其共事過的前任合泰半導體總經理陳領，也加入米輯擔任總經理。

率領第一流的人才　提升封裝技術產業

「多晶片模組的失敗前例，似乎注定了覆晶產業的結束。可是，出乎意料的是，英特爾應用覆晶技術封裝Pentium晶片，是使覆晶封裝產業重現契機的重要原因。」林茂雄分析目前的產業環境，與他的夢想靠得愈來愈近，這也是他敢於帶領著一百八十名員工，勇闖這個在全世界都還沒有太多人搶攻的新生地。

「你想想看，現在投資一個晶圓廠要數百億甚至千億元，我們只投資三十億元，就可以解決一個可能潛在的問題，這當然很值得我們努力。」林茂雄常這樣跟米輯的員工說，也向許多不斷投入巨資的晶圓製造廠這麼說。

十六年前，貝爾實驗室的多晶片模組失敗了，當時的第一流人才，後來全部投入跟隨摩爾定律走；如今，半導體技術又走到另一個關頭，後段封裝技術也將跟著大轉變，林茂雄將率領第一流人才，投入這個過去被視為二流的產業。挑戰夢想、克服恐懼，林茂雄的創業路走得愈來愈穩健。

附錄 B　展技歐陸——台積電 1992 年到歐洲 Road Show

　　此附錄收錄 1992 年 12 月出刊的第 13 期台積電公司刊物《晶園雜誌》(Silicon Garden) 裡，我寫的一篇文章。該文報導及記錄 1992 年 2 月 15 日到 3 月 3 日，台積電組團，由曾繁城副總帶隊，遠赴歐洲長達 18 天的路演行銷 (road show) 行程。此文提供台積電及歐洲在半導體摩爾旅程的時間長流 (time flow) 中，在 1992 年的一個時間橫切面 (time cross-section)，呈現出的微小瑣碎影像。

　　1992 年初，台積電二廠 A 模組 (2A 廠) 已經開始量產 1.0 及 0.8 微米，正在開發 0.6 微米；二廠 B 模組 (2B 廠) 潔淨室 (clean room) 也已經完工，可以開始進機器設備。偌大的二廠產能需要客戶的產品來填補。1991 年，張忠謀董事長聘請了他在德州儀器公司 (Texas Instrument，TI) 的部屬，行銷主管 Donald Brooks，到台積電當總經理。在 Don 到任的歡迎會上，只見他舉起右手，伸出食指，只說出一個中文「一百億」，別無他言。原來，他就任的目標是要帶領台積電邁入一百億元台幣的年營收規模。這在當時是個很難想像的目標，簡直是個不可能的任務，因為台積電 1990 年的年營收才 22 億元台幣。

　　說到這裡，我想起台積電董事長張忠謀用人惟才、適才適所的公司經營智慧。台積電在 1987 年創立時，張忠謀請 Harris 的半導體名人 Jim Dykes 來當第一任總經理，打響知名度；後來需要蓋工廠及製造生產，就請了 TI 的老廠長 Klaus Wiemer 來當第二任總經理，建立台積電嚴謹的生產制度和紀律；1991 年二廠完成後，需要把偌大的產能賣出去，就請了 TI 的行銷市

場老手 Donald Brooks 來當第三任總經理；1996 年，台積電已經頗具規模且賺大錢，需要建立公司文化，張忠謀董事長就自己親自兼任第四任總經理。

如前所述，台積電那時新建的佌大的二廠，要填滿產能，最需要的就是行銷，把當時還沒沒無聞的 TSMC 推銷出去，讓世界看見。因為台積電的純代工模式把製程技術和電路設計分成兩個公司，需要建立這兩個公司的合作模式；當時業界的電腦輔助設計工具尚未完整，再加上台積電也沒有電腦輔助設計部門，因此需要熟悉製程技術的研發部門拜訪客戶的電路設計部門，介紹新製程的實體佈線的設計規則 (physical layout design rule)、電晶體的電性行為 (transistor electrical behaviors)，以及 SPICE (Simulation Program with Integrated Circuit Emphasis) 的模擬程式，以供電路設計工程師設計新的晶片；更重要的是去聆聽客戶的電路設計工程師對於新製程設計規則的需求和建議，以做為制定新製程開發的規格準則。早期，台積電的研發部門除了負責新製程的開發之外，還要直接面對客戶，將自己所開發出來新製程推銷出去，任務繁重。當時，台積電在美國、歐洲及日本的行銷辦公室都會安排我帶研發人員去拜訪客戶。在那時，大概每一年要拜訪美國客戶 2 到 4 次，歐洲 1 次，日本 1 次。現在回想起來，那些年，好像很多的時間都在拜訪客戶的路途上。

上面提到，那時要填滿台積電佌大的二廠產能非常不容易；在 1991-93 年間，工廠經常有一頓沒一頓的。可是到了 1995 年，全世界到處缺晶片，尤其是 DRAM 晶片。大家才驚覺到，原來全世界在 1990-94 年間投資所蓋的晶圓廠數量不夠。台積電佌大的二廠剛好派上用場，從此奠定台積電在晶圓代工的龍頭寶座。1995 年 7 月我從研發處長轉調 2B 廠當廠長，1996 年 3 月 2B 廠單月營收就超過台幣 17 億元，毛利 8 億元，我自己驚訝到不敢相信，我相信當時的公司高層長官應該也會有同感。

　　2008 年發生金融風暴，半導體產業一片淒風苦雨。2009 年 6 月 11 日，張忠謀董事長以近 80 歲的高齡回鍋親任執行長。回鍋後，把金融風暴最慘烈時所暫停的設備探購案即刻恢復，繼續擴產，震驚了投資界。這是何等的器識（intelligent guts）！永遠準備「足夠的產能」給客戶是晶圓代工的宿命，否則客戶就會跑去找你的競爭對手。

　　收錄的這篇文章，記錄了我在台積電第一次隨團到歐洲做技術行銷的過程。歷經 18 天，行經德國、奧地利、荷蘭、比利時、義大利和瑞士等 6 個國家。那時，歐盟尚未成立，跨國要過海關，換貨幣，行程緊湊辛苦。現在想起來，真是酸甜苦辣，回味無窮。

　　那次的路演（road show），我們拜訪了歐洲的半導體三巨人，飛利浦、西門子及 SGS-Thomson。當時這三大巨人公司，仰之彌高，望之彌堅，能親自拜訪，深感榮幸。事隔約 30 年，回顧自己親身經歷及見證早期西門子以及飛利浦和台積電的關係，覺得值得留下一些記錄，因此寫了以下的幾段敘述，做為 30 年前寫的「展技歐陸」一文的補述。

　　〈展技歐陸〉一文中寫到我們在 1992 年 2 月 26 日和西門子步步為營的談判：「談起 Siemens 和 TSMC 之間關於 DRAM 的委託製造，可說是路途崎嶇。1M DRAM 的合作，做到了一半，胎死腹中！如今 4M DRAM 又來了，大家總是小心為是。」

　　我們為什麼要步步為營，小心為是呢？在這次會議前，經由當時台積電總經理 Klaus Wiemer 的關係，1991 年春季台積電受邀到西門子談 4M DRAM 在台積電生產事宜，並參觀 DRAM 工廠。台積電研發處的 DRAM 部門組了一組人馬，千里迢迢的飛到慕尼黑；結果，因為西門子公司內部對於在台積電生產的意見不一致，開會不到半小時就結束了，打道回府。這是台積電純代工商業模式打敗傳統整合元件製造商（Integrated Device Manufacturer，IDM）過程中的歷史鏡頭。

　　如今回顧當時的歷史，我本於工程師的同理心，很能深切的感受到在純代工商業模式崛起時，IDM 公司內部互鬥、痛苦掙扎的心境。IDM 公司的產品市場及行銷部門希望有台積電的備份產能，以擴大營業額及獲利；而工廠生產部門則反對到台積電生產代工，以免喪失他們在公司的地位，甚至被裁員。這樣的 IDM 公司面臨純代工商業模式崛起時，內部互鬥、痛苦掙扎的場景，我也見證於美國的 AMD，日本的 Fujitsu、NEC、Hitachi、Toshiba、Mitsubishi、Matsushita 等 IDM 公司。在 1991-1997 年間，我帶領台積電的研發部門，隨同台積電日本行銷部門一一拜訪這六家日本 IDM 公司。當時，這六家日本公司全是排名全球的前十大半導體公司。1990 年代初期，我和台積電工程師為了看懂日文雜誌 Nikkei Electronics 關於日本半導體技術的報導，還特地請老師到研發部門教日文，一起學習日文閱讀。後來，這六家日本公司都掉出前十大之外。在摩爾旅程中，我自己親身目睹這個半導體改朝換代的大時代場景。

　　另外一個場景則是太平洋彼岸無晶圓廠晶片公司 (fabless IC company) 的崛起，例如 Broadcom、Qualcomm、Marvell 等新創公司。命運的安排，我自己恰好身處這個大革命浪潮的早期階段。有趣的是，在 1990 年以前，PC 剛剛在萌芽階段，那時美國 PC 相關晶片設計的新創公司都在這些日本的 IDM 半導體公司進行代工；可是在 1990 年以後，卻都一一轉到台積電進行代工。如今回頭來看，前述日本六家 IDM 半導體公司的衰敗，除了1985 年 9 月 22 日，美、德、英、法、日五國在美國紐約廣場旅館 (Plaza Hotel) 簽署的廣場協議 (Plaza Accord)，導致日幣大幅升值，產生日本經濟泡沫，以及沒有跟上 PC 浪潮的因素外，另外重要的因素是台積電晶圓代工模式結合無晶圓廠晶片公司的強勢崛起。

　　雖然我是處於崛起得利的一方，但也深深的感嘆時代趨勢大浪潮的威力，波濤洶湧，襲捲大地，無人能擋，生生滅滅，紮紮實實的影響改變從

事該產業的每一個人員的個人及家庭生活，有得利者，有受害者。這些事情，這些場景，這麼眞實在我的眼前發生，不禁要問：這就是人生嗎？

至於飛利浦和台積電的關係，則是非常特殊和密切，其關係有三件事値得一提：

(1) 飛利浦的台積電股權及台積電的上市

1986 年，台灣要發展半導體產業，但是，投資金額太大，風險太高，沒人願意投資。在這困境中，國際間只有飛利浦願意和台灣簽訂合資合約：投資台積電 27.5%，但未來有權購股到 51%，同時授權並技轉關鍵技術給台積電，幫飛利浦代工；台灣的行政院開發基金則出資 48.3%。依照合約，飛利浦有權利購股到 51%，把台積電納爲其子公司。根據當年台灣的法規，台積電若成爲飛利浦子公司，台積電是無法在台灣股票市場上市的。張忠謀董事長在 1994 年台積電上市前，和飛利浦重新談判，修訂合約條款：由行政開發基金轉售台積電股票給飛利浦，使其擁有台積電約 40% 的股權，但往後不得再增加股權。因此，台積電才得以在 1994 年上市。

(2) 飛利浦的台積電股權及對台積電智權專利的保護

1987 年時，台灣在半導體的技術專利強度不足，如果要進入半導體生產製造，必須面對專利侵權的挑戰。當年精心安排飛利浦的股權超過 27%，就是讓飛利浦可以保護台積電免於受到其他半導體公司在智權專利的提告。1990 年代初期，我帶領台積電研發處時，台積電法務部門有時會拿美國半導體大公司寄給台積電的專利侵權警告信，要我看看技術內容。當時，我們都可以找到飛利浦的相關專利進行回覆；而且飛利浦和美國半導體大公司互相都有簽署專利上的合約。因此很快的就很少收到這類專利侵權

的警告信。

後來，據說飛利浦因爲售股，持有台積電的股權低於 27%。在 2000 年時，爲了保持飛利浦的專利保護，台積電還發行特別股給飛利浦維持股權，以便行使專利保護權。直到 2004 年，台積電技術專利足夠強壯，才解除了此股權限制。

(3) 台積電和艾斯摩爾可以說是飛利浦衍生出來的親兄弟

　　艾司摩爾 (ASML) 本來是飛利浦的研發團隊，在 1984 年才獨立出來。台積電是 1987 年由飛利浦和台灣合資成立的，很自然就成爲艾司摩爾的客戶。台積電二廠在 1989 年開始安裝機器設備，一安裝就是數十台曝光機，馬上成爲艾司摩爾的最大客戶。之後，兩兄弟互相扶持合作。1990 年代初期，我帶領台積電研發部門時，每年都會派一位工程師長駐 (1 年) 在比利時魯汶的微電子研究中心 (Interuniversity Microelectronics Centre，IMEC)，參與開發 ASML 曝光機的曝光顯影技術 (photolithography)。那些年，我到歐洲出差時，都會特地到魯汶探望這些離鄉背景的外派工程師。最讓人嘖嘖稱奇的是，藉助台積電林本堅博士發明的浸潤式曝光方法，兩兄弟合作將 193 奈米的深紫外光 (DUV) 推展到 7 奈米的半導體製程。現在最先進的極紫外光機器 (EUV) 是艾司摩爾開發生產的，台積電也積極參與開發，並成爲 EUV 機器的最大使用者。

以下就是〈展技歐陸〉一文 (已取得台積電授權)：

展技歐陸　Selling in Europe

研究發展處副處長　林茂雄

重頭說起

　　TSMC 和 Philips 有深厚的淵源。這淵源也許可以追溯到荷蘭人十六、七世紀航行世界，在印尼設立東印度貿易公司，以及在 1642 年占據福爾摩沙島。的確，在我們這一代，「飛利浦」在東南亞、台灣一直是高科技的象徵。TSMC 的成立是台灣走向高科技的一個重要里程碑，Philips 參與其事是最自然不過的事。早期，TSMC 和 Philips 之間，高階經理以及工程師，絡繹於途，談判契約以及技術轉移等合作事宜。然而，在我於兩年前加入TSMC 後，從未目睹雙方密切技術往來。就在去年八月的一次 TSMC 和Philips 季會裡，雙方都認爲有必要再續前緣。於是 Philips 的 Roel Kramer正式來函邀請，曾繁城副總慨然答應擇日赴約，於是乃有歐洲之行。這次歐洲之行，除了和 Philips 的技術交流，同時也希望藉此機會向歐洲的客戶做一較完整的技術介紹。於是，此行終於演變成展技歐陸之旅。

頗費周章的行程安排

　　「好的開始是成功的一半」古有明訓。於是R&D就開始準備資料和投影

片。Siegfried Mack 把我們寄去的資料在歐洲的 Sales Office 影印、裝訂成冊,準備分發給客戶,一切都算順利。同時,我把所要講的題目歸納成 1 到 13 等十三項,包括 TSMC 簡介、二廠簡介、以及 TSMC 各種不同的製程技術,由 Siegfried 分發給客戶,並請客戶選擇他們有興趣的項目。 (很不幸的,大部分客戶幾乎都選擇 1 到 13,讓我們每天的秀都累壞了,尤其是在義大利和瑞士,R&D 只有我一個人去的時候)。這樣一次拜訪多家客戶,最難的乃是安排行程。在短促的二個星期裡、在客戶也忙的情況下,要擬出一個恰當的行程,需要相當多協商,行程也一改再改,在出發的前三天,最後一版的行程終於敲定 (行程表足足有二十頁之厚)。此行的主要行程 (一) 和 Philips 有三天的技術討論,(二) 和 Siemens 討論 DRAM 之計畫,(三) 拜訪四家主要歐陸客戶,(四) 舉行兩場 workshop,預計有 12 家客戶參加。參加此行之人員由曾副總領隊,成員有蔡力行、曾炳南、王建光、許順良、游秋山、陳家湘和我。

第一站 Eching 的小鎮客棧

二月十五日,我們一行人浩浩蕩蕩出發,搭乘國泰航空到香港轉機,然後直飛德國法蘭克福,再轉乘德航於十六日清晨到慕尼黑。我們下榻的 Olump 旅館位於 Eching 小鎮。

Eching 到底是個小鎮,再加上適逢周日,所有商店都關門,到處冷冷清清,無處可逛。我們用完晚餐,各自回房,準備隔天的第一場秀。

第一場秀 (二月十七日,星期一)

這天是個 workshop,地點就在 Olump 旅店裡的會議室。來參加的有四家公司,但都同屬德國一大汽車公司下的電子公司。第一次秀,大家都卯足了勁,F.C.整整花了一小時多把 TSMC 很完整的介紹給客戶。接下

來，Rick 把二廠也做了精采而生動的簡介。Technology 部分則由我介紹了 roadmap，SPICE model，EPROM，flash，triple-level-metal，炳南介紹了 0.8 μm 5V/3V process，而順良則描述 mixed-mode process。整個秀在下午兩點完成。接著由四家提出他們對製程技術之需求，以及介紹他們所設計的產品。

這四家公司對製程的需求，道出歐洲市場的複雜和有趣。主要的產品設計用在汽車、消費性電子產品，以及其他相當有趣的應用，諸如動物的 I.D.，行李的名牌等等，真可謂五花八門。

對這四家公司，我的建議是 (1) 先讓客戶試試 TSMC 已經成熟的 OTP EPROM，(2) 評估 embedded EEPROM 在汽車上的用量，再決定 TSMC 是否應進入 EEPROM 的市場。

士別三日 (二月十八日，星期二)

接下來的三天是和 Philips 間的技術討論。地點則是換成荷蘭的 Nijmegen 和 Eindhoven。二月十七日下午四點在 Eching 的 workshop 完後，我們一行八人 (包括 Siegfried 和劉芸秋) 就匆匆趕路。從慕尼黑搭乘德航到德國邊境大城 Düsseldorf，再租車開往 Eindhoven。到達 Hotel Dorint 時，Philips 的 TSMC 法定聯絡官 Mr. Blom 已在那裡等我們，讓人倍覺親切。

二月十八日的技術討論安排在 Nijmegen，離 Eindhoven 約一小時車程。一進入會場，大出所料，會場相當大，與會人士也相當多。我心裡告訴自己今天可要好好表現，Philips 是歐洲少數 IC 技術較強的公司，而且幾年不見，一定得讓 Philips 知道 TSMC 的製程技術已經迎頭趕上 Philips。果真，我們把 TSMC、二廠，以及新開發出來的製程技術一一介紹，同時游秋山也把 module development 作一介紹。所有 Philips 提出的問題，我們

都能給予適當的回答。在所有的問答中，我們也發現一些 TSMC 做得比較不完整的部分，特別是 ESD 和 latch-up 的研究。我從歐洲回來後，更下定決心要把 TSMC 的 test key 好好設計。現在我們正全力在設計 0.6 μm 的 test key，我們公開給這 test key 徵求一個叫得響亮的名字。希望經由這些努力，TSMC 將來在技術開發能更紮實，SPICE model，以及 reliability data 能更完整，此是後話，在此不表。整體來說，Philips 對 TSMC 在製程技術上的進步都相當佩服。

不覺異國情調

在 Nijmegen 開完會後，又得驅車回 Eindhoven。我們在夜色深沉中，回到 Eindhoven。游秋山由於曾在此窩了半年，因此對於 Eindhoven 可謂識途老馬，在他的推薦下，我們到了旅館旁的 一家意大利餐廳。一進門，Pavarotti 的歌聲已迴蕩繞樑，緊湊之行程，至此稍得鬆解。用餐中，又有幾位小提琴手和吉他手站在門口演奏。在燭光搖曳中，在斷續的聊天中，不覺異國情調，但覺心中充滿溫暖。

家族中之一員 (二月十九日，星期三)

今天開會地點是在 Eindhoven，難得的不需早起趕路。主要的議程是雙方的高階經理互相介紹公司現況，討論可能的 1.0 μm /0.8 μm 委託生產計畫，以及由 Philips 的 R&D 研究員介紹他們在一些先進的製程技術上的研究開發現況。

Mr. Roel Kramer 首先介紹 Philips Semiconductor Company (OIK) 之營運現況以及組織。Roel 在介紹 Philips 全球的 IC Fabs，把 TSMC 也標在地圖上。一語「家族中的一員」讓我們倍感親切。Philips Semiconductors 在 IC 方面主要有兩大部門：一是民生產品 (Consumer IC，CIC)，一是工業產品

(Industrial IC，IIC)。Roel 在簡介中報告 Philips 半導體的營運頹勢已逐漸扭轉，我們甚為他們慶幸。F.C，Rick 和我接著分別簡要的介紹了 TSMC，二廠和技術發展現況。

之後，就輪到今天的重頭戲：Philips 是否有 MOS 的生意給我們？CIC 的 director Mr. Van der Poel 是個精明果斷的人，他一開口便簡單明瞭的揭示了雙方合作的基礎：Philips 預期 1993 年 DCC (Digital Compact Cassette) 的需求量很大，並且願意和 TSMC 分享此成果。惟希望 TSMC 能準備好 Philips 所需的製程技術，以便明年接受 Philips 之委託製造。當然，Philips 的 DCC 是否真能如他們所說的在 1993 年會這麼的興旺？做生意就是如此，走到那裡，顧客總會給你美麗的希望，但是最重要的是我們本身必須建立一套方法去明辨那些是夢幻，那些是事實。

已經三年不做 0.5 μm 研究了

在來 Philips 之前，我們已去信要求 Eindhoven 之 R&D Center 能夠講解他們在 process module 和 device 方面的研究。Philips 的 R&D Center 臥龍藏虎，在尖端科技，必有可學之處。我們特別指明要知道他們在 Isolation，I-line，3-level metal，contact，via etching 等方面的研究。

當 Dr. Woerlee 講到 universal hot carrier curves 時，提及他研究 2.0 μm 到 0.17 μm transistors 的 hot carrier 特性，並且提出了 non-local heating 的理論來解釋觀察到的現象。我問他關於 0.5 μm 的 drain engineering。他竟然答道：「這已是很久以前的事了，我已經三年不再做 0.5 μm 的研究了！」一語道盡了老式歐美大公司殘餘的R&D豪華氣派，及和實際工商競爭之距離。我曾在 AT&T Bell Labs 的殿堂裡待了近六年，更是深深的體會個中滋味。過去當歐美科技遙遙領先之際，跨國性的大公司，利潤豐餘，都可以支持基礎科技的研究。在這優越的研究環境裡，的確曾經激盪過無數人類智慧

的光輝，奠定了現代科技的基礎。可是物換星移，全球性的經濟結構在變，競爭的法則也在變，這些跨國性的公司也都不再有能力去支持龐大而豪華的 R&D 了！深受過去經驗主使，我從美國回來，領導了 TSMC 的 R&D，也一直強調 R&D 必須是"market driven"，而不是"technology"或"science driven"。只有在強勢的市場需求，R&D 才能生存，生存之後，才能在 technology 和 science 有所突破。

巨蛋內的晚宴

　　Philips 既然把 TSMC 當成家族中之一員，這次曾副總又親自領軍，Philips 自然以厚禮相待，當晚決定在 Philips Stadium (巨蛋) 招待我們。我們驅車前往，一路所經，都是 Philips 的轄區。Philips 的燈泡廣告霓虹閃爍不已，提醒我們除了高科技外，其他古老的民生產業，還是一個可賺錢，並且相當重要之產業。進入巨蛋，整個室內足球場空空盪盪，今天巨蛋是特別為 TSMC 而開的。我們也體會到一個跨國企業的氣派，擁有足球場，甚至可以影響整個世界的經濟脈動，真是不能不刮目相看。餐廳就設在足球場看台上，偌大的餐廳就只有我們二十來個人。桌上燭光搖曳，Mr. Blom 開口說：「非常抱歉，我們習慣用白蠟燭，而白蠟燭在台灣只有在特定場合才用的。」真是觀察入微。晚餐就在佳餚美酒中，以及愉快的寒暄中結束！

協商與承諾 (二月廿日，星期四)

　　今天一早又得趕路，我們又得從 Eindhoven 趕回 Nijmegen 開會。今天開會最重要的任務是瞭解 Philips 在 conventional MOS technology 方面之需求，以及如何在 TSMC 建立這樣的一套製程。CIC 的 product group manager Mr. Freer 就表示，為因應 93 年 DCC 的需求，Philips 所需是 0.8 μm C150 compatible process。Philips C150 和 TSMC 0.8 μm polycide 或 polygate 的製程，在 transistor design 相當不同。當天雙方就製程，P.C.M. spec.的同異提出討論，並初步交換如何在 TSMC 建立此一製程。在 F.C.的建議下，我們還把整個開發過程中，雙方該做的事務，以及開發時程都擬定下來。我個人相當喜歡這種有效率的會議，當雙方代表都在場時，把整個合作的架構都談下來。特別是這次會議，我們在不確定 Philips 之意圖，以及沒有充分準備之下，能有這種成果，相當滿意。日本人在這方面有一套令人 難忘的做法。他們在談判中，相當保守，甚且可以說沒有效率，但是他們在每次和顧客的談判中，一定會談出個結果， (經常不眠不休談到深夜)，更重要的是日本人不輕易答應，但一旦答應，一定能準時完成承諾。TSMC 和顧客接觸頻繁，如何協商，又如何承諾，是我們必須學習的技巧和藝術。

本文作者林茂雄副處長的簡報。

兵分兩路

　　Philips 三天的會議完後，我們就兵分兩路。F.C.，Rick，Siegfried，芸秋和我當晚必須趕到意大利米蘭，拜訪 SGS-Thomson。其他人馬當晚則暫時回到 Eindhoven，星期五無戰事，他們計畫沿萊茵河南下，大家約好星期日在德國南方的 Freiburg 會師。

　　話說我們當天下午四點多在 Nijmegen 開完會後，就直接驅車前往 Düsseldorf 機場。第一次領略到了 Siegfried 所常說的 low level flying (地面飛翔) 的感覺。由於必須把三天前在 Düsseldorf 開來的三部租車開回去還，因此 Siegfried 自己開了一部 BMW，芸秋和我則開一部 Audi，而 F.C.和

Rick 則開了一部 VW。由 Siegfried 帶隊，一路上風馳電掣，時速都在 170
公里以上，芸秋和我跟在 F.C.和 Rick 的 VW 後面，可以隱約感到 VW 要跟
上 Siegfried 的 BMW 有點困難。果真一到 Düsseldorf 機場，Rick 說他一路
油門踩到底，還是跟不上 Siegfried，真得把 F.C.和 Rick 恨得牙癢癢的。

一到十三的獨腳戲（二月二十一日，星期五）

當初決定到 SGS-Thomson，原本只希望做禮貌性的回訪，因為他們在
不久前才由 Mr. Bosson 帶了一群經理拜訪 TSMC。無奈 Siegfried 堅持要把
各個 technology 做詳細介紹，想到此我心裡就涼了一半。第一、R&D 只有
我一個人過來，第二、所有 technology 的投影片我沒有全部帶來（太重
了），因此早上一到 SGS-Thomson 得知他們真正期待我們把所有 technology
做一詳述，我即刻請 SGS-Thomson 幫忙做投影片（還好，紙張的原稿我帶
著），在 F.C. 和 Rick 分別介紹公司和 Fab 後，我就開始唱獨腳戲。從
technology roadmap 0.8 μm 5V/3V ASIC
process，mixed-mode process，SPICE
model 一直講到 SRAM，EPROM。在講
的過程中，SGS-Thomson 的經理一直想
獲得我們在 SRAM 和 EPROM 方面之細
節，因為這是他們的主力產品。另外，
他們對 oxide 的 quality 也相當重視，特
別是如何量測 oxide 之一些細節，問得相
當仔細。不錯，Oxide 就像是 IC 之心
臟，TSMC 的 oxide 一直還算順利，但是
不要認為這是天賦的，一個 IC 製造廠一
旦 oxide 出了問題，都很可能把工廠整

R&D 的一群──
左起：曾炳南、游秋山、陳家湘、
　　　許順良、王建光。

垮。當然不只 oxide 重要，到了次微米階段，在 IC 的製程中，可說是步步驚魂，每一個步驟都相當重要，絕對不能掉以輕心。

話說當天的秀雖然辛苦，總算順利過關。秀完後，雙方還談了一些生意上的可能性，在此暫且不表。

假日的好心情

四點多走出了 SGS-Thomson 的大門，整個人一下子鬆散了！一星期的奔波總算暫時畫上個句點。F.C.和 Rick 還有我晚上繼續留在米蘭。今宵何處去？回到 Collioni 旅館，問了櫃台何處去玩、何處吃晚餐，我們一行三人就決定先進城再說。

我們首先參觀了米蘭大教堂。教堂雄偉壯觀，由石頭雕刻而成，內部空空盪盪，微暗的陽光透過了富麗的彩色玻璃，和著燭光，使得教堂更顯得古老神祕。許多的子民跪在神像前，細說著人世間的疾苦、慘澹、掙扎、希望和欣悅。我們又踱到了附近的商廊，街道上方蓋有玻璃屋頂，在台灣經常看到「米蘭名仕服」的招牌，因此，我特別留意是否有特別風味之服飾，可惜不識貨，並沒有看出特別端倪。看看時間已近六點，我們就沿路找旅館櫃台所介紹的餐館。在彎曲的石塊鋪成的小巷裡，找到了餐館，從窗口一望裡面空無一人，心想一定是旅館抽頭所介紹的黑店。硬著頭皮，按了門鈴，老闆出來說，他們尚未開門，要到八點才開，歐洲人晚餐吃得晚，大部分餐館都很晚才開門。我們決定先找個地方，喝點東西，等到八點再回來用餐。找了一家啤酒屋坐坐，豈知一進門後語言不通，看著有些人拿著酒杯在櫃台的 snack bar 邊吃東西，有些人坐在座位上吃較正式的點心，又沒有 menu，真不知如何是好。好不容易迷迷糊糊點了蛋糕和香檳。可是不知我們所點的能否到 snack bar 吃東西，Rick 去站著吃了一些東西，沒人趕他，我也吃了一陣，那種不知如何是好的感覺，還真好玩。平

常總以爲只要會說英語，身懷美金就可走遍全世界，可是到頭來，英語和美金或許管用，可是行爲舉止總是迷迷糊糊，不知所爲。尤其後來到德國南方鄉下，問路點菜都相當困難，許順良在萊茵河畔問路都用台語，據說比較傳神自如，居然也能和德佬溝通。

八點我們準時回到餐館，果眞享受了一類美好的晚餐。

北方的意大利人長得俊美，輪廓分明的玉冠、白裡透紅的膚色配上烏黑的頭髮，眞是羅密歐與茱麗葉的畫像，只可惜義大利悠閒成性，難以在汲汲營營的競爭中力爭上游。我們在米蘭共搭了四次計程車，車程相似，可是價格卻是可以從五萬里拉，高到十萬里拉，眞是離譜的很。到了周末更是什麼事情也動不了，我們在周六，叫了計程車到機場，足足等了上把個小時，才見車子姍姍而來，司機到了也不出來叫人，自顧自的拿著大哥大講話。一路上大哥大講個不停，到了機場還在講，這種懶散的態度，眞可蔚爲一奇！

會師 Freiburg (二月二十二日，星期六)

今天我們必須趕路，到德國南方的小鎭–Freiburg，和另一大半人馬會合，以準備在星期一拜訪 ITT。我們從米蘭飛到法蘭克福，然後搭火車南下到 Freiburg。我們約在下午四時左右到達 Freiburg，下榻於 Colombi Hotel。Freiburg 是個古老的山城，古老的石板路、震人心弦的教堂鐘聲，叫人想像起古老歐洲的景象。有時想起怎會到這麼一個思古幽情的小城來談高科技 IC 的生意呢？物換星移，陰錯陽差，世事倒也眞難逆料。在這種地方發起野來，到外面餐館吃飯也眞不容易。菜單看不懂、語言不通，伸手往菜單一指，端出來的菜經常是食不下嚥，當然粗糙的德國菜也是原因之一，這時候最保險的方法就是留在旅館用餐，有英文的菜單，找會說英文的侍者，可說是萬無一失。倒是 R&D 的一群人，吃到了德國豬腳，據說

是用畫出來的，我們這些年紀大的人腦筋僵硬，眞是自嘆不如後生。

晚上 R&D 的一群果然無誤的來到 Colombi 旅館會師，當下決定 F.C.、Rick 和我三人有瑞士簽証的人隔天到瑞士一遊，其他 R&D 人馬由識途老馬游秋山帶隊，在德國南方尋幽訪勝。

山光水色雪景（二月廿三日，星期日）

歐洲到處蕞爾小國，不管經商或旅遊，要遊歷各國總是煞費周章；加上人們對沒有去過的地方，總有更多憧憬和迷濛的希望。因此住在甲國的旅館，必想到乙國一遊；反之，住在乙國的遊客則必驅車往甲國一遊。我們就在這種心境下，開車到了瑞士一遊。

我們三人由 Rick 開車，從 Freiburg 南下，在 Basel 入境瑞士。Basel 是瑞士僅次於蘇黎世的第二大城。路經時但見煙囪林立，是個化工重鎮。萊茵河就此蒙塵，無怪乎德國人抱怨瑞士把污水都流給了他們。

過了 Basel 後，我們就直奔 Luzern。到的時候，還相當早，但見湖光山色，頗有一股寒意。Luzern 最有名的就是 Kapellbrüke，這是個有屋頂的橋，沿著橋走，屋頂的懸樑上掛滿了畫，無非是歌頌悼念瑞士歷史上的英雄人物。Luzern 附近和瑞士的歷史和建國息息相扣，可以說是瑞士的發源地。整個城傍著 Luzern 湖以及 Reuss River 而建，白牆紅瓦，相當美麗。

之後，我們決定取山路，到 Interlaken 一遊。沿途山路，彎彎曲曲，路旁白雪茫茫，一路盡是山光水色，最令我難忘還是藍色的湖水。印象所及那樣的藍色湖水，以前不曾看過。不知是沒有污染之緣故，還是緯度高，山水配對，編織出如此美麗的彩色。

Interlaken 位於雙子湖（Thun 和 Brienz 湖）之間，兩湖之間就經由一條小溪流互通聲息。站在 Interlaken，但見四周高峰聳立，其中包括頗富盛名

的少女峰 (Jungfrau)。由於此處是觀光勝地，再加上附近有不少滑雪場，因此有火車爬經此處，我們在火車站附近逛逛，又繼續上路，公路沿著 Thun 湖邊，經由瑞士首府 Bern，再回到出發點入境德國。

回到 Columbi 旅館，Siegfried 和芸秋也都來了，再加上 R&D 的一群人，大家聚集在這德國南方之小鎮，準備明天和 ITT 的會議。在這麼幽雅的小鎮，我也感染了一份浪漫的情懷，心中絲毫沒有一分 business 的意念。總覺得 ITT 在此就像一群不對勁的人在一個不對勁的地方，幹一些不對勁的事情。

嚴肅的會議 (二月廿四日，星期一)

這裡的風景古蹟幽雅浪漫，可是這裡的德國人可真嚴肅。今天整天和 ITT 的會議裡，沉悶得令人發慌，沒有笑容的正襟危坐了一天，可讓人想起了悲觀的德國哲學家，以及陰鬱寡歡的德國音樂家。

ITT 在一年多前，在 TSMC 二廠 module A 剛試車生產時，曾有相當大的量，主要是電視相關的晶片。可是輝煌一陣子後，由於市場萎縮，以及公司改組，也就中斷了。我們去的時候，他們正等著市場景氣回升，以及歐市電視標準規格能早日確定。D2-MAC 是歐市未來電視的標準規格，目前 Philips，Siemens 以及 ITT 都全力以赴的去爭取這廣大市場。

我們由於原班人馬都在，因此也將公司、二廠，以及各種製程技術做了詳細介紹，尤其是 mixed-mode，以及 OTP 方面的製程。其中值得一提，並讓我感到驕傲的是 TSMC 在技術上的明顯領先，ITT 在 LOCOS 的 bird beak 一直停留在 0.4 μm/side。他們最近唸到 TSMC 在 Journal of Electrochemical Society 上發表的有關 PBLOCOS 製程的論文，也就照章全收了。他們看到我們去了這麼多人，很高興能當面跟 TSMC 學幾招。那知幾番問答後，才知道我們沒把 PBLOCOS 用在生產上，真是好生氣餒和覥

腴。但是游秋山還是上台把如何做好 PBLOCOS，以及 LOCOS 的幾個關鍵做了一番闡述。

在科技猛進的今日，唸起論文要格外小心。只有當你的知識和情報比別人先進，你才有能力辨別論文中所言是否能上線生產。當年 Toshiba 進入 1M DRAM 時，據說曾經耍詐。他們在 ISSCC 會議發表了用 trench 製成的 1M DRAM，「誤導」其他 IC 廠走向 trench 之途，而自己卻走 planar capacitor 之路。Toshiba 就此在 1M DRAM 稱霸。這種「誤導」心術，當然為業界所不齒，就是商界也交相指責。但是換個角度來說，也只有當你的知識和情報，領先別人，才有足夠能力去誤導別人。這也就是台灣今日不能不在研發上繼續投資的一個理由。

ITT 對於 ESD 和 latch-up 相當重視，這也就是我前面已經說過的，我們在這方面要再繼續加強。大致來說，ITT 相當誠懇的希望和 TSMC 做生意，我相信只要歐洲經濟景氣回升，ITT 必可和 TSMC 再度攜手合作。

慕尼黑豐盛的中國餐

四點多走出 ITT 後，我們一群人得趕路回 Eching，準備明後天和 Siemens 的會議。這次我們也是兵分兩路回 Eching。F.C.和 Rick 搭乘 Siegfried 的大朋馳，而我和其他人則搭火車回慕尼黑。隔天聽說，F.C.一夜惡夢難眠，因 Siegfried 一踩油門即達時速 240 公里，加速和煞車可真把人整慘了。我們搭火車的一群人，在晚上 10 點過後，到達慕尼黑。走出了火車站，在芸秋帶路下，步行到了對面的一家中國餐館。店東是芸秋的朋友，幾天下來，大家不嚐中國菜，加上又已深夜，飢腸轆轆，一碗麵，一碟鍋貼，加上德國啤酒，讓大家吃得直呼過癮。整個景況，只可用狼吞虎嚥來形容。德國菜真是一無是處，幾天下來把大家整得慘兮兮，但是德國啤酒，可是呱呱叫，直讓大家回味無窮。

歐陸的電子巨人──西門子 (二月廿五日，星期二)

早上一起來，大家就在談著二月產量的問題。二月只有二十八天，雖然人在國外心繫台灣。因此在早餐桌上，大家就像是早餐會報一樣的報告公司的大小問題。

我們將和 Siemens 會談兩天。今天先談 logic/ASIC 的製程技術，明天則專談 4M DRAM 的合作計畫。今天的秀相當重要，一則 Siemens 是歐陸的電子巨人，我們可不能在他們之前獻醜，二則 Siemens 在 telecommunication 和 TV 方面，都有相當大的生意，因此我們希望在這方面能有所斬獲。

Siemens 以 DRAM 做爲 technology 的 driver，因此而導出 logic/ASIC/mixed-mode 的製程技術。如同大部分民生產品公司一樣，Siemens 在 BiCMOS，high voltage 製程技術也有相當的發展。另外 Siemens 也有 embedded EEPROM / Flash 之製程。

今天整個秀相當成功，我相信 Siemens 對於 TSMC 在製程上的能力一定相當信服，這也是我們回來後，Siemens 千方百計的要我們答應幫他們製造 4M DRAM 之原因。

步步為營的談判 (二月廿六日，星期三)

談起 Siemens 和 TSMC 之間關於 DRAM 的委託製造，可說是路途崎嶇。1M DRAM 的合作，做到了一半，胎死腹中！如今 4M DRAM 又來了，大家總是小心爲是。

平心而論，Siemens 是有意要在 TSMC 做 foundry，但是 Siemens 老不願意把她的 4M DRAM 製程告訴我們。沒有足夠的 information，我們實在很難決定是否可以接下這筆生意。大家也都僵持在那裡。我們希望能藉此次之見面，大家更進一步開誠佈公的談談。

　　早上在會議桌一坐，我們的人 (十人) 並不比 Siemens 的人少，也可見 TSMC 是如何有誠意的來。可是談判一開始，Siemens 卻一直不願意把整個 process 對我們詳述，尤其是關於所需的設備，更不願透漏隻字片語，只得由我們告訴他們我們製程設備，而由他們說可不可以用。我心裡老是不高興，因此中午 F.C.問大家意見時，我堅持不能有任何讓步。我們希望 Siemens 能把技術移轉給 TSMC，而不只是在 TSMC 做 foundry 而已 (當然這也是 F.C.一直希望的合作方式)。因此午餐後，F.C.表明 TSMC 的立場。Siemens 在場人士也都是技術出身的經理人，我可以感到他們已經充分了解 TSMC 的立場，同時我也可以感覺到 TSMC 的立場使他們體會到 TSMC 對每個合作案的慎重態度。我也很爲我們這次能擇善固執而感到驕傲。我們每接一個案子最重要的是成功。TSMC 如此堅持，一方面固然因爲 trench DRAM 難做，一方面我們也可以藉此探出 Siemens 有多大的誠意和我們合作。

　　會議就在正如所預期的沒有結論中結束。當然雙方都花了功夫，雖然有點浪費，但是也讓我們認識學習到如何和電子界的巨人談判。當然我覺得我們和 Siemens 之間必需繼續保持連繫，尤其在談判中，大家已經更進一步的認識了對方。

　　Siemens 談判完後，我們告別了慕尼黑，建光、秋山、家湘就此打道回台，我們其他人則趕往比利時的布魯塞爾，準備拜訪附近的 Mietec，以及在 Sheraton Airport Hotel 的一場秀。

當場下了個 Super Hot Lot (二月廿七日，星期四)

　　Mietec 是通訊大廠 Alcatel 屬下的微電子公司，專長在 ASIC 方面。我們這次拜訪他們在 Oudenaarde 的公司總部和製造工廠。由於 Mietec 原來就有一產品在 TSMC 做 prototyping，因此，許順良和劉芸秋早我們一天到

達，做 working level 的討論。我們到達布魯塞爾就聽說 Mietec 希望下一個 Super Hot Run。當然 ASIC 的產品，趕時間是相當重要的。可是歐洲的整個步調緩慢，會要 Super Hot Run 倒是大出意料之外。

　　我們到了 Mietec，也趁機把公司、工廠以及製程做了一個詳細介紹。整個看起 Mietec 和 TSMC 有很好的 match。只是我們去的時候看到他們新廠都已建好，在明年四月就開始生產，因此是否能夠有 foundry 生意，沒有相當把握。

機場旅館的發表會（二月廿八日，星期五）

　　今天是一場發表會，Siegfried 和芸秋花了很大工夫，找了六家廠商到旅館來參與我們的發表會。這六家分別來自荷蘭、法國、英國、愛爾蘭，以及北歐。這也是個相當難得的機會，我們不用奔波，就可以一次對六個客戶推銷我們的製程技術。因此我們全體也盡力的發揮，把一到十三的項目都逐一做詳細的介紹。

落單（二月廿九日，星期六）

　　由於二月 Fab-2A 產量看來不是很樂觀，再加上到瑞士去拜訪 Philips 在 Faselec 之目標不很清楚，因此 F.C.和 Rick 決定改變行程，在此和炳南、順良一齊打道回台，只剩我一個到 Zürich 去單打獨鬥。我只好又是一到十三的去唱獨腳戲了。

　　我在中午時分，一個人到了蘇黎世。下午沒事就到城裡去逛。由於商店在四點就打烊，只好做 window shopping。和我同車入城的老美觀光客，就說 window shopping 既不花錢，又可過乾癮，真是旅遊的好方法。我沿著 Bahnhof Strasse 往蘇黎世湖逛去，但見所有陳列品，手錶、服飾、鑽戒，真是巧奪天工，仿佛是到了一個陳列館，而不像是在賣的商品，看看標

價，眞另人咋舌。回想一下，在台灣時，某些場合，看到巨商富婆們穿的、戴的，才知道這些東西的來源，也才了解他們身上的穿戴可值得上小老百姓的一棟住宅。人間之富貴，眞是不可同日而言。我逛到湖邊，想起人世間的一切榮華富貴，就如水煙霧花，雖華美而不實，不如這沉靜的蘇黎世湖沉默而永恆。心中一想，再往回逛時，已能細細體會這些巧奪天工物品之美了！

他鄉遇故知 (三月一日，星期日)

說起歐洲的旅館，我最喜歡還是他們供應早餐。尤其我住的 Sheraton 旅館，依山而建，坐在餐廳，蘇黎世的山光水色，可以一覽無遺。加上新鮮的水果以及各式各樣的 Cheese，眞是一大享受。

用完早餐，我就決定再入蘇黎世城逛逛。再度經過 Bahnhof Strasse 之昂貴櫥窗，來到蘇黎世湖邊。一個城市只要有水，則令人感到清靈。我在哈佛念書時，最喜歡的就是流經劍橋的查理士河。畢業那年，我到美國各地找事，總覺得其他城市不對勁，也許其他城市缺少了那麼一點水吧！我在湖邊踟躕而行，湖邊到處鴿子、海鷗行走，遠望山映著水，多少世事，在此盡可拋棄。再度的，我幾乎不知爲何來到這樣的一個地方來談 IC 的生意。這種地方也許只適合哲學家、詩人、音樂家、銀行家、觀光客，以及製造機械鐘錶的老匠吧。我因爲等著兩點才開始的 city tour，因此就在湖邊的椅子坐下來發呆。不久，但見兩個東方人遠遠的走過來，近得一看，卻是蔡能賢和張朝榮，眞是意外。他們兩人此次也到此地來和 Philips 談 SAC 產品移轉事宜。當下我們就決定，一起參加 city tour。city tour 介紹了不少著名的瑞士銀行、教堂、採購區、名貴的住宅區、博物館。

MOS 對 SAC (三月二日，星期一)

今天在 Siegfried 的巧妙安排下，我又得唱獨腳戲了。早上一到 Faselec，蔡能賢和張朝榮就分路去談 SAC 產品轉移，而我必須面對二、卅個 SAC 的 designers 來大談 MOS 的製程技術。Siegfried 打的算盤是希望在 Faselec 關門後，這些 designers 能開始考慮用 MOS。因此在我講解的過程中，問題一直繞著 SAC 好呢，還是 MOS 好呢！我一直講到下午才把整個內容講完。對 Faselec 的 designer 來說，這也是難得的機會去了解 TSMC 標準 MOS 的製程。

歸心似箭 (三月三日，星期二)

終於可以回家了！大概是生疏的原因，在歐洲待了兩個多星期，感覺上彷彿隔世。一般來說，如果到美國，兩個星期的行程，我還能忍受。這樣的感覺也許道盡了為什麼我們在歐洲的生意一直做不來。歐洲對我們大部分人來說，不祇地理上的遠，在心理上也讓人覺得遠。歐洲的市場是存在的，可是如何打開這個市場，不是一蹴可幾的。

歐洲人悠閒安逸的生活，真教人捏把冷汗。當全世界的人都汲汲營營努力不懈的時候，歐洲仍然是啤酒加休假。我常想，美國地大物博，美國人也相當努力，在面對日本、太平洋邊陲四小龍，尤還招架不住。歐洲一旦門戶開放，當比美國更慘。但是歐洲這樣的蕞爾小國林立，漫無標準規則，也許是他們保護自己的最佳良策，也許也是 TSMC 進入歐洲的最大困難吧？

附錄 C　活在四度空間裡

　　此附錄收錄 1976 年出刊的第 19 期台大物理系系刊《時空》，我寫的一篇文章。該文是我 1976 年在高雄縣大樹鄉聯勤兵工廠服預官役時寫的。我是火藥硝化棉廠的技術官，當時大學剛畢業，被負予重任，突然覺得自己成為真正的男人了！該兵工廠位於山谷中，面臨高屏溪，背後是佛光山，滿山滿谷的荔枝園。在夜深人靜的夜晚，很容易陷入沉思。想起大學時念的似懂非懂的特殊相對論及量子力學，不知道自己所處的時空為何方何物？因此，有感而發的寫下了這篇「活在四度空間裡」的文章。

　　以下就是該篇文章：

活在四度空間裡

　　住在山間的人們是很幸福的。自然貢獻出莊嚴的寧靜，山間的人們回報以冷靜的思緒。

　　如果是你，在山谷中的子夜裡，而桌上擺的是費因曼的名作 Feynman's lectures on physics，難道你不陷入很深很深的凝想嗎？

■壹

　　人們擁有四度的空間，可是卻只活在二度空間裡！[註一]

　　在處理電子的運動時，轉動了幾次座標系統後，自己都糊塗起來了。書上說：如果你是空中的飛鳥或是水中的游魚，對於三度空間的感應也許更靈敏，就不會有這種困擾了。

的確如此。自然賜給人類一箇完美的四度空間，可是人們卻經常的遺忘了向上的高空和亙古的時間，而只活在二度的平面上。於是，在這二度空間裡，乃有了擁擠、窄小、摩擦、偏狃、衝突、笨拙等徵象。

朋友，你有二度空間的煩惱嗎？何不抬起頭來，仰望那萬里晴空？何不把心靈投入亙古往來的時間長流裡？你將發現你所擁有的，竟是如此完美的四度空間。

■貳

在相對論的眼光裡，人們擁有四度空間，就像每天踩踏著馬路上班、上學一般的眞實。

時間和東西南北上下，完全是相同的一回事。只是我們用「秒」作單位來量它，而不用「米」作單位來量它罷了。如果你願意，你大可用「米」來量時間，那是完全正確的事。[註二]

在西方的古老寓言裡說：北方是箇「神聖的方向」，因此，凡是勘量北方的長度，一律須用「哩」作單位，不可採用「米」、「呎」等其它單位，否則就有褻瀆神聖之嫌。

我們所以經常採用「秒」來作時間的單位，而不用「米」作單位，只不過時間是箇「神聖的方向」罷了。

的確，時間是箇「神聖的方向」。

朋友，在這時間的方向上，你必須敬謹的前進。如果你覺得你擁有的「有生之年」太短了，因而頹喪，那你何不在這一方向上，往後回顧，那將發現，那許多的「有生之年」不是串綴成璀璨的歷史嗎？你何不往前瞻望，那你將發現一箇永無止境的永恒未來。

■參

科學上經常遭遇到的困難是：要觀察某一現象，結果這現象受到觀察的擾動，所觀測到的已不復是本來的面目了！

因此書上就提出一箇很玄很哲的問題：在一無人煙的荒山中，一棵樹倒下，那麼是否發生轟然巨響呢？這問題，誰也說不上來。因爲沒有人聽到，「轟然巨響」代表著什麼意義呢？除非你是無所不在的空氣，才能感受得到，樹倒下時，是否使空氣振動，而產生聲響。

於是，我想起了一個故事。

故事說：有一個主管，兢兢業業，事無巨細都管。有一天，他突然生病了。幾天後，病癒歸來，發現一切事務仍如以前一樣的正常進行，他無法忍受這種「原來我畢竟不是舉足輕重」的殘酷事實，隨即又病倒了，從此再也沒有好過。

這主管眞是英雄氣短。孔夫子不是說過：「天何言哉！而四時行焉，萬物生焉。天何言哉！」的話嗎？不管科學家有無辦法解釋自然現象，自然仍舊依著它本來的面目生生不息。伽利略宣稱地球不是固定不移的中心後，被捕下獄，強逼下跪撤銷他的學說，雖然他撤銷了，可是傳說，他曾低聲的說：「我雖不說，地球還是會動的。」這是何等的至理名言。

朋友，「天行健，君子以自強不息」。自然，該是一箇最典型的模範了。

■肆

人的智慧是無止境的。進展雖然緩慢，但人類總是逐一的揭開自然的奧祕。

傳說中，牧羊人麥葛尼斯 (Magnes)，趕著羊群到了磁礦山附近，他的鐵製牧羊杖不斷的碰到鞋釘，於是他發現了「磁」。現在我們就用他的名字

當作「磁」了： (magnet) 這是多麼美而浪漫的傳說。

可是有時候，人類爲了揭開自然的祕密，卻付出頗爲昂貴的代價。十八世紀中葉，聖彼得堡地方的科學家萊錫曼 (Richmann) 爲了證實富蘭克林有關電的實驗，竟遭雷擊斃。爲了紀念他，人們將雷電對他身體各部器官的影響，詳細研究，作成報告，發表在著名的期刊上。於是，一箇「智慧的鬥士」，在時間的巨流裡刻下了永不磨滅的斑痕。

再說，法國科學家亞拉汞 (F.J. Arago) 的曲折命運吧！亞拉汞和畢爾特 (J.B. Biot) 都是雷磁理論的先驅者[註三]。在十九世紀初葉，兩人受命前往西班牙附近島嶼堪察地形結構。那時正是拿破崙橫掃歐洲時期，結果兩人被誤認是法國派來的奸細，而被拘捕。亞拉汞從獄中逃到阿爾及斯 (Algies，阿爾及利亞之首府)，然後划著小舟逃回法國，當他幾乎看到馬賽港，正熱淚盈眶時，卻被一箇西班牙戰士逮捕了！

今日我們研讀這些先賢的電磁理論時，實在很難想像這些先驅者的曲折命運。

爲了解除人類的無知，許多唐詰訶德式的人們在荒涼的國度裡辛勤的耕耘。

如果你聽說：在十三世紀時，海上的水手絕對禁止吃大蒜。因爲他們相信：大蒜的味道，使得磁針不能指北了。你覺得好笑嗎？

如果你打開「磁的歷史」，你將深深的被感動了！「無知」的神祕，令人扼腕，但人類總是及時回頭，終究走向正確的方向。

如今，人類對於「生命力」、「意志力」、「第六感」的無知，不正如當初對於「磁力」的無知一般嗎？[註四]

朋友，你是否被許多「無知」困住了？如果你的心靈站到四度時空裡，就憑這麼一點信念，人類終將揭開許多神祕，走向正確的坦途。

■伍

在物理學裡，「粒子學說」和「波動學說」曾爭執得喧囂塵揚，而結果是：電子既是粒子，亦是波動。如果你願意說：電子既不是粒子，也不是波動。實在也不算大錯。[註五]

所謂是粒子，或是波動，只是在於電子之間有無「干涉」(interference) 行為而已。如果電子獨來獨往，不互相干涉，我們就說：它是粒子。如果電子牽纏糾葛，互相干涉，我們就說：它是波動了！

原子、分子的微觀世界中，多少千奇百怪的現象，都由於干涉的緣故。

然而，干涉有兩種：一種是建設性干涉 (Constructive interference)，另一種是破壞性干涉 (destructive interference)。所以會有此之分，乃是由於波動的步伐的節拍而起 (亦就是相位，phase)。如果它們步伐一致，則產生建設性干涉；如果它們步伐不一致，則產生破壞性干涉。建設性干涉使我們在原來只能找得到一、兩箇電子的地方，找到更多的電子；而破壞性干涉，卻使我們在應該找得到電子的地方，找不到電子。

朋友，每人都可以做得像「粒子」，也可以像「波動」。如果你願意做箇「粒子」，那麼你就獨善其身吧！如果你願作「波動」，那麼你必須調整你的步伐，使它們產生建設性干涉，而不產生破壞性干涉吧！

■陸

當然，社會科學是比自然科學複雜得多了！不過如果我們異想天開的想用自然科學的方法來譬喻一下人文科學，不是也頂有啟發性的嗎？

如果我們能找出一箇描述每箇箇體活動的微分方程式，加上一些起始條件 (initial condition) 和邊界條件 (boundary condition)，我們就可以把社會掌握在我們手中。[註六]

如果人真是可以像原子、分子般的處理，那麼「教育」在這種譬喻的數學中，相當於什麼？

在數學中，一箇微分方程式，如果加上「邊界條件」，則所得到的解是幾個特徵函數 (eigenfunction)，對於每一箇特徵函數，有一特徵值 (eigenvalue)，而邊界條件則經常使這些特徵值不連續。[註七]

如果說「教育」相當於「邊界條件」，那麼教育所造就的，就只是一些「特徵人物」，換句話說，是同一箇模子出來的幾種特定產物而已。這種教育絕不是正確的教育方式。

如果說教育相當於數學中的「起始條件」，那又如何呢？教育給予每箇人一箇「起步」。每箇人在這起步上，獨立的發展天賦才能。當然，他們的發展過程，受著海森堡 (Heisenberg)「測不準原理」(uncertainty principle) 的支配。

測不準原理說：一電子的位置如果可以精確量度，則它的動量就可以無限制了 (無法量度)，反之亦然；如果時間可以精確量度，那麼能量也就無法精確量度，反之亦然。

同樣的，每箇人在「起步」以後，可以在某方面無限發展，終至不可量度。雖然在某些方面它們必須放棄，但只有如此，才是正確的教育。

朋友，如果你是箇從事教育者，可不要在天真活潑的學子身上，加上太多的「邊界條件」。你應該帶他們到一箇「起始點」，打開一切禁忌，放上箇「測不準原理」，讓他們自由的向前衝，衝入許多平常我們所不可能到達的境界。[註八]

×　　　　　　×　　　　　　×

愛因斯坦在給好友柯布瑞 (Le Corbusier) 信中，曾寫道：「讓錯誤的理

論複雜困難，而正確的理論簡單易懂吧！」(making the bad difficulty, and the good easy.)

　　說來，特殊相對論的基本假設[註九]，比歐氏幾何學的公設簡單，就是比起駕車規則，也簡單多多；可是幾世紀以來，人們對於歐氏幾何、開車，駕輕就熟。可是直到七十年前，相對論才初露頭角，為什麼呢？

　　並非自然是這麼的晦澀難懂，而是人們一直從最曲折、最難懂的角度來看自然的緣故。

　　朋友，當你被座標系統轉得昏頭轉向時，何妨放下筆來，翻它幾個跟斗，站到四度空間來，那麼你將發出會心的微笑。

[註一] 四度空間指時間、東西、南北、上下四度，而人們卻只生活在東西、南北的二度平面上。雖然高樓向上發展，但在樓上也只是生活在平面上。

[註二] 我們可以設計一箇「米鐘」，這箇「米鐘」以兩塊相對的鏡子構成，兩鏡間的距離相隔 1/2 米。一道光線在兩面鏡子間往復反射，則每次光線回到第一面鏡子時，我們就說這是「滴答」一聲，光線所經過的距離為 1 米，我們就定義這樣的時間長為 1 米。所以我們可以說：

$$1 \text{ 秒} = 3 \times 10^8 \text{ 米時間}$$

我們平常在一座標系量得 x，y，z，t (用秒作單位)，如果把 t 改用米作單位，則我們可以得到一箇不變性 $x^2 + y^2 + z^2 - t^2$ (也即是我們常見的，$x^2 + y^2 + z^2 - c^2t^2$，如果 t 用秒作單位。)

[註三] F.J. Arago，是第一個向法國科學院提出 Oersted 現象研究報告的人。Oersted 在 1820 年發現導電線附近的磁針會偏轉。J.B. Biot 在磁學上最著名的貢獻就是：Biot-Savart law，描述電流和感應磁場間的定量關係。

[註四] 報章雜誌上所載集中意志力可使東西移動，以及「第六感」的事情，都是謎樣的問題。現在已知自然界有四種基本力 (fundamental force)： (1)

重力 (gravitational force) (2) 電磁力 (electromagnetic force) (3) 強作用力 (strong interaction) (4) 弱作用力 (weak interaction)。也許這種力不在這四種之內。這種困擾,不正如當初人類找不出磁的理論的情形一樣嗎?

[註五] "dual property" 似乎是現在已經被人們接受的觀念了!到底是粒子,或是波動,就在於你所用來觀測的設置了。如果你用另一 particle 去打電子,那麼電子當然是 particle 了! (此即 Compton effect)。如果你用雙狹縫去觀測電子,那麼它就是波動了!

[註六] 這只是異想天開罷了!我們根本無法找出這樣的微分方程式、起始條件、邊界條件。除此之外,我們又如何把每個人的意志、心理考慮進去呢?

[註七] 最簡單的例子:

微分方程式

$$\frac{d^2\psi}{dx^2} + k^2\psi = 0$$

邊界條件 (1) x = 0 ψ (x) = 0

(2) x = 1 ψ (x) = 0

則得 Eigenfunction ψ (x) = A sin (kx),x 是常數

Eigenvalue k = nπ / 1, n 是正整數

[註八] 量子力學中,在 square well 中的電子,可以穿透一點點「能量障壁」,此乃由於「測不準原理」之故,這在古典理論中是不可能的。

[註九] 特殊相對論的兩個基本假設:

(1) 在等速相對運動中的兩個座標系統中,所觀測到的物理定律是相同的。

(2) 光速恒定。

這兩個假設,比起歐氏幾何中的公式,以及行車規則,簡單多多!

附錄 D 我心長悠悠——禾里

《時空》是台大物理系系刊。《時空》系刊每年出刊一次，在我那個年代，慣例由大三那班主辦。1974 年，我大三時，主編 17 期《時空》系刊。

底下再分享我當年用筆名「禾里」在該期的《時空》寫的一篇文詞，主要是在探討如何了解自然物理。文中寫了四個方法：

1. 用心
2. 數學
3. 繪畫
4. 情感

在本書的第二章，我寫到：

「當你了解電晶體的運作原理後，再低頭看看手上的 iPhone，彷彿可以看到電子的形影，聽到電子的足音，進而摸到電子的身體，甚至細數電子的數目。」

沒想到這種想法和感覺，竟然源自於將近 50 年前，我還是大學生時寫的這篇文章，讓我驚嘆連連！此文中提到的景點是從台大校園走過公館水源地，到新店溪的溪畔。沒想到，過了快 50 年，還是無法了解宇宙萬物，人生苦短！

以下就是該篇文詞：

我心長悠悠

看了費因曼的三冊關於物理的演講，我決心用「心」去感觸物理。

死靜的平衡，成了耀動的安寧；巨觀的寂靜成了微觀的繁富！

用手幾乎觸到每個原子的心臟，用耳幾乎聽到每個電子的足音，用眼幾乎看到電磁波的豐釆！

後來，我又看了費因曼的其它著作，其內充滿了數學式子，我決心用「數學」去感觸物理！

千變萬化成了三言兩語；星球的運轉正在掌握中，過去與未來皆可追尋！

長空萬里，互古歲月，僅不過是數式中的四個變數而已！

有天，我漫步溪畔，心坦情淡，時值朝陽初昇！

近處，蘆葦臨風搖曳；稍遠處，溪水無言奔流；再遠處，山峰繚繞；朝陽正從兩山交接的空隙間昇起：

我用心欣賞此幕，歡欣復激動！

心緒稍平，我試以空間和時間的坐標描述此景，亦頗覺心滿意足！

畢竟，總覺不能盡透淋漓！

改天，我帶了畫架和畫具！

曠溪舖紙，臨風把筆，心坦情悠！

一心描繪，幾經修飾，終至告成！

於是，我又進入另一層次，用「畫」描述景象，感觸物理！

抽象的理論，頓成清晰的模型，艱澀晦暗，鮮明顯現；僅是畫筆有時而

拙，未能窮盡，物理有時未具其形，卒不能具體描繪！

我再度來至溪畔，溪水仍奔流，遠山依舊在，旭日正東昇！
溪水奔流，永不枯竭；日出日落，卒莫消長！
我心悠悠，長悠悠！

附錄 E　反摩爾定律的高速公路 Freeway 傳輸 技術

　　此附錄收錄我在 2005 年出刊的《無晶圓廠半導體聯盟》(Fabless Semiconductor Alliance，FSA) 雜誌 (Vol. 12, No. 3, Sept. 2005) 發表的一篇文章。此篇文章是當年我為了要推展米輯科技首創的晶片上的高速傳輸線路 Freeway 技術而寫的。在這之前，米輯已經在 IEEE 論壇及刊物上，發表了幾篇關於 Freeway 技術的論文。那時，我覺得要推展 Freeway 技術，可能需要在非技術性的半導體雜誌發表文章，因此費心的寫了這篇文章，並選擇發表在當年全球半導體業界廣為傳閱的 FSA 期刊。

　　我特別把這一篇文章做為本書最後一個附錄，而且刻意不翻譯成中文，直接就用 FSA 發表時的英文版呈現，因為這篇文章寫的 Freeway 技術是「反摩爾定律」，是本書所寫的「摩爾旅程」中的一股逆流。文章中所說的 Freeway 技術，還成為 2009 年世界最大的通訊公司購買了我創辦的米輯電子公司的主要原因。

　　在此值得一提的是無晶圓廠半導體聯盟 FSA 的歷史。FSA 可以說是因應台積電的半導體純代工模式而生；相對於純代工 (pure foundry) 商業模式的台積電，另一個面向就是無晶圓廠 (fabless) 商業模式的晶片設計公司。

　　1990 年代初，台積電美西市場行銷辦公室的同仁經常帶著我和研發人員，一家一家的去拜訪客戶，介紹台積電的製程技術和聆聽客戶的需求。1992 年，台積電美西市場行銷人員聽說有三間名字以「A」開頭的公司 (Altera、ADI 及 Adaptec) 定期聚會，討論與台積電相關的議題，這三家公

司分別專注在 FPGA、類比和鍵盤控制的晶片設計。那時台積電的市場行銷人員即主動連繫這「3A 連結」的公司，甚至帶我和研發人員去參加他們的聚會，介紹台積電的製程技術。那時，台積電認為這樣可以一次將製程技術同時介紹給幾家客戶的行銷方式，省事有效率多了，就開始有了舉辦 TSMC 技術論壇的構想。1994 年，台積電在美國聖荷西機場 (San Jose Airport) 附近的 Double Tree 旅館舉辦第一次 TSMC 技術論壇 (TSMC Technology Forum)，吸引數十家公司及二百多位聽眾，喜出望外。相對的，客戶端也在同年成立了無晶圓廠半導體聯盟 FSA。

2000 年前，半導體產業的霸主都是自己生產自己設計的晶片，也就是所謂的垂直整合半導體公司 (Integrated Device Manufacturer，IDM)。可是到了 2007 年時，IDM 公司幾乎一一被台積電的客戶，亦即新興的無晶圓廠半導體公司所取代或打敗。而原來的 IDM 公司也逐漸縮減晶圓生產製造的規模，變成輕晶圓工廠 (Fab-Lite) 半導體公司，甚至完全退出晶圓生產製造，轉而加入無晶圓廠半導體公司的行列。這是半導體積體電路產業一個商業模式創新而非技術創新的史詩級篇章。

FSA 於 1994 年成立，1997 年到 2007 年可以說是 FSA 的全盛時期。那時候，FSA 每季出版的期刊，幾乎是半導體從業人員必看的期刊。無晶圓廠半導體聯盟 FSA 在 2007 年改名為全球半導體聯盟 (Global Semiconductor Alliance，GSA)。物換星移，如今，雖然晶圓製造代工產業的盛況有增無減，但整個產業生態已經改變，FSA 季刊也不存在了。

在這裡要特別謝謝好友陳寬仁律師，在 2005 年投稿 FSA 前，幫忙做最後的編輯 (edit) 及潤飾 (polish)。

以下收錄我發表於 FSA 關於 Freeway 的文章：

REVERSE SCALING THEORY:
POST-PASSIVATION TECHNOLOGY

IS IT AN EMERGING ARCHITECTURE THAT ACCELERATES
MOORE's LAW OR REVERSES IT?

MOU-SHIUNG LIN, FOUNDER, CHAIRMAN AND CEO, MEGIC
CORPORATION

In the past, we have all been faithful followers of the scaling theory (further articulated and popularized as Moore's law) , which establishes a scaling constant for the geometry and voltage of each successive generation of IC technologies. At a time when the world seeks to master the "nanonization" of metal line dimensions, a proposal to fabricate 5-micron thick metal with relaxed design rules appears to be "out of line" with the scaling theory. Besides, even if the proposal had its technical merits, a commercially viable fabrication infrastructure was non-existent - at least not until now. But what are the technical merits and what exactly will an IC designer do with 5-micron thick metal on an IC wafer? Below is an introduction to Post-Passivation Technology.

EVOLUTION OF IC INTERCONNECTS

Since the invention of the IC, packing more transistors onto a single chip has been a lifetime pursuit. One major challenge in such a pursuit is the metal interconnects connecting the ever-increasing number of transistors. Sputtered aluminum emerged as the dominant IC interconnection material in the early

1960s. Then damascene copper became a viable IC interconnection solution at the beginning of the new centennial. Post-Passivation Technology (PPT) permits a new metal interconnection structure that lays "embossing" metal over conventional sputtered aluminum or damascene copper schemes (Figure 1) .

SPUTTERED ALUMINUM AND DAMASCENE[2] COPPER

The resistivity of aluminum metal is 3-micron-Ω-cm. Aluminum lines are formed by blanket-sputtering an aluminum layer, typically 0.40-micron to 0.80-micron thick, followed by a photolithography process and dry etching. Continuously scaling down the geometry of aluminum metal lines results in an undesirable reciprocal increase in resistance. Searching for a metal alternative with lower resistivity started to gain momentum in the mid-1990s.

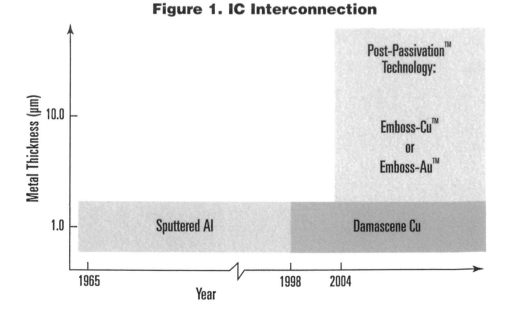

Figure 1. IC Interconnection

With its resistivity at 1.7 micron-Ω-cm, copper was chosen as an alternative interconnection metal. When fabricating damascene copper, a dielectric layer is first patterned and copper metal lines are then formed within the openings of the dielectric layer by blanket-electroplating copper, followed by chemical mechanical polishing (CMP) to remove unwanted copper. The resulting copper lines in the dielectric openings typically have a thickness of 0.40-micron to 0.80-micron.

Today, both sputtered aluminum and damascene copper solutions co-exist. However, the two metal systems cannot entirely satisfy IC designers' needs. More and more, IC designers demand metal interconnects offering even lower resistance. Thick metal is a solution to the low resistance requirement. For example, thick metal is needed for the following purposes: (1) for reducing the IR drop in power or ground buses, especially when supply voltage is scaled down to 1.2V or below; (2) for on-chip high-Q inductors; and (3) for long-distance interconnects or data buses or clock trees in the system-on-chip (SOC) design. In short, IC designers need thick metal for low-voltage, low-power, high-current and/or high-speed ICs. Unfortunately, it is both technically difficult and economically expensive to create aluminum or damascene copper metal lines thicker than 2-micron. This is due to cost and stress concerns relating to blanket-sputtering and dry etch, in the case of aluminum. In the case of damascene copper, the thickness of damascene copper is usually determined by the thickness of the dielectric layer, which is typically formed with chemical vapor deposited (CVD) oxides and does not offer the desired thickness – also due to stress and cost concerns. Also, when forming thick damascene copper, it is extremely difficult to achieve a continuous sidewall step coverage and seamless metal filling while depositing metal in very high-aspect ratio dielectric openings.

EMBOSS[2] METAL OVER THE PASSIVATION LAYER

Conventional IC fabrication processing ends at the passivation layer, which is defined in textbooks as the last and topmost layer of an IC[3]. No further layers of material are formed over the passivation layer. However, certain wafers, for packaging purposes, have solder or gold bumps formed on top of the passivation layer[4]. As seen in Figure 2, packaging houses have also rerouted or redistributed peripheral wirebonding pads to area-array solder bumps using the metal lines over the passivation layer. In the packaging industry, the metal lines over the passivation layer, used for redistribution, are called the Re-Distribution Layer (RDL) . Again, RDL is there strictly for packaging.

Where the conventional IC fabrication process ends, PPT begins. Mou-Shiung Lin envisioned an architecture that could be realized by extending the emerging electroplated solder or gold bumping packaging infrastructure to the IC design world (Figure 2) . This architecture would not only economically solve the resistance issue relating to metal lines but also progressively impact IC design, fabrication and packaging industries.

POST-PASSSIVATION PROCESS - EMBOSSING METHOD

Emboss-Cu[TM][1] and Emboss-Au[TM][1] embossing processes start with a passivated wafer, having openings in the passivation layer with the openings exposing contact points to the underlying IC metal interconnects. Then an adhesion/barrier metal layer, with a thickness from 100Å to 3,000Å, is sputtered on the passivated wafer, followed by sputtering a seed layer of about

1,000Å to 8,000Å thick. The seed layer is used as the conducting layer for the subsequent electroplating process. A thick photoresist layer is then coated, exposed and developed to form openings and trenches in the photoresist layer. The wafer is then subjected to the electroplating process, which fills the openings and trenches with a conductor body, copper or gold. After the conductor is formed, the photoresist is stripped, and the seed and adhesion/barrier metal layers are then removed by a self-aligned, wet-etch process.

In the embossing process, the thickness of the metal lines is roughly determined by the photoresist layer. Megic has developed 12-micron thick and 22-micron thick liquid photoresist layers and a 120-micron thick laminated dry film photoresist layer. Here high-power 1X steppers or aligners, rather than the high-resolution 5X steppers or deep-UV scanners commonly seen in IC fabs, are used for the photolithography exposure. And, thanks to the mature solder and gold bumping packaging processes, the thick metal layer (from 3-micron to 15-micron) is now ready for volume production.

POST- PASSIVATION APPLICATION:
FREEWAY®[1] ARCHITECTURE

As shown in Figure 2, Freeway design architecture is realized by using Post Passivation embossed metals in an IC interconnection scheme designed to achieve optimal performance. The Freeway structure consists of sputtered aluminum or damascene copper under the passivation layer and the embossed copper or embossed gold over the passivation layer. The RC delay of metal lines in the Post-Passivation metal structure, formed with the Emboss-Cu or Emboss-Au process, is about three orders of magnitude smaller than that of metal lines under the passivation layer formed by sputtered aluminum or damascene copper. The Post-Passivation metal is designed with relaxed design rules (>2 micron) , while the conventional fine-line IC metal is designed with advanced design rules (sub-micron or tens-nanometer) . With the distinct difference between the two metal hierarchies, new design architecture is now implemented. The fine-line metal under the passivation layer is designated for short-distance interconnection, while the Post Passivation metal is designated for long-distance interconnection. These two interconnection schemes incorporated in one IC, mimic today's traffic system. The Post-Passivation metal provides a long-distance linking solution, much like freeways or express ways connecting cities or different parts of a city, and therefore, the name "Freeway." The fine-line interconnection under the passivation layer provides a local routing capability within neighborhoods, resembling local streets and alleys in any metropolis. Freeway is an optimized interconnection scheme that equips an IC with high-speed bus architecture without consuming real estate on the silicon. This new architecture is especially important for the SOC design, which requires buses between functional units on a chip.

Figure 2. Post-Passivation Technology

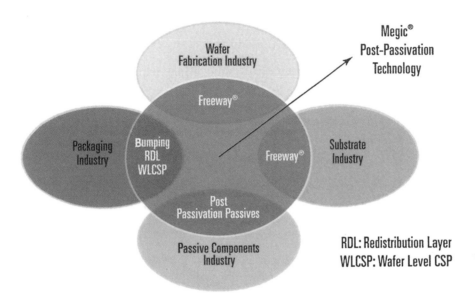

Figure 2 illustrates that the infrastructure of solder and gold bumping and RDL in the packaging industry is extended to the wafer fabrication industry and even encroaches upon the territory of the packaging substrate industry. Post-Passivation Technology fills the gap between the IC fabs and the substrate providers. Post-Passivation Technology provides >2-micron thick metal (which cannot be easily obtained from an IC fab) and < 20-micron width metal (which cannot be easily obtained from a substrate factory). More importantly, the Post-Passivation Technology or process applies the process technique, commonly used in the printed circuit board industry, onto the round-shaped and passivated wafers.

Figure 3 shows a focused ion beam (FIB) cross-section of an embedded microprocessor chip (fabricated using the 0.13-micron CMOS technology) with eight layers of damascene copper and a Post-Passivation structure over the passivation layer. The Post-Passivation structure, used as power/ground buses, was built with 4-micron thick gold over 5-micron thick polyimide and encapsulated with 5-micron thick polyimide. The chip performance has improved from 750MHz to over 900MHz, which can only be achieved for a similar chip designed by the next-generation technology (i.e. 0.11-micron CMOS technology) . Post-Passivation Technology empowers IC designers to enhance performance and broaden applications for a given generation of IC technology. In Figure 3, a traffic jam depicts the crowded city streets of traditional IC metallization, while the highway scene above the passivation layer shows the wide, high-speed linking capability of the Freeway architecture.

Figure 3. Freeway® Architecture

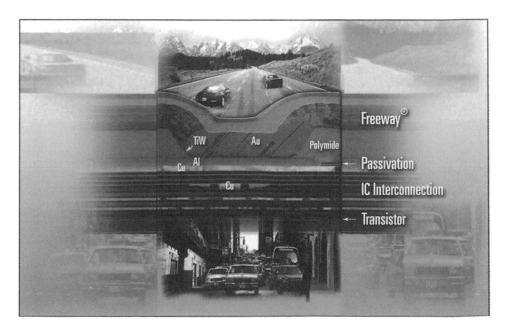

As another example, a Post-Passivation structure was built on a 1GHz 8M-bit SRAM chip. The high-speed SRAM chip was fabricated based on the 0.18-micron CMOS technology with five layers of sputtered aluminum. The Post-Passivation structure has two embossed copper layers with a thickness of 3-micron and 5-micron, and three polyimide layers with a thickness of 15-mircon, 5-micron and 5-micron. The ground bounce of this SRAM chip is reduced from 270mV to 130mV, which meets the 200mV noise specification required in communication networks.

ADDITIONAL POST-PASSIVATION APPLICATION: POST-PASSIVATION PASSIVES

One invariably forgets that a functional circuitry requires, besides transistors, passive components, such as inductors, capacitors, resistors and transformers. The Post-Passivation process makes high-performance passive components possible without increasing the size of a chip. Furthermore, exotic materials can now be applied over passivated wafers when forming Post-Passivation passive components. Some of these examples are high-K dielectrics for capacitors and magnetic metals for inductors or transformers. The Q value of a spiral inductor is higher than 20 using 6-micron thick Post-Passivation gold, compared to 10 using 1-micron thick aluminum under the passivation layer.

SIGNIFICANT BENEFITS TO IC FABRICATION INFRASTRUCTURE

Since the passivation layer already protects the underlying devices and fine line IC interconnections, a less stringent clean room environment (class 100 or less stringent) is sufficient to perform the Post-Passivation process. The clean room requirement is significantly less stringent than the requirement for the current sub-micron IC fabs. In addition, a wide range of materials (such as polymer, transition metals, etc.) previously prohibited from being used in IC fabs can now be deployed to build Post-Passivation structures. In terms of equipment, since Post-Passivation interconnection uses a metal scheme with >2-micron design rules, the processing equipment is substantially cheaper than for an IC fab.

Thanks to a less stringent clean room requirement, cheaper process equipment and the ability to deploy a wide range of materials, the capital investment and manufacturing costs involved in performing the Post-Passivation process is substantially lower. For instance, the capital investment for a Post-Passivation fab is between US$30 million to US$100 million. This level of investment makes the installation of a Post-Passivation sub-fab adjacent to an IC fab not only economically and logistically feasible but also desirable.

CONCLUSION

The current IC design architecture is clumsy at best when it comes to interconnecting the ever-increasing number of transistors. Just as it is difficult for one to imagine a metropolis like Los Angeles without freeways, one could easily appreciate the benefits when interconnecting the constantly doubling number of transistors by building the Freeway architecture to reduce the traffic congestion or friction (i.e., resistance) .

Moore's law characterizes the peculiarity of the IC industry (i.e., doubling the number of transistors every 18 months) . From time to time experts caution against the eventual slow-down and the inherent limitations of Moore's law. Their concerns stem mainly from the limits of physics laws, lack of viable applications, design complexity and enormity in capital investment. Regardless of the validity of these concerns, Post-Passivation Technology seems poised to help prolong the longevity of Moore's law by scaling, in defiance of the conventional wisdom, in the opposite direction. Finally, thanks to its significantly reduced capital investment requirement, Post-Passivation Technology lowers the bar for entry into the IC fabrication industry, thereby encouraging innovations.

About the Author

Dr. Lin is the founder, chairman and CEO of Megic Corp. based in Hsinchu, Taiwan. Prior to founding Megic, he worked at TSMC as director of the technology development division from 1990 to 1995 and as director of Fab 2B from 1995 to 1997. Before joining TSMC, he was a member of a technical staff working on multi-chip modules at AT&T Bell Labs from 1985 to 1990 and as an engineer working on CMOS technology development at IBM from 1982 to 1984. Dr. Lin received his Ph.D. in applied physics from Harvard University in 1982. He has authored or co-authored over 80 journals or conference papers and has over 100 U.S. patents granted or pending.

Reference

[1]Megic and Freeway are Megic's registered trademarks in USA and Taiwan. Post-Passivation, Emboss-Cu, and Emboss-Au are Megic's trademarks.

[2]The word "damascene" is derived from the city of Damascus in Syria, where ancient Damascene craftsmen put copper in the engraved holes of a sword for mechanical strength enhancement, or jewelry in the cut holes of leather belts for decoration. "Emboss" is the opposite word of "Damascene"

[3]The passivation layer is an insulating, protective layer that protects underlying devices, metals, materials and structures from external chemical and physical damages such as external mobile ions, moisture, transition metals, and other contaminants, as well as from mechanical scratches.

[4]The electroplated solder bumps with about 100-micron height have been in volume production by Intel for its Pentium chips since around 1997. Also, Japanese companies have been volume-producing electroplated gold bumps with 10-micron to 20-micron height for their LCD driver IC chips since the early 1990's. The volume production of both products has helped establishing the infrastructure for the Post-Passivation Technology.

[5]M. S. Lin, et. al., 'A New IC Interconnection Scheme and Design Architecture for High Performance ICs at Very Low Fabrication Cost - Post-Passivation Interconnection' Proceedings of IEEE 2003 Custom Integrated Circuits Conference, San Jose. California, USA September 21-24, 2003.

[6]M. S. Lin, et. al., 'A New System-on-Chip (SOC) Technology - High Q Post Passivation Inductors' IEEE 2003 Proceeding of 53rd Electronic Components and Technology Conference, New Orleans, Louisiana, USA, May 27-30, 2003.

國家圖書館出版品預行編目資料

摩爾旅程：電晶體數目爆增的神奇魔力／
林茂雄著. - 二版. - 新竹縣竹北市：
成真股份有限公司，2024.07
　　面；　公分
ISBN 978-626-97597-3-6（平裝）
1.CST: 半導體
448.65　　　　　　　　　　　113004447

摩爾旅程：
電晶體數目爆增的神奇魔力

作　　者　林茂雄
校　　對　林茂雄、周秋明、彭協如
封面設計　林茂雄
封底設計　林茂雄
插圖設計　林茂雄、周秋明、楊秉榮、李進源、周序諦
發 行 人　林茂雄
出　　版　成真股份有限公司

　　　　　302052 新竹縣竹北市高鐵二路 32 號 18 樓之 3
　　　　　電話：（03）6681378
　　　　　網址：https://www.icometrue.com/
　　　　　Email：cometrue@icometrue.com
設計編印　白象文化事業有限公司
經 紀 人　張輝潭
專案主編　林榮威
經銷代理　白象文化事業有限公司

　　　　　412 台中市大里區科技路 1 號 8 樓之 2（台中軟體園區）
　　　　　出版專線：（04）2496-5995　　傳真：（04）2496-9901
　　　　　401 台中市東區和平街 228 巷 44 號（經銷部）
　　　　　購書專線：（04）2220-8589　　傳真：（04）2220-8505
印　　刷　基盛印刷工場
初版一刷　2023 年 8 月
二版一刷　2024 年 7 月
定　　價　500 元